李 韬

茶人

美食作家

著有《辨饮中国茶》《一泡一品
好茶香》《茶里光阴·二十四节气茶》
《不负舌尖不负卿》《蔬食真味》《如
是茶席》等著作。

微信公众号：
李韬茶与美食

李韬 著

中国茶图鉴

江苏凤凰科学技术出版社

—— · 南京 · ——

图书在版编目（CIP）数据

中国茶图鉴 / 李韬著 . — 南京：江苏凤凰科学技术出版社，2021.03（2025.01 重印）
ISBN 978-7-5713-1380-7

Ⅰ.①中… Ⅱ.①李… Ⅲ.①茶文化－中国－图集 Ⅳ.① TS971.21-64

中国版本图书馆 CIP 数据核字（2020）第 152524 号

中国茶图鉴

著　　　　者	李　韬
责 任 编 辑	刘玉锋
特 邀 编 辑	阮瑞雪　陈　岑
责 任 校 对	仲　敏
责 任 设 计	蒋佳佳
责 任 监 制	刘文洋

出 版 发 行	江苏凤凰科学技术出版社
出版社地址	南京市湖南路 1 号 A 楼，邮编：210009
出版社网址	http://www.pspress.cn
印　　　刷	南京新世纪联盟印务有限公司

开　　　本	720 mm×1 000 mm　1/16
印　　　张	25
插　　　页	4
字　　　数	400 000
版　　　次	2021 年 3 月第 1 版
印　　　次	2025 年 1 月第 10 次印刷

标 准 书 号	ISBN 978-7-5713-1380-7
定　　　价	138.00 元（精）

图书如有印装质量问题，可向我社印务部调换。

自序

　　2013年，我编著的《辨饮中国茶》出版。书中选了150种茶叶进行介绍。至今7年过去了，凤凰汉竹的朋友们问："你要不要修订？"我说："有机会再出一本的话，我当然要修订。"修订的这本书选择了300多种茶品进行讲解，也加了很多我个人的新观点。从修改目录到写稿，从选茶、买茶、拍摄到版式设计，也历经了新型冠状病毒肺炎疫情期间编辑们在家远程办公的种种不便，可以说经历万难，终于面世了。

　　变化的仅仅是茶叶种类吗？其实，茶叶品种只是一个层面的事情，我觉得自己这7年来最大的变化，是找到了一条属于自己的、认知的茶叶学习的思路。30岁的时候，我一直关注具体的茶叶，研究茶叶的广度，希望认识更多的茶叶品种，认为那就是最重要的事情。当然也是有成果的，我喝了不少茶，也认识了不少茶。可是有一天我很迷茫：对茶的兴趣在减退，因为鲜有机会遇到我没喝过的茶叶品种了。我突然想：喝茶到底是为了什么？我觉得把关注点放在具体的茶上，是个狭隘的思维，站在茶上看茶，限制了我的思维。我要站在茶外面看茶，我要找到茶的更高层思维。

　　当我把学茶的眼光放在大历史的背景中，发现可以找到一条主线，就是中国人到底是怎么认知茶的，应该把茶向哪个方向去推动。从早期的鲜叶直接咀嚼，到汉代的药用祭祀，到唐代的熬煮加盐，再到宋代的制饼、研粉、调膏、点茶，主流的茶事活动就是全叶利用。而到了明代，茶叶变成了萃取茶汤，制茶工艺也随之发生了根本变化：杀青的温度提高了，酶促氧化反应被利用了。这一切的一切，反映出茶从药品走向食品，继而成为饮品的主线。当我站在这茶主线上再去看茶，在"术"的层面的一些问题迎刃而解，比如如何看待日本茶道，生普熟普的差异等等。这些观点我也鲜明地在本书中提了出来，作为大家习茶的一个参考。

　　随着年岁的增长，我的认知是在逐渐提升的，因而有些说法也发生了变化。比如在《辨饮中国茶》中，我提到了一个主流的认知就是《神农本草经》记载的神农氏日遇七十二毒，得茶而解。后来我去翻阅了《神农本草经》，这本书根本就没有提到过"茶"，更别说这段话了。

　　也许再过些年，我的认知还会发生变化，但是茶的思维其实非常简单，是不太容易改变的。在这个思维之下，开始有二层思维、三层思维……这会使习茶有一个基础的出发点，就是真正的初心了。希望借由这本书，让大家都能找到习茶的初心，而不是和我观点完全一致。君子和而不同，那才是真正令人更加高兴的事。

李韬　2020年12月　于成都

中国茶图鉴

绿茶

白茶

黄茶

青茶（乌龙茶）

红茶

黑茶

普洱茶

非茶之茶

花茶

泡茶与品饮

茶叶选购

茶叶储存

宜茶之水

茶器选配

泡茶技法

品茶文化

茶之辅

附录：世界名茶

中国 基本知识

中国是茶的故乡，这里孕育了最古老的茶树，不同的茶叶产地生长着不同类型和不同种类的茶树，从而决定着茶叶的品质和适应性，形成了不同的茶叶类别，饮茶的方式更是经历了漫长的历史变革。

茶史

第一片茶

几千年前，茶从神话故事里的"神叶"进入普通百姓的生活。提到茶的起源，人们常会想到神农氏，"神农尝百草，日遇七十二毒，得茶而解之"的传说广为流传。

神农遇茶

传说神农氏有一个"透明"的肚子，他不断地亲自试验各种植物的特性，看看什么可以食用，什么可以治病。有一天，神农氏尝百草遇到了72种毒，虽然他是有神力的人类始祖，但还是无法抵抗这些毒，躺在一棵树下奄奄一息。神农氏恍惚中闻到自己倚靠的树的树叶清香扑鼻，忍不住吃了几片，没想到这些树叶的汁液帮他解了毒。于是神农氏就把这种植物命名为"查"，后来演化为"茶"。据说，神农氏发现茶的传说记载在《神农本草经》中，但是从现有版本以及可以查到的明代影印本的《神农本草经》来看，并未见与茶有关的文字。

中国是茶之故乡

最早的茶树来自哪里？国际学术界对此曾有过争议。尤其是1824年（一说1823年）在印度阿萨姆地区发现野生茶树后，国际学术界曾产生过茶树原产地之争议，甚至把茶树称为"阿萨姆种"。此种认知已被中国著名植物学家张宏达教授等人考证驳斥过。茶树的基因检测也证明了中国茶树植物的源头性。迄今为止，中国仍有很多古茶树，这些茶树保持着旺盛的生命力。在云南思茅地区（今普洱市）镇沅县九甲乡千家寨发现的野生古茶树，已经有1700岁了，是真正的"茶祖宗"。此外，人们还在云南很多地方发现了年龄在1000岁左右的古茶树群；在四川宜宾发现了树龄有600年的古茶树；在安徽岳西县发现了树龄有500年的古茶树群……这些茶树至今还在出产茶叶，它们都是中国乃茶之故乡的实证。

古茶园和古茶树在云南
主要产茶区都有分布，
是研究茶树起源演化和
茶文化历史的"活化石"。

临沧普洱茶茶区

"茶"字的演变

　　"茶"在文字上有一个演变的过程，这种演变是伴随茶的饮用地位和文化地位不断凸显而发生的。人们通常认为"茶"字是由"荼"字演化而来的，同时还有很多其他名称。辞书之祖《尔雅》在《释木》篇中说："槚，苦荼也。"解释茶，也用的是"荼"字。

"茶"字的由来

　　唐玄宗编撰的《开元文字音义》，是一部"范本"性质的文字法规，相当于如今的《新华字典》。文字学家唐兰先生曾说："中国历史上'书同文'两次，一次是秦始皇，一次是唐明皇。"可见这部字典的意义。但是很可惜的是，这部书没有流传下来，人们目前所看到的应该是学者们将记载在其他书籍、刻石等载体上的文字整合并推论而来的。《开元文字音义》已经明确地把"荼"字去掉了一横，写成了"茶"字。几十年后，茶圣陆羽在编著《茶经》的时候，应该是遵从法律制度，将"茶"字的地位在茶文化圈里确定了下来。《茶经·一之源》记载道："茶者，……其字或从草，或从木，或草木并。其名一曰茶，二曰槚，三曰蔎，四曰茗，五曰荈。"

茶的不同称呼

　　再来说一说茶的其他四个名字。"槚"（jiǎ），大家都知道贾有"jiǎ""gǔ"两种读音，而"gǔ"与"荼"音近，所以用"jiǎ"来替代"荼"。但是又因为茶是木本植物，所以又加了个部首。而在《尔雅》中的"槚"，是茶的分类，特指味道比较苦的茶。"蔎"（shè），也是茶的别称。其实这个字只在《尔雅·释草》和扬雄的《方言》等少数典籍中出现过，古书上称其是一种香草。"茗"（míng），至今仍是茶的雅称。"茗"原来专指嫩茶，指一年之中春初之时采摘的刚抽芽的嫩芽，也就是一般说的雨前春茶。"荈"（chuǎn），专指采摘比较晚的茶叶，苦涩味较重。大文学家司马相如在他的《凡将篇》中有"荈诧"一词，这里的"荈"就是茶。

茶的不同称呼

茶

出自《开元文字音义》,《茶经》之后,大行于世。

荼

出自《诗经》,在《茶经》前,与"茶"并行很久。

荈

出自《凡将篇》,古人常以此指代茶。

槚

出自《尔雅》,是对茶最早的文献记载。

茗

出自《晏子春秋》,如今则将"茗"作为茶的雅称。

蔎

出自扬雄的《方言》,四川西南部人对茶的称呼。

饮茶方式的流变

如今，饮茶的方式通常是"泡茶"，但茶最开始并不是"泡"的，而是经历了漫长的历史沿革。

隋唐以前：吃茶

大约在氏族社会时期，人们对茶叶的关注就产生了原始的自然饮茶方式。这种饮茶方式准确地说其实是"吃"。人们把采下的鲜茶叶直接咀嚼来吃，觉得异常苦涩，于是就把鲜茶叶当成菜，加上简单的调料拌和，以便调和茶的苦涩。所以如今，人们也把喝茶说成"吃茶"。

到了秦汉时期，人们开始对鲜茶叶进行加工，尝试较为复杂的饮茶方式。魏国张揖在《广雅》中说，荆、巴一带，采茶叶制成饼状，有的还要抹上米膏；饮用时，要先烘烤茶叶，直到颜色变成赤色，然后捣成碎末，冲入沸水，并且放入葱、姜和橘皮来调味。

人们这时已经不再直接食用鲜茶叶，而是先烘烤，再粉碎，最后调味，这些都有效减少了鲜茶叶的青草气和苦涩味。当然，这个时候的饮茶，仍然类似于喝"菜粥"。电影《赤壁》中，林志玲扮演的小乔烹茶的场景，虽然电影画面和人物动作都很优美，但是从历史的角度来看，那时还没有出现清饮烹茶的方法。

唐代：煮茶

陆羽在《茶经》中描述，唐代主流的喝茶方式："饮有粗茶、散茶、末茶、饼茶者，乃斫，乃熬，乃炀，乃舂，贮于瓶缶之中，以汤沃焉，谓之痷茶。或用葱、姜、枣、橘皮、茱萸、薄荷之等，煮之百沸，或扬令滑，或煮去沫……"

陆羽本人并不欣赏这种喝茶方式，他主张"清饮"。他的"清饮"法，仍然是煮茶。"清饮"有几个关键点：一是采制，二是鉴别，三是器具，四是用火，五是选水，六是炙烤，七是碾末，八是烹煮，九是品饮。阴天采摘、夜间焙制，不是正确的采制法；仅凭嚼茶尝味、鼻闻辨香，不算鉴别；使用带有腥味的炉、锅和盆，是选器不当；泡茶烧水，若文火慢煮，是用火不当；如用急流和死水，是用水不当；把饼茶烤得外熟里生，是烤茶不当；把茶叶碾得过细，像青绿色的粉尘一样，是碾茶不当；煮茶时操作不熟练、搅动茶汤太急促，不算会煮茶；夏天喝茶而冬天不喝，是不懂得饮茶。陆羽还描写了"清饮"的操作：一锅煮出的茶汤中鲜香味浓的是头三碗，最多算到第五碗。座上有五人，可分酌三碗，七人可分酌五碗传着喝。这也许是如今饮茶，尤其是饮绿茶时，认为头三道是最好的理论来源。

宋《斗茶图》

宋代：点茶

　　宋代变煮茶为点茶，这是饮茶的一大进步——不再把茶和水同煮，而是使用沸水冲点茶粉。宋徽宗赵佶在他的《大观茶论》中提及：点茶有三种方法。一是静面点——将茶放在碗中，用沸水轻轻沿碗边环绕注入，再用茶筅轻轻搅动融合，但是不能产生浮沫；二是一发点——将茶放在碗中，用沸水冲入，随冲随用茶筅搅拌，使茶泡漂浮；三是融胶法——先将碗中的茶粉调成糊状，然后用沸水环绕冲入，再用茶筅搅拌均匀。第三种方法是宋徽宗最推崇的。这些点茶方法被当时日本的僧人带去日本，发展成了今日的日本茶道之法。日本"抹茶"实为中国宋朝"末茶"罢了。

元明至今：泡茶

　　到了元明时期，中国饮茶方式又出现了一大进步——从粉碎茶叶变成全叶冲泡。这和明朝开国皇帝朱元璋"废团改散"的制茶方式政策改革有直接的联系。朱元璋认为宋朝的团茶、饼茶制作起来耗费人力，而且也浪费茶叶，于是禁止末茶、鼓励散茶。同时，也正因如此，饮茶之风逐渐从皇室与文人圈子蔓延至市井街巷。

　　自明朝至今，人们的饮茶方式基本延续了泡茶法，人们也完善了八大茶类，使茶成为中国人生活中不可缺少的一部分，并且做到了雅俗共赏。茶叶的利用方式也更加丰富多彩，如茶饮料、茶多酚保健品、茶油、茶点心、茶面膜等，满足了人们多方面的需求。

中国茶的四大产区

　　中国地大物博，茶叶的产地广泛。但从现代茶区的分类来看，通常分成四大茶区——江南茶区、江北茶区、西南茶区、华南茶区。

江南茶区

　　长江以南，主要包括浙江、湖南、江西、安徽南部、江苏南部等产茶地区。江南茶区基本属于亚热带季风气候，冬季气温较低，不适合大叶茶的生长，特别适合中小叶茶的生长，尤其有利于制作绿茶。所以江南茶区也是传统上优质绿茶产区，种茶和产茶的历史非常悠久，名茶很多。江南茶区生产的茶类别也很丰富，绿茶、黄茶、红茶、黑茶、花茶等均有生产，西湖龙井、洞庭碧螺春、君山银针、六安瓜片、黄山毛峰等都产于江南茶区。

江北茶区

　　江北茶区范围主要是长江以北、秦岭和淮河流域以及山东半岛，主要包括陕西、河北、河南、甘肃、山东东部、安徽北部和江苏北部的产茶区。江北茶区的土壤板结程度较高，肥力却不高，冬季的温度更低，容易冻伤茶叶。但是江北茶区也有一些茶品令人刮目相看，比如信阳毛尖、陕西紫阳茶、太行龙井等。

西南茶区

西南茶区是我国最古老的茶区，但是名气在早期却不如江南茶区大。西南茶区基本上属于高原茶区，包括四川省、云南省、贵州省以及西藏自治区的产茶区。西南茶区地域辽阔，土壤种类丰富，气候环境多变，因此茶树品种资源十分丰富，灌木型、小乔木型、乔木型的茶均有种植和生长。滇红、滇绿、川红、普洱茶、藏茶等都出自西南茶区。

华南茶区

华南茶区包括广东省、广西壮族自治区、台湾省、福建省的产茶区，主要出产乌龙茶和白茶，也有红茶、绿茶和黑茶等。华南茶区雨量充沛，全年温度都比较高，出产的很多茶口味都很不错，比如武夷岩茶、广东凤凰单丛、闽南铁观音、台湾乌龙、多种白茶及英德红茶、红玉红茶等名优红茶。

茶的分类

通行的八大茶类

　　中国茶的分类，有不同的标准。例如，按照成茶的形状来分，有片茶、珠茶、针茶、末茶等。但是比较好理解的分类方法是按照茶叶的颜色和制作方式来分类，这也是目前日常使用最普遍的一种分类标准。根据这个标准，就形成了平常所说的八大茶类。绿茶、白茶、黄茶、乌龙茶（青茶）、红茶、黑茶，这是用颜色分类的六种，还有两种分别是普洱茶和花茶，普洱茶原属黑茶，根据最新的国家标准，普洱茶单独分为一类。

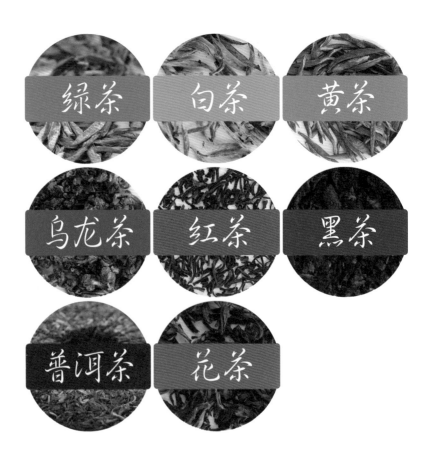

绿茶　白茶　黄茶

乌龙茶　红茶　黑茶

普洱茶　花茶

绿　茶

绿茶是未经发酵（此处的"发酵"是指酶促氧化反应）的茶，通常是将鲜叶经过摊晾后直接下到100~200℃的热锅里炒制，以保持其绿色，这就是常说的炒青。但是绿茶的制作方法也有烘青、蒸青等。至于为什么称它为绿茶，是因为它"绿叶、绿汤、绿底"，也就是干茶色泽发绿、茶汤颜色青绿、叶底颜色柔绿。绿茶是完全不发酵茶，总体的风格是外形造型优美，色泽鲜活，香气清高，滋味鲜爽，是消费者日常饮用最为普遍的一种茶类。常见的名优绿茶有龙井、碧螺春等。

白　茶

白茶属微发酵茶，基本上就是靠日晒制成的。使用白茶种，鲜叶要求达到"三白"，即嫩芽和两片嫩叶满覆白色茸毛。白茶干茶如银或如雪覆绿叶，茶汤淡雅高妙，叶底嫩匀明亮、清新自然。常见的白茶有白毫银针、白牡丹、贡眉、寿眉等。

黄　茶

黄茶的制法有点像绿茶，不过制作的过程中需要闷黄，从而形成了黄茶"黄叶、黄汤、黄底"的特点，干茶颜色黄绿、茶汤黄亮清澈、叶底鹅黄诱人。黄茶的整体风格是色泽鹅黄，香气高爽，滋味爽甜，风格独特，一尝难忘。常见的黄茶有蒙顶黄芽、君山银针等。

绿茶—碧螺春

白茶—白牡丹

黄茶—君山银针

乌龙茶－铁观音

红茶－祁门红茶

黑茶－广西六堡茶

乌龙茶

乌龙茶也叫作青茶，是一类介于红茶和绿茶之间的半发酵茶。乌龙茶在八大类茶中工艺最复杂费时，泡法也最讲究，所以喝乌龙茶也被人称为喝"工夫茶"。传统乌龙茶最为突出的是叶底具有"绿叶红镶边"的特点，即在整体的绿色叶片的边缘有着红色的斑块。而现代乌龙茶，有的因为追求香气的轻妙和茶汤涩度的降低，发酵程度已经较轻，这个特点已不明显。乌龙茶的整体风格为外形壮硕，色泽砂绿到褐润，汤色黄绿到橙红明亮，香气复杂、多变、美妙，滋味醇厚，令人回味无穷。常见的乌龙茶有铁观音、大红袍、水金龟、冻顶乌龙等。

红　茶

红茶与绿茶恰恰相反，是一种发酵程度较高（大于80%）的茶。通常认为在16世纪初，福建就创制了红茶的做法。红茶的特点是"红叶、红汤、红底"，即干茶红中带有金毫、茶汤红浓通透、叶底红匀柔美。红茶的整体风格是色泽艳丽，香气蜜浓，滋味甘美。常见的红茶有滇红、宁红、祁红等。

黑　茶

黑茶是在已经制好的茶青上浇上水，再经过发酵（此处的"发酵"是指湿热、酶促、无氧、有氧等综合复杂过程）制成的。黑茶的发酵程度至少在80%以上。整体特点是干茶乌润偏深，茶汤红浓明亮，叶底褐而润，带有弹性，整体茶汤闻起来有自然发酵的香气。黑茶因为有着较为完全的发酵过程，所以会伴随产生很多有益菌种，这些物质，对人体的健康有一定的益处。常见的黑茶有茯砖、六堡茶等。

普洱茶

普洱茶是比较特殊的一种茶，常被归入黑茶。现在较多的观点认为，普洱茶应该单独成一类。因为普洱茶有生茶、熟茶之分，生茶靠近绿茶的感觉，熟茶靠近黑茶的感觉，而它又是一种随着时间流逝不断变化的茶，茶种也特定为云南大叶种，因此，将普洱茶单独成类似乎也是合理的。

花　茶

通常以绿茶为基茶，也有以红茶、乌龙茶、散料普洱为茶坯的，采用花香窨制技术制成的茶，重在花香保留得清香持久。花茶虽然属于一种再加工茶，但是中医认为芳香可以开窍，而花茶结合了茶叶和鲜花的功效，深受大众的喜爱。常见花茶有茉莉花茶、桂花龙井等。

有的人又把茶分为紧压茶、袋泡茶等，这是从茶的制作工艺上来分的。事实上，任何茶都可以做成袋泡茶，而除了黑茶、普洱茶之外，乌龙茶、白茶等茶也是能够以紧压茶的形式存放的。另外，中国早期的贡茶，也有很多烘青的团茶，也是紧压茶的形式。所以，不用过分纠结茶的分类，日常就以大家约定俗成的标准来分类好了。

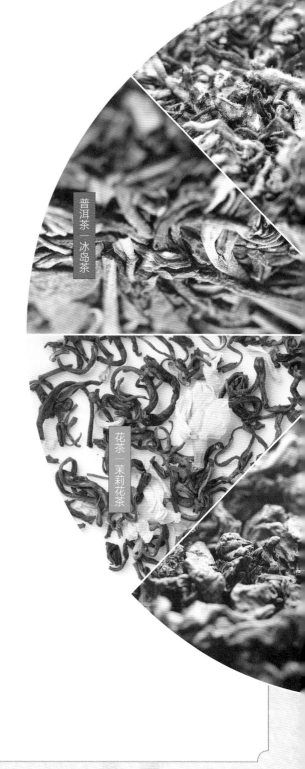

普洱茶　冰岛茶

花茶—茉莉花茶

按叶片种类分类：
大叶种、中叶种和小叶种

通常的分类方式中有大叶种、小叶种之类的说法，例如，普洱茶常被称为大叶种。但是，这个是根据茶树生长期间叶张面积而言的，并不能完全代表树种，或者说，叶面大小只是一个参数，不是品种划分的绝对依据。

叶片种类分类标准

种　类		成熟叶叶长	叶张面积
小叶种	7厘米以下	7厘米以下	20平方厘米以下
中叶种	7~10厘米	7~10厘米	20~40平方厘米
大叶种	10~14厘米	10~14厘米	40~70平方厘米
特大叶种	14厘米以上	14厘米以上	70平方厘米以上

而至于什么叶片种类适合制作什么类型的茶，可以笼统地作如下划分。

特大叶种：普洱茶、黑茶；大叶种：普洱茶、黑茶、红茶；中叶种：乌龙茶、红茶；小叶种：绿茶、白茶、红茶、黄茶。

这个分类方便流通和沟通，但不是十分严谨。比如历史上，普洱茶也有用中小叶种制作的，乌龙茶里有个别的品种是大叶种，白茶里有些是中叶种。

按茶树种类分类：
乔木型、小乔木型和灌木型

中国茶是指山茶科山茶属的一种常绿木本植物，分为乔木型、小乔木型和灌木型三种。

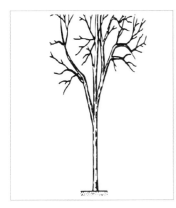

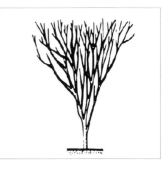

乔木型茶树

有高大的主干，可以长到几米至十几米高，需要人们站在树上采茶。此类茶树多分布在云南茶区，其中很多是野生老茶树，直径可以达到几个成年人手拉手都环抱不住。

灌木型茶树

树形比较矮小，主干和分支的区别不是很明显，我国江南茶区主要是这种茶树，也比较适宜茶园成片栽植。

小乔木型茶树

介于乔木型茶树和灌木型茶树两者之间的一类茶树。例如，云南有的大叶种茶树就是小乔木型，福鼎大白茶的茶树也是小乔木型茶树，凤凰单丛、武夷茶中很多茶树也属于小乔木型茶树。

这里需特别指出的是，不是台地茶就一定是灌木型茶。在云南很多地方，台地茶园*里茶树高都不足一米，这是乔木茶树矮化了的结果，方便采摘和统一管理，它们本身仍然是乔木型茶树。观察的时候，要注意茶树主干和分支的关系，综合地去辨认，才能确定到底是灌木型茶树还是乔木型茶树。还要注意的是，不能单纯地说乔木茶一定好于灌木茶，就像不能单纯地以茶多酚含量多少来确定茶的品质是一样的。茶是一种饮品，于很多饮茶人而言，饮品最主要的评价标准其实是"风味"，而不是出身品种和营养含量。

*台地茶：台地茶是指采制于密植茶园的茶，该类茶人工栽培后一直处于相对完善的管理之中，如修剪、施肥、打药等，台地茶也可以说是人工养殖茶，这类茶树主干不明显，一级分枝部位变低。茶青芽叶相对细小、叶质较薄、条形较为秀丽，这些特点在长期采摘的密植茶园里尤为明显。

按生长环境分类：高山茶和平地茶

常言道："高山出好茶。"我国的黄山、庐山、峨眉山、玉山、阿里山、无量山及古六大茶山等名山大岭皆出产好茶。

为何高山出好茶

高山海拔较高，日照充足，气温较低，茶叶的光合作用很充分，可又不会长得过快，有利于累积各种营养成分。高山上云雾缭绕、植被丰富，茶叶不仅可以保持湿润鲜嫩，还能吸收大自然的多种香气，形成独特的品质。比如我国台湾省的杉林溪茶，因为生长在古杉树林中，成茶有天然的高山杉木冷香，品饮起来味美非常。陆羽早在《茶经》中就表明："茶叶上者生烂石"。高山之上的土壤正是由岩石风化形成，是孕育上等好茶的物质基础之一。

高山茶的一般定义

相对高山茶而言的是平地茶。平地好理解，那山到底多高才算高山呢？这个高度是不是对所有的茶类都一样呢？在同一个茶区，相对平地有一定高度的就是高山茶。高山茶最重要的意义不是生长环境有多高，而是茶叶有充足的光照却不被晒伤，水份丰沛，生态环境好，土壤富含营养。

那么到底什么才算是茶叶中所说的"高山"呢？比如白茶中的福鼎白茶，海拔高于600米就是高山了；对普洱茶和台湾茶来说，一般生长于海拔1000米以上的茶树，才称为高山茶。当然台湾高山茶园有在海拔2600米的，而云南普洱茶在海拔3000米以上仍能很好地生长。凤凰单丛种植在海拔600米以上的就是很不错的高山茶了，如果在海拔800米以上，可以算是非常优质的高山茶了。而武夷岩茶的高山茶普遍生长在海拔400~800米的地方，品质也非常优异。

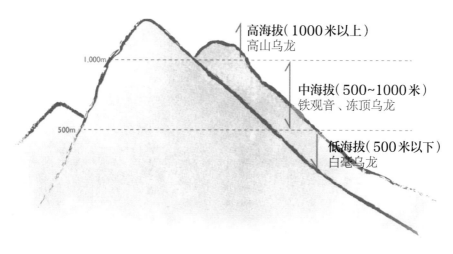

高海拔（1000米以上）
高山乌龙

中海拔（500~1000米）
铁观音、冻顶乌龙

低海拔（500米以下）
白毫乌龙

1,000m

500m

中国台湾省高山茶

高山茶的优点

相对来说，高山茶在以下两个方面会优于平地茶。

1.高山气候冷凉，早晚云雾笼罩，平均日照短，致使茶树芽叶中所含儿茶素等苦涩成分减少，进而提高了茶氨酸及可溶氮等对甘味有贡献的成分的含量。

2.由于昼夜温差大及长年云雾遮蔽的缘故，茶树的生长趋于缓慢，茶叶具有芽叶柔软、叶底厚实、果胶质含量高等特点。

总而言之，是否为高山茶是评价茶叶品质的一个重要因素。"高山"是相对所在茶区的平地而言的，而平地茶并不一定就是品质不好。任何一款好茶，都是产地环境、茶树品种、制茶工艺的结合体，单独放大任何一个要素都是不严谨的。

按采收季节分类：春茶、夏茶、秋茶和冬茶

茶叶一般可以出产春、夏、秋三季，通常来说，春茶的质量最好也最贵。茶树经过冬天的休养生息，加上春天天地自然阳气生发，万物复苏，茶叶累积的养分和芳香物质都很充分。

春茶鲜爽，秋茶香气迷人

茶树在冬天处于敛藏状态，经过一冬的修养生息，养分储存非常多，茶叶内质醇厚鲜爽；香气高扬绵长。这也是春茶较为昂贵的原因。春茶具有色泽油润、叶底柔软的特点，叶缘锯齿通常不明显。

夏天温度较高，茶叶生长速度增快，茶叶的茶多酚等物质累积较多。与春茶相比，夏茶芳香物质累积水平就远远落后，因此夏茶往往苦涩。虽然有时候夏茶也会将内质特点表现得更为充分，但香气上一般弱于春茶。

秋天也是茶的主要出产季节。秋天温度开始慢慢转凉，茶树也准备进入休眠时期，茶树叶片的内质累积开始减弱，然后慢慢强壮枝条和根部，做好过冬准备。秋茶的香气会变得比较足，丰富多彩，绵长悠远。

广东单丛也有采雪片做成的，比如深秋的最后一拨茶叶，理论上如果不影响第二年春季发芽，也可以在立冬后再采摘一拨。这些茶叶统称"雪片"。雪片茶汤内质转于淡薄，但有时香气反而很浓郁。

不同年份，品质不同

以上是春茶、夏茶、秋茶以及冬茶（雪片）的大体区别，但是这个并不是绝对的。不同的年份因为气候的差异，有可能会造成茶叶品质的波动。拿普洱茶来举例，人们通常把气候条件较好的年份称之为"大年"，气候条件较差的年份称之为"小年"。2011年是普洱茶的小年，而2010年是普洱茶的大年，普遍来说，2010年的秋茶要好于2011年春茶的品质。所以，这个还需要多品、多看、多了解，才能做出一个比较正确的判断。

按发酵程度分类：
发酵茶、半发酵茶、强发酵茶、全发酵茶和后发酵茶

　　茶"发酵"的本质是"酶促氧化"，并非通俗意义上的发酵。这两者的区别是非常大的，如果真的把酶促氧化按照发酵的方式进行，那么茶叶可就做得完全走样了。

　　一般的发酵一定会有菌种参与，并且大部分菌是厌氧的。茶叶的发酵其实是通过磕碰、揉捻等方式使叶肉细胞的细胞壁破损，存在于细胞中的氧化酶等物质会促进儿茶素类物质进行一系列的反应，这个过程是需要氧气的。根据多酚类物质氧化程度的不同，也就分成了"全发酵""半发酵"和"轻发酵"。

　　在红茶中，多酚类物质氧化程度很高，则称之"全发酵"；乌龙茶中多酚类物质的氧化程度在50%左右，则被称为"半发酵"。在这个过程里，色素也在发生变化：绿茶基本不发酵，叶绿素让叶片呈现鲜绿色；氧化或者湿热变化到叶黄素的时候，呈现的就是黄茶；到了叶褐素，就是乌龙茶；到了叶红素就是红茶。黑茶和普洱茶中的熟普，会经过沤堆、渥堆，这些过程不完全是酶促氧化，确实有一部分的湿热发酵，还有一部分菌种发酵，这是一个混合的过程。而乌龙茶类中的东方美人，其实已经超出了正常乌龙茶半发酵的范畴，日本人造了一个新词——"强发酵"，表明它已经接近红茶的发酵程度，这也是个特例。

主要茶类发酵*程度

茶类	发酵级别	发酵程度
绿茶	几乎不发酵	5%以下
白茶	微发酵	5%~10%
黄茶	轻发酵	10%~20%
乌龙茶	半发酵	15%~50%
红茶	全发酵	70%~80%
黑茶	后发酵	90%~100%

＊ 此处发酵实际指酶促氧化反应。

生态茶与有机茶

生态茶是个"伪概念"。为什么这么说？生态就是指生存状态，泛指环境以及环境和一切生物的关联，它本身没有任何抬高或者贬低的含义，就是一个存在的描述词。

生态茶没有标准可循

描述生态茶的时候，以为生态茶就是好的、无污染的，这不过是一种诱导的联想。评价茶叶的方式其一是标准，不论是国家标准、行业标准还是某位饮茶人自己的标准，都是一种标准；其二就是概念。生态茶属于概念，没有广泛的、被认可的、成文的标准可循。

有机茶是有标准的

有机茶是按照有机农业的方法进行生产加工的茶叶。在其生产过程中，完全不施用任何人工合成的化肥、农药、植物生长调节剂、化学食品添加剂等物质，并符合国际有机农业运动联合会（IFOAM）的标准，经有机（天然）食品颁证组织发给证书。有机茶是一种无污染、纯天然的茶叶，具有以下几个条件。

1. 不使用转基因技术。

2. 在生长过程中不使用化肥、农药、植物生长调节剂等物质。

3. 不使用其他方法改变生长的自然规律。

4. 包装不产生二次污染。

5. 运输不产生交叉污染。

6. 经过国家机构认证颁发标志。

大家购买有机茶以前，可以向有机茶的认证机构进行查询，比如中国农业科学院茶叶研究所有机茶发展中心（OTRDC）、国家环境保护总局有机食品发展中心（OFDC）等。

有机茶和绿色食品茶有时容易混淆。绿色食品茶没有有机茶那么复杂，简单地说，它较少监测生长过程，主要是看结果，看农药残留程度。如果经过国家认证，那么这些茶叶最起码是达到了欧盟的有关食品安全标准。

针对有些组织监测的某些茶叶叶底农药残留超标，我想说明一点：茶叶检测是针对茶汤进行的。只要使用农药就难免会在农产品中出现农药残留，国家标准对农产品中的农药残留量有一定的标准，只要残留在限值之内，就是安全的。如果在安全范围内，就可以放心饮用。

荒野茶与荒放茶

　　"荒野茶"是相对什么而言的"荒"和"野"呢？中国既是茶树的原生故乡，又很早就开始了对茶树的人为管理。所以，可以简单地理解为：有人种有人管的茶，是茶园茶；有人种无人管的是荒野茶；无人种也无人管，只是发现了之后制成茶，那是野生茶，简称"野茶"。所以，比较规范的说法，与其叫"荒野茶"，不如叫"荒放茶"。

　　"荒放茶"是怎么来的？这和市场变化与种植管理都有关系。白茶没有被"炒火"之前，经历过一段市场需求的波动期，当市场对白茶的需求下降，供大于求的时候，有些茶园就撂荒了，无人施肥、台刈等，就逐渐变成了"荒放茶"。如果播种茶园茶的时候，抬上山的茶树多了，茶农种不完的又不舍得直接扔掉，就随手种在山野间、小路旁，任它自生自长，也便成了"荒野茶"。

　　这里面还隐藏了一个因素：市场追捧荒放茶的意义是什么？人们追求荒放茶是因为它生长更加自然、采摘次数很少，所以累积的内容物更多，滋味也更醇鲜，耐泡度也更佳。但是茶树不是今天荒放明天内质就变化了，需要时间的积累。这个时间难以作出准确的界定，根据相熟的茶人在安溪实践"自然农产法"栽培铁观音来看，土地地力的恢复和转换至少需要十年的时间。荒放十年以上的茶树才是真正意义上的"荒放茶"。

中国茶图

绿茶、白茶、黄茶、红茶……无论是产地和制作工艺，还是色、香、味、形和冲泡方法，都不尽相同。学会鉴茶，在享受茶的清香时，深入解读茶与茶之间的差异，细细品尝茶与茶之间的不同韵味。

绿茶

绿茶的制作工艺分类

　　绿茶是最为悠久、品种最多的茶类。绿茶的制作不经过发酵，对茶叶原有的营养物破坏较少，所以保健功能比较突出。但是，绿茶对人体的刺激性也较大，容易失眠、脾胃虚寒的人应减少饮用。绿茶根据具体制法的不同，主要可以分成以下三类。

炒 青

　　炒青绿茶是指加工过程中最后一道干燥程序使用炒锅炒干的绿茶。炒青绿茶一般色泽绿中稍带灰色，香气突出，清高持久，汤色呈现绿中带黄。炒青茶的地方名茶很多，比如嵊州辉白、四川竹叶青、金坛雀舌、洞庭碧螺春等。

烘 青

　　烘青绿茶是指加工过程中最后一道干燥程序为烘干的绿茶。烘青绿茶一般色泽深绿油润，香气不如炒青张扬，但是清高雅妙，汤色清澈明亮，叶底黄绿。六安瓜片、太平猴魁等都是著名的烘青茶。

蒸 青

炒青

烘青

蒸青

　　蒸青茶中国出产得很少，而日本绿茶主流都是蒸青，大众所熟知的日本抹茶，必须是蒸青茶的粉末，而不是蒸青茶的粉末只能称为"绿茶粉"，这是其中很重要的一个区别。蒸青茶是利用水蒸气的热量来破坏鲜茶叶中的酶，从而终止茶的发酵。蒸青茶的色泽非常漂亮，保持鲜绿，茶汤也很青翠，但是带有青草气，茶汤也呈现涩味，没有其他绿茶那么鲜爽。恩施玉露、信阳玉露是中国生产的蒸青茶。

　　"玉露"本身是指秋天的露水，后来在中国被借用来指蒸茶如同露水般。蒸青茶的鲜叶原料，宜采摘叶绿素含量高的嫩芽叶，并尽量实行现采现制，因此要求尽量保持鲜叶的新鲜度并保持一定的湿度。

中日绿茶之比较

中日绿茶的区别，其实背后隐藏的是不同风土、资源、社会经济条件等大背景下的思维方式的差异。

日本绿茶的基本品种

日本绿茶基本都是蒸青，也有炒青的釜炒茶，但不占主流。茶叶品种基本是对全叶的利用，不仅仅是鲜嫩叶芽，而是把一棵茶树发挥到了最大价值，这是比较典型的以市场为中心。

中国的绿茶制作工艺常见的就有炒青、烘青、蒸青等，而日本绿茶的主要品种有煎茶、玉露、茎茶、番茶和茶粉。煎茶这一类约占日本茶生产总量的80%。煎茶一般使用的都是新嫩芽叶，同样的还有玉露，只是玉露要使用黑纱网遮盖茶园上空的阳光以减少光照，让茶叶苦涩感更低。茎茶，就是使用茶叶茎了，单独将茎的部分收集起来制茶。而番茶和这个分类标准有交叉。

日本对绿茶的极致利用

中国的绿茶品种非常多，而且几乎所有产茶区都有自己的绿茶小品种，很多小品种绿茶都在本地就被消费尽了，在大众市场上并不常见。从整体来看，这种发展模式可以理解为"横向发展"，而日本对绿茶的利用更显现出"纵向发展"的特点。

日本茶园在每年四月第一次采摘的新茶叫"一番茶"；经施肥、整枝、防除后，到六月第二次采的叫"二番茶"；再次防除、施肥后，到九月采收者为"秋冬番茶"。日文"番"为"次"之意，因此一、二番茶会拿来做煎茶，二、三番茶会拿来做番茶（焙茶）。番茶做焙茶为整枝叶片烘焙，且有焦香味，但高温冲泡不易苦涩，为京都一般人家常喝的茶。总之，通常的番茶是比较粗老的叶片。还有更加粗老的，日本也利用，不过这些茶不是绿茶了，而与中国的后发酵茶类似，比如碁石茶、阿波番茶等。再有碎叶什么的，还可以制成茶粉、香皂、蜡烛甚至除臭剂、肥料等，一点都不浪费。更有意思的是，为了在有限的品种上增加风味，日本绿茶还采取了叠加的方式来增加新品种，比如日本还有"抹茶入煎茶"，具体工艺不知，大体是利用石臼挤压将抹茶粉和煎茶结合的一种茶品。

西湖龙井

产地： 浙江省杭州市西湖景区内，尤以狮、云、龙、虎、梅为核心产区。

一说到绿茶，很多人首先想到的就是西湖龙井。其以"色绿、香郁、味醇、形美"四绝名扬天下，居中国名茶之冠。乾隆皇帝曾评价龙井："啜之淡然似乎无味，饮过后方有一种太和之气，弥漫乎齿颊之间。"

狮峰龙井

其他产区龙井

陈茶

条索整齐，平整扁匀

纤秀细紧，翠绿毫显

纤细紧结，黄绿发灰

色淡嫩绿

清澈明净

黄绿浑浊

细嫩成朵

芽头匀净

色泽暗淡

识 西湖龙井条索整齐，平整扁匀，色泽类似青芝绿，微泛嫩黄，干茶清香馥郁。

泡 最宜使用直筒玻璃杯冲泡，有助于欣赏茶叶在水中沉浮的过程。使用中投法，不需洗茶，水温85℃左右，沿杯壁冲下，1分钟即可。

品 冲泡后，叶底边缘齐整，茶汤色淡但是嫩绿喜人，茶味清幽，入口滑润，生津回甜。叶底细嫩，均匀成朵。如果一下子香气泛起，那么多半掺有香精或者不是西湖产区所产。

茶的特征

[外形] 条索整齐，平整扁匀

[色泽] 类青芝绿，微泛嫩黄

[汤色] 色淡嫩绿

[香气] 清幽如兰

[滋味] 甘醇鲜爽

[叶底] 细嫩成朵

⚠主泡器的1/5 🌡85℃ ⬛第一泡1分钟

十大名茶之首

西湖龙井作为绿茶之中的佼佼者，也是传统十大名茶之首，它极好地保留了自然之味。绿茶不是发酵茶，通过炒或蒸，仿佛就已经把整个春天锁进小小的叶片之中。但是绿茶香气比较淡雅，寻常的人如果不静心品味，往往觉得它比较寡淡，由此也可以看出现代人的心是很难静下来的，就像只能看到正午牡丹浓重的艳丽，却无法体会出清晨荷上露珠消散在清雾里淡淡的雅致。

碧螺春

产地: 江苏省苏州市吴中区太湖之中的洞庭山。

碧螺春以形美、色艳、香浓、味醇闻名于世,是我国第二大名茶。始于明朝,扬名于乾隆时期,在清朝被列为贡茶,是中国十大名茶之一。因为原产地保护,也称为"洞庭碧螺春"。龚自珍曾称赞说:"茶以洞庭山之碧螺春为天下第一。"

明前茶

雨前茶

陈茶

条索偏瘦,银绿隐翠

纤秀细紧,翠绿毫显

色泽暗淡

碧绿明亮

鹅黄明净

黄绿浑浊

嫩绿自然

肥壮清雅

欠缺鲜嫩

识 洞庭碧螺春外形条索纤细，蜷曲成螺，色泽银绿隐翠，俗称为"满身毛、铜丝条"。极品碧螺春每500克有六七万个芽头，非常珍贵。

泡 最宜使用直筒玻璃杯冲泡，采用上投法，水温70~80℃，第一泡冲泡20秒即可。

品 冲泡后，茶汤略有浑浊，表面也有毫毛浮起，色泽青翠喜人，香气柔嫩芬芳，滋味鲜爽甘醇，顺滑回甘。叶底嫩绿柔匀，明亮带香。

茶的特征

[**外形**] 条索纤细，蜷曲成螺

[**色泽**] 银绿隐翠

[**汤色**] 嫩绿青翠

[**香气**] 柔嫩芬芳

[**滋味**] 鲜爽甘醇

[**叶底**] 嫩绿，明亮带香

主泡器的 1/5　70~80℃　第一泡20秒

"吓煞人香"女儿茶

碧螺春，原名"吓煞人香"，自古就是茶中珍品，有着悠久的采制历史。据传茶农担心嫩芽过于娇嫩，放于筐中会碰伤，皆置于少女怀中。茶的热气、清香和体香交织，采茶者惊呼"吓煞人香"，也称之为"女儿茶"。据载，康熙皇帝南巡到太湖，巡抚以此茶进呈，康熙皇帝甚爱此茶，问巡抚茶名，听后觉得名字太俗，有辱茶叶清雅，又观此茶卷曲如螺，色泽银碧，冲泡后碗中春色喜人，故而赐名"碧螺春"。

信阳毛尖

产地：河南省信阳市诸县。

信阳毛尖的主要产区范围较大，包括"五云两潭一山一寨一寺"。"五云"指车云山、集云山、云雾山、天云山、连云山；"两潭"指黑龙潭、白龙潭；"一山"指震雷山；"一寨"指何家寨；"一寺"指灵山寺。信阳毛尖茶园多在海拔500~800米的群山之中，植被丰富，雨量充沛，十分利于茶树内质的累积。信阳毛尖一般年采3次，谷雨前的茶基本是芽头，500克最多可以用六万个芽头，是很少见的珍品。

清明
浉河港

清明后
云雾山

清明后
四望山（野生茶）

大小不均，蜷曲毫显

纤细紧结，黄绿匀整

大小不均，纤细柔嫩

淡绿微黄，清澈明净，
香气轻弱，隐隐豆香

淡绿微黄，明净通透，
花香清幽，层次丰富

淡绿微黄，明净毫浊，
兰香高扬，汤感甜润

柔嫩细小

肥壮有力

柔嫩细小

识 信阳毛尖的特点是"鸦雀嘴、板栗香、绿豆汤"。具体来说,外形细圆光直,形似乌鸦嘴,多细小白毫。

泡 最宜使用玻璃杯冲泡。水温85℃左右,推荐下投法,置茶量为玻璃杯的1/5。不需洗茶但需润茶,置茶后用85℃水冲泡至玻璃杯的1/3,摇晃杯体,使茶叶充分浸润,然后加满水。

品 冲泡后,汤色杏绿晶莹,毫毛众多。第一泡浸出物很快,往往苦涩;第二泡以后,苦涩已化,滋味鲜醇甘爽。香气芬芳清鲜,有板栗香和花香,滋味鲜醇甘爽。叶底嫩绿明亮,饱满柔韧。

谷雨前
董家河

谷雨
罗山县

纤细柔嫩,毫毛丰富

芽头肥嫩,匀整毫显

茶的特征

[**外形**] 细圆光直,白毫显露

[**色泽**] 银绿翠润

[**汤色**] 杏绿明亮 [**香气**] 嫩香持久

[**滋味**] 鲜醇甘爽 [**叶底**] 饱满柔韧

主泡器的 1/5 ᵼ85℃ ▇第一泡半分钟

杏绿带黄,毫浊明显,
香气较弱,微有花香

微绿带黄,通透明净,
香气较弱,微有甜香

从信阳绿茶到信阳红茶

信阳毛尖是优质绿茶,因为毛尖
春茶为佳,夏秋茶基本不能使用。
茶农为了解决茶叶只收获一季的
问题,借鉴福建红茶的制作方法,
使用毛尖茶树制红茶。信阳红茶
以其条形好、色泽好、成分好、品
感好的良好品质,成为红茶中的新
贵,被命名为"信阳红"。

细长持嫩

肥壮稍粗

六安瓜片

产地: 安徽省六安市金寨县。

六安瓜片的采摘与众不同,不采嫩芽嫩叶,而选择舒展壮叶,因而叶片肉质醇厚,滋味也浓醇。六安瓜片是我国绿茶中唯一不采梗、不采芽、只采叶的茶,因其由单片生叶制成,所以也叫"片茶"。六安瓜片是国家级历史名茶,也是中国十大经典名茶之一。

茶的特征

[外形]叶片较大,大小匀整

[色泽]砂绿,富有白霜

[汤色]黄绿通透 [香气]清香高爽

[滋味]鲜醇回甘 [叶底]绿嫩明亮

主泡器的 1/5 85℃ 第一泡40秒

识 六安瓜片之所以叫瓜片,首先是外形像瓜子,然后叶片较大,大小匀整,不含茶梗、嫩芽、色泽砂绿,润泽有光,而又带有淡淡的白霜。

泡 最宜使用白瓷盖碗冲泡。水温85℃左右,不需洗茶,采用中投法。第一泡浸泡半分钟,加盖摇动盖碗10秒左右,加满水后再冲泡半分钟即可。摇动的目的是使水充分浸润茶叶,促进茶叶的香气发散。

品 冲泡后,香气高爽持久,汤色通透明亮,色泽黄绿,滋味醇爽浓厚,回甘美妙。叶底绿嫩鲜活,舒展滋润。

六安瓜片和"六安茶"的关系

《红楼梦》中多次提到的"六安茶"并非六安瓜片。六安瓜片在曹雪芹所处的年代还没有正式产出。另外,六安茶泛指的是大类,其下名目繁多,而六安瓜片也仅仅是其大类下的一个茶叶的品种而已。

安吉白茶

产地：浙江省湖州市安吉县。

安吉白茶名为白茶，实为绿茶，采用的是半炒半烘工艺。安吉是著名的竹乡，因此安吉白茶生长过程中缓慢吸收竹子的香气，形成了自身独特的风味特点。安吉白茶之所以被称为白茶，是因为安吉白茶树为茶树的白化变种，珍贵而稀有。

茶的特征

[**外形**] 条索自然，叶脉翠绿

[**色泽**] 绿中透黄　[**汤色**] 嫩绿明亮

[**香气**] 馥郁持久　[**滋味**] 鲜醇甘爽

[**叶底**] 成朵肥壮，筋脉翠绿

主泡器的 1/5　85℃　第一泡 2 分钟

识 安吉白茶常见凤形和龙形两种。凤形茶细柔精致如凤羽，一般一芽一叶，大小均匀，干茶浅碧有白毫，娇细喜人。龙形茶扁细挺直，形似兰花，俊秀肥壮。

泡 最宜使用直筒玻璃杯冲泡，不需洗茶。85℃水温沿杯壁冲下，冲泡2分钟左右。

品 冲泡后，香冷如竹叶挂雪，清气霖霖，叶片颜色渐泡渐浅，最后成为莹白带绿。茶汤倾出，清澈而有细毫起舞，莹然清透。

以"白茶"之名的绿茶

宋徽宗赵佶所著的《大观茶论》中专门论述了"白茶"："白茶自为一种，与常茶不同，其条敷阐，其叶莹薄。崖林之间，偶然生出，虽非人力所可致。有者不过四五家，生者不过一二株，所造止于二三胯而已。芽英不多，尤难蒸焙，汤火一失，则已变而为常品。须制造精微，运度得宜，则表里昭彻，如玉之在璞，它无与伦也；浅焙亦有之，但品不及。"这个白茶应该与今日安吉白茶同种。

太平猴魁

产地：安徽省黄山市北麓的黄山区新明、龙门、三口一带。

太平猴魁创制于1900年，当时南京很多大茶庄纷纷在太平产区设茶号收购茶叶，加工尖茶运销南京等地。猴坑茶农王老二大名王魁成，精选肥壮幼嫩的芽叶制成王老二魁尖。由于猴坑所产魁尖风格独特，质量超群，使其他产地魁尖望尘莫及，特冠以猴坑地名，遂成"猴魁"。

茶的特征

[外形] 扁平挺直，白毫伏隐

[色泽] 苍绿　[汤色] 青绿明净

[香气] 高爽　[滋味] 鲜爽甘醇

[叶底] 成朵肥壮，嫩绿明亮

主泡器的 1/5　90℃　第一泡 1~2 分钟

识 太平猴魁外形扁展挺直，两叶一芽，叶片长6~8厘米，部分主脉呈现暗红色，俗称"红丝线"，这是太平猴魁独有的特征。太平猴魁产量很少，市场上常见周边尖茶冒充太平猴魁。

泡 最宜使用高细直筒玻璃杯冲泡。太平猴魁是开面采，叶片肥壮，所以和常见绿茶不同，使用90℃水冲泡，根部朝下理齐叶片放入杯中，冲泡1~2分钟。

品 冲泡后，茶汤绿意盎然，豆香或者兰花香扑鼻，滋味鲜爽醇厚，回味甘甜。叶底清晰可见做型时的网格纹，叶脉中隐现红色，翠色可人，叶片大滋味却鲜。

太平猴魁冲泡后的特点

真正的太平猴魁在冲泡后有两个特点：一是太平猴魁耐冲泡，四泡后仍能保持清雅的兰花香气，而且每泡之间香气均衡；二是太平猴魁滋味醇美，即使置茶量比标准多一倍，茶汤也不会苦涩，依然甘爽。

日照绿茶

产地：山东省日照市。

日照绿茶是20世纪"南茶北引"的产物。因为日照市的独特地理位置，日照茶树的越冬期比南方茶树的越冬期还要长一两个月，昼夜温差也大，有利于营养物质和芳香物质的累积。日照绿茶的品质十分优越，常被称为"北方第一茶"。

茶的特征

[外形]茸毫显露　[色泽]绿中带乌

[汤色]茶汤黄亮

[香气]香气浓郁，有板栗香

[滋味]甘醇鲜爽　[叶底]嫩绿柔软

主泡器的1/5　85℃　第一泡半分钟

识 日照绿茶外形条索蜷曲，叶片较为肥厚，呈现绿中带乌的色泽。

泡 可以使用直筒玻璃杯或者白瓷盖碗冲泡。水温85℃左右。冲泡半分钟左右即可。好的日照绿茶可以冲泡5遍，色香不减，苦涩不增。

品 冲泡后，有板栗香，香气浓郁，滋味甘醇鲜爽。

成就三个优质茶区的纬度

纬度对茶叶有着很重要的影响，不仅如此，纬度对农作物都有着巨大的影响，比如世界著名葡萄酒庄园，基本位于同一纬度区域——北纬35°区域，一个神奇的地带。而三个海滨优质茶区：韩国宝城、日本静冈、中国日照，也在这个区域中。

雨花茶

产地：江苏省南京市辖区。

雨花茶于1959年春由南京紫金山中山陵园管理局研制成功。原植于雨花台，雨花台原称"聚宝山"。相传梁武帝时，云光法师在此讲经，法喜充满，天降宝花，因此得名"雨花台"。雨花台小气候空气湿润，山峦起伏，植被茂盛，茶叶品质上佳。

特级
一等雨花茶

特级
二等雨花茶

陈茶

挺拔纤细

纤秀细紧

纤细紧结，黄绿发灰

鲜绿明亮

清透明亮

黄绿浑浊

一芽一叶或
一芽二叶

一芽二叶

黄绿发僵

识 雨花茶外形挺俊，色泽幽绿，条索紧直，锋苗挺秀，带有白毫，干茶香气浓郁。

泡 最宜使用直筒玻璃杯冲泡，水温80~90℃，可以使用上投法，也可以使用中投法。第一泡冲泡时间1~2分钟。

品 冲泡后，香气清雅，如清月照林，意味深远。茶汤绿透银光，毫毛丰盛。滋味醇和，回味持久。

茶的特征

[外形] 细紧挺俊

[色泽] 幽绿

[汤色] 绿透银光

[香气] 清雅

[滋味] 回味持久

[叶底] 黄绿自然

主泡器的1/4 80~90℃
第一泡1~2分钟

雨花茶的创制由来

雨花茶的创制不是横空出世的，许多中国的地方名茶都有其历史渊源。虽然可能是同一个地方的茶，甚至茶的名字也一样，但是现代茶叶和以前茶叶的制茶方式其实是有显著不同的。南京栖霞山一带在唐代就已经有了种茶、制茶的记载。中华人民共和国成立之后，南京调集了江苏制茶高手集中在中山陵园，利用本地茶树创制新茶。1959年春茶新品上市，雨花茶作为向中华人民共和国成立十周年献礼的佳品广受好评。当市场对雨花茶的需求增大之后，江苏省协调调集了广东、福建的很多优良茶种在南京市郊大规模种植。雨花茶是绿茶中相对来说适口性比较广泛，滋味也很鲜醇的品种。

庐山云雾

产地： 江西省九江市庐山。

庐山海拔较高，水汽丰沛，云海蔚为壮观，故而滋养茶苗，茶叶品质很好。庐山云雾出现的历史很早，大约在汉朝时，庐山就已经产茶，宋代时，庐山云雾正式成为贡茶之一。庐山云雾在高山上生长，气温较低，因而生长期长，每年要到谷雨后，即4月下旬以后才能采摘鲜叶。

茶的特征

[外形] 蜷曲有力
[色泽] 灰黄带绿　[汤色] 鲜活黄绿
[香气] 清香馥郁，略偏沉郁
[滋味] 醇厚　[叶底] 鲜嫩明亮

主泡器的1/5　80℃　第一泡1~2分钟

（识）庐山云雾干茶蜷曲，色泽不是常见的翠绿，而是灰黄带绿，但不是暗沉的感觉，有带有活力的树皮混有青苔的视觉效果，干茶香气不显。

（泡）最宜使用直筒玻璃杯冲泡，采用上投法。水温80℃左右，冲泡时间1~2分钟。

（品）冲泡后，茶叶颜色变得鲜活黄绿，香气近似于龙井，但没有龙井清透，偏于沉郁。滋味醇厚，有烘炒气。叶底鲜嫩明亮。庐山云雾茶所含有益成分较高，尤其是茶中生物碱和维生素C的含量都高于一般茶叶。

庐山康王谷的泉水

庐山的泉水中最有名的是汉阳峰下康王谷的泉水，号称"天下第一泉"，这个"第一"是茶圣陆羽封的。陆羽在庐山时，用康王谷的泉水烹煮茶汤，发现用这里的泉水煮出来的茶汤，味道格外清香。后来他评出了天下最为适合泡茶的"二十水"，庐山康王谷的泉水列为第一。

金坛雀舌

产地：江苏省常州市金坛区。

金坛东近上海，西偎南京，四季分明，气候宜人，中国道教圣地茅山就坐落在这里。金坛雀舌以其形如雀舌而得名，属扁形炒青绿茶，是20世纪80年代江苏省新创制的名茶之一。

茶的特征

[外形]形如雀舌　　[色泽]绿润

[汤色]明亮　　　　[香气]清高

[滋味]鲜爽清雅

[叶底]嫩匀成朵，柔软明亮

主泡器的1/5　85℃　第一泡2分钟

识　金坛雀舌干茶条索匀整，精致清秀，绝类雀舌，白绒紧覆，扁平挺直。

泡　最宜使用直筒玻璃杯，不宜闷泡。使用中投法，不需洗茶。水温85℃左右，先冲泡1分钟，加满水后再冲泡1分钟。时间不宜长，以避免茶汤苦感。

品　冲泡后，香气回转，透盖而出，汤色明亮，茶芽滋润膨胀。滋味鲜爽，含香清雅，虽略苦涩，然而清气在口腔内游走，令人神清气爽。叶底嫩匀成朵，柔软明亮。

好山出好茶

金坛雀舌的原产地茅山是国家5A级旅游景区，山峦起伏，青松、翠竹连绵，终年林荫覆盖，云蒸霞蔚。古人赞道："峰从云间出，烟自幽谷起。"如此洞天福地，造就了金坛雀舌的优秀品质。

安顺绿茶

产地：贵州省安顺市。

地方史料记载："明朝洪武年间，有俗名丛茶，谷雨前采撷，名毛尖，色味俱佳，多产大水桥"。如今安顺还有明朝时期遗留的茶树和茶园。

茶的特征

［外形］茶毫繁密　［色泽］青翠

［汤色］略显浑浊　［香气］高扬

［滋味］顺滑甘醇

［叶底］青壮俊秀

主泡器的 1/5　90℃　第一泡20秒

识 安顺绿茶外形并不出众，但是茶毫繁密，色泽青翠，香气浓郁。

泡 最宜使用直筒玻璃杯。水温90℃左右，冲泡20秒。

品 冲泡后，茶汤因为毫多而略显浑浊，但是香气高扬，茶汤顺滑，水路甘醇。叶底青壮，挺拔俊秀。

优质品种"安顺香尖"

安顺绿茶品质上佳，价格低廉。安顺老落坡林场生产的"安顺香尖"是近年来崛起的优质品种。老落坡海拔1300~1600米，日照充足，水汽丰沛，植被丰富，被称为"安顺粮仓""贵州江南"，十分适宜安顺绿茶的生长。

峨眉竹叶青

产地：四川省乐山市峨眉山一带。

峨眉竹叶青原为峨眉山万年寺僧人自制待客茶，1964年经工艺改良，成为创制的新茶。陈毅元帅喜饮此茶，并且觉得形状似竹叶，青翠鲜香，故为其取名"竹叶青"。

茶的特征

[外形] 扁平挺直，形似竹叶

[色泽] 嫩绿油润　[汤色] 黄绿明亮

[香气] 高扬爽利　[滋味] 浓郁厚滑

[叶底] 嫩绿匀整

主泡器的 1/5~1/4　80~85℃
第一泡 10 秒

（识）干茶属于扁平形状，短而肥壮，像是缩小的竹叶。峨眉山竹叶青闻起来有明显的香气和高山气息，整体来说相对其他绿茶的感觉显得较为锐利。

（泡）使用薄胎盖碗或玻璃杯冲泡，置茶量为主泡器的1/5~1/4。水温80~85℃，中投法或下投法定点冲泡，高冲草叶香扬且山场气息明显，低冲则苦感较少。第一泡10秒出汤，可以泡约五泡，第三泡开始每泡增加5~10秒浸泡时间。

（品）四川的茶品，整体显现细腻清雅的风格，但是竹叶青比较例外。它属于苦底略重、滋味浓强的绿茶品种，因而回甘明显持久，滋味鲜浓爽口。

峨眉竹叶青的严格品级

如今，竹叶青品牌归属于四川峨眉竹叶青茶业有限公司，产品根据茶芽生长海拔、筛选标准的不同分为三个系列：品味（茶园海拔600~1200米）、精心（茶园海拔800~1200米）、论道（茶园海拔1200~1500米）。论道级别500克的茶叶要筛选50万颗芽头，成品茶价格高昂。

苍山雪绿

产地： 云南省大理白族自治州点苍山一带。

苍山雪绿是云南大叶良种名茶之一，由下关茶厂创制于1964年。顾名思义，采摘大理苍山茶园茶青制作，选用云南双江勐库良种。该种芽叶肥嫩，叶质柔软，持嫩性强，茸毛特多。1980~1983年连续三次被评为省级名茶。

茶的特征

[外形] 粗壮匀整

[色泽] 墨绿油润

[汤色] 黄绿明亮　　[香气] 馥郁高扬

[滋味] 醇爽回甘　　[叶底] 黄绿肥厚

🫖 主泡器的 1/5　🌡 95℃　　／🍵 第一泡即泡即出汤

（识）苍山雪绿一般芽叶粗，梗大，外形显得肥壮细长。色泽整体墨绿油润，偶见嫩绿色条索，交织白灰色，确有雪中透新绿之感。

（泡）苍山雪绿的茶青一般生长在海拔1500~2000米的地带，加之是大叶种，故而冲泡追求高山气和浓强之感。但为了减少苦涩，可以减少置茶量。建议使用薄胎盖碗或者较大的紫砂壶冲泡，置茶量约为主泡器的1/5。水温95℃左右，下投法定点高冲。第一泡即泡即出汤，可以泡6泡，每泡增加5秒浸泡时间。

（品）冲泡后，呈现大叶种茶浓强的滋味，山场气息明显。

苍山雪绿复杂的加工工艺

苍山雪绿的炒制技术十分精巧，主要的加工工艺有杀青、揉捻、做形、干燥、筛拣、复火六道工序。操作时要掌握在高温杀青、轻压揉捻、理条的基础上做形、分次干燥的原则，这是获得形质俱佳的苍山雪绿的技术要点。

顾渚紫笋

产地：浙江省湖州市长兴县水口乡顾渚山一带。

作为传统贡茶，在唐朝广德年间已有确切记载开始进贡，茶圣陆羽曾把它列为"茶中第一"。唐朝广德年间的顾渚紫笋是龙团茶的形式，至明朝洪武八年"罢贡"后，按照当时的上层要求改为条形散茶。明末清初，紫笋茶逐渐消失，直至20世纪70年代末才被重新发掘出来。

茶的特征

[外形]紧结完整　[色泽]翠绿

[汤色]整体清亮

[香气]浓郁清香，美妙多变

[滋味]清爽醇和　[叶底]嫩匀亮泽

主泡器的1/5　85~90℃　第一泡1分钟
主泡器的1/5　85~90℃　第一泡半分钟

（识）顾渚紫笋的得名，在于鲜叶时有一个阶段会出现紫色，而制成的茶背卷似笋壳。实际上成茶是没有紫色的，其色泽翠绿，外形紧结完整。

（泡）最宜使用直筒玻璃杯冲泡，以便观察茶叶的舒展以及让香气冲天而起。水温85~90℃，下投法和中投法均可，冲泡1分钟。如果使用盖碗冲泡，会更好地聚敛茶性，彰显汤色。最好是用白瓷薄胎盖碗，冲泡时间半分钟左右。

（品）冲泡后，呈现浓郁的山林气混合竹叶气变成浓郁的豆香、板栗香混合兰花香，非常美妙。茶汤有细密小茸毫，但整体清亮。入口清爽但不失醇和。叶底干净，嫩匀亮泽。

"急程茶"的由来

顾渚紫笋作为贡茶的时候，是"急程茶"。什么是急程茶呢？唐代把顾渚贡茶分为五等，第一等必须在清明前送到宫中。本来清明前的茶叶采收就要"看天吃饭"，量又很稀少，加上交通不便，茶叶刚刚制好，就要快马加鞭，连环更换马匹，一程一程丝毫不敢停顿地送入宫内，跑死马匹的事情时有发生，故称"急程茶"。

敬亭绿雪

产地: 安徽省宣城市敬亭山一带。

敬亭绿雪是烘青型绿茶,产于安徽省宣城市敬亭山。宣城是宣纸的原产地,也是"红顶商人"胡雪岩的故乡。敬亭山位于宣城市区北郊,原名昭亭山,晋初为避帝讳,易名敬亭山,属黄山支脉。敬亭山并不巍峨,出产敬亭绿雪的敬亭山茶场普遍海拔200米左右。

茶的特征

[外形]	条索匀整		
[色泽]	翠绿带毫		
[汤色]	清碧毫浊	[香气]	清鲜持久
[滋味]	鲜醇爽口	[叶底]	嫩绿成朵

⚖ 主泡器的 1/5　🌡 80~85℃　⏱ 第一泡 10~15 秒

识 敬亭绿雪的得名由来是因为茶叶冲泡的时候,茶叶本身翠绿,而白毫纷纷摇落如落雪缤纷。故而,干茶翠绿,白毫明显,不过往往不是整体披覆,是边缘或者中间一道白毫。

泡 敬亭绿雪在绿茶中是山场比较低的品类,故而冲泡时需降低水温,适当延长浸泡时间。建议使用薄胎盖碗冲泡,置茶量约为平铺盖碗底部一层,水温80~85℃,下投法定点略低位置冲泡,第一泡10~15秒出汤,可以泡4泡,第三泡开始每泡增加10秒浸泡时间。

品 冲泡后,茶汤品饮起来最大的感觉是"清鲜上扬",有翠云缭绕之感。香气浓郁且鲜味浓,茶汤顺滑,毫浊明显,水含香韵,有兰花香或板栗香,鲜甜度高。

安徽三大名茶之一

敬亭绿雪是恢复性的历史名茶。敬亭山茶场的前身是建设兵团四师十七团,在1972年开始研制恢复敬亭绿雪,1978年研制成功,后多次获名茶称号。现与黄山毛峰、六安瓜片合称安徽省三大名茶,但是市场份额并不大。

径山茶

产地：浙江省杭州市余杭区。

径山茶是烘青绿茶，因产地而得名。径山茶不仅在中国是传统名茶，在日本也是大名鼎鼎，甚至对日本的茶道产生了不可替代的深远影响。而中国清代金虞所写的《径山采茶歌》，也成为流传甚广的茶叶诗歌。

茶的特征

[**外形**] 细嫩，毫毛密小

[**色泽**] 绿翠

[**汤色**] 浅绿　　　　[**香气**] 浓郁持久

[**滋味**] 醇和爽口　[**叶底**] 整齐匀嫩

🫖 主泡器的 1/5　🌡 80℃　⏲ 第一泡 2~3 分钟

识 径山茶外形细嫩，毫毛密小，色泽绿翠。茶本身特有的真味、真香令人赏心悦目，还能与人的神思相融合。

泡 最宜使用直筒玻璃杯冲泡，水温80℃左右。当对径山茶深入了解，而且时间充裕、心境良好时，可以使用上投法，静待2~3分钟。如需茶汤较浓，且想让径山茶的香气更为突出的话，可以使用中投法。

品 冲泡后，有浓郁的板栗、豆类、兰花的复合香气，且较为持久。茶汤醇和爽口带甜，汤色浅绿，叶底整齐匀嫩。

"日本茶种之源"

据日本18世纪重要的百科全书《类聚名物考》记载，日本高僧南浦绍明于正元年中（1259年）将径山茶传入日本。如今，日本的很多名茶其茶种都为径山茶。而径山茶由本身特有的韵味与清香，需要神思相配合，非常符合日本茶道后来确立的"清、静、和、寂"的思想，因而在日本名声卓著。

嵊州辉白

产地：浙江省嵊州市下王镇。

根据当地的产区不同，嵊州辉白也可以叫作前岗辉白、泉岗辉白或上坞山辉白。以上坞山辉白品质为佳。嵊州辉白是绿茶中比较少见的珠形茶。嵊州古属越州，所产越州茶品质上佳、历史悠久，嵊州辉白创制时间有一百多年，清朝末年被列为贡品。

茶的特征

[外形] 紧结匀净　[色泽] 披有白霜

[汤色] 黄亮清澈　[香气] 高醇

[滋味] 醇厚，回甘迅猛

[叶底] 色泽嫩黄且大

主泡器的 1/5　85℃　第一泡 1 分钟

识 嵊州辉白干茶似圆非圆，盘花卷曲，紧结匀净，色泽灰绿，披有白霜。

泡 最宜使用玻璃杯冲泡。水温85℃左右，第一泡1分钟。嵊州辉白因为是珠茶，内质比较丰沛，不必等待叶片全部展开即可饮用，否则会略显苦涩。可以比一般绿茶多冲泡1~2次。

品 冲泡后，香气高醇，茶汤黄亮清澈，滋味醇厚，回甘迅猛。叶底叶片比一般绿茶要大，色泽嫩黄。

覆卮山的"冰川辉白"

嵊州与上虞交界处，有座海拔861米的覆卮山。这里气候温和，四季分明，湿润多雨，昼夜温差大，非常适宜茶树生长。最为独特的是，覆卮山为第四季冰川带，所生产的嵊州辉白质地更佳，隐有冷香，香味鲜浓，多次冲泡而余香犹存。而且保存也较其他绿茶持久，经年之后，还色香依旧，几如新茶。因此，它被当地茶农命名为"冰川辉白"。

信阳玉露

产地: 河南省信阳市。

信阳玉露是中国为数不多的蒸青茶品之一。蒸青茶的鲜叶原料，宜采摘叶绿素含量高的嫩芽叶，并尽量实行现采现制，因此要求尽量保持鲜叶的新鲜度并保持一定的湿度。

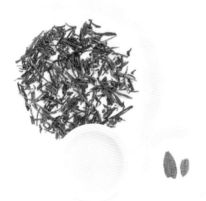

茶的特征

[外形]	细小略碎，呈松针状		
[色泽]	深绿	[汤色]	清澈明亮
[香气]	高醇	[滋味]	草气较重
[叶底]	匀称明亮		

识 玉露茶有独特的"三绿"特征：干茶色泽深绿、茶汤浅绿、叶底青绿。干茶外形细小略碎，呈松针状。

泡 最宜使用白瓷盖碗冲泡，水温75℃左右，冲泡3分钟左右。

品 冲泡后，香气特殊，带有不够舒爽的青草气，但是更为接近自然，也有人形容为"海藻"般的味道。汤色清澈明亮，叶底匀称明亮。

溧阳白茶

产地: 江苏省溧阳市天目湖区域。

溧阳白茶和安吉白茶一样，都是名叫白茶，实属绿茶。茶种为白茶种，生长期中有20天左右的茶叶鲜叶白化期，但是制茶工艺为绿茶工艺。溧阳白茶主产自天目湖区域，故而也称"天目湖白茶"。

茶的特征

[外形]	细挺，状如凤羽		
[色泽]	翠绿	[汤色]	清澈纯净
[香气]	浓郁	[滋味]	鲜爽
[叶底]	白绿幼嫩		

识 溧阳白茶是品质上佳的地方名茶，有"明月照松林"的意境之美。干茶细挺，形状如凤羽，色泽翠绿喜人。白毫细长丰密，衬着如碧玉的底色，有玉乳银霜之感。

泡 最宜使用直筒玻璃杯冲泡。溧阳白茶干茶的含水率很低，故而和一般绿茶不同，需使用沸水冲泡。可以使用中投法或上投法，第一泡冲泡时间1~1.5分钟。

品 冲泡后，汤色清澈纯净，香气浓郁，入口鲜爽，叶底白绿幼嫩。

峨眉雪芽

产地： 四川省峨眉山市峨眉山。

峨眉雪芽基本上采自海拔800~1500米的高山茶园，早期均为寺庙僧人制作。现代生产的峨眉雪芽，文化性中也充分体现了佛家思想，等级分类包括禅心级的天籁禅心、特级（禅心）、一级（禅心）；慧心级的天籁慧心，特级（慧心）、一级（慧心）。

茶的特征

[外形]细笋状嫩芽，布白毫

[色泽]润绿　[汤色]晶莹莹润

[香气]清香　[滋味]微苦回甘

[叶底]挺直俊秀

🌡主泡器的1/5 💧80℃ ■第一泡1分钟

（识）峨眉雪芽基本是细笋般的嫩芽，干茶密布细小白毫。闻之茶气凛冽，如白雪压竹，清香透冷而上。

（泡）最宜使用直筒玻璃杯冲泡。水温80℃左右，不需洗茶，冲泡1分钟。

（品）冲泡后，茶香冲空而起，茶汤晶莹莹润，入口微苦，然而苦尽甘来，香如神思，冲旋萦绕。叶底全是春茶独芽，色泽润绿，挺直俊秀。

以茶养生的峨眉山佛门

峨眉山佛门注重以茶养生，将每日寅卯、午未、戌亥三个时辰视为养生节点。在寅卯时，即清晨5点左右，喝晨之茶，并要求排便前饮用，可以化浊为清、润肠养颜。在午未时，即午饭后，喝午之茶，可以稳固牙齿、强身健体。在戌亥时，即晚上9点左右，为晚之茶，不饮而用于清洗面部，可以明目养血。

开化龙顶

产地：浙江省衢州市开化县。

齐溪乡白云山终年云雾封锁，顶部有茶园，当地人传说有蟠龙守护，茶树得其滋养，故名"龙顶"。开化龙顶茶产自海拔1000米之上，是典型的高山绿茶，早在明朝就已经被列为贡品。白云山中野生兰花等植物众多，对于形成开化龙顶的特有香气起到了很好的作用。

茶的特征

[**外形**]翠绿短嫩，芽如细笋

[**色泽**]银绿披毫　[**汤色**]嫩绿清澈

[**香气**]淡雅回旋　[**滋味**]静洁生甘

[**叶底**]鲜绿，状如垂针

主泡器的1/5　80℃　第一泡1分钟

识 开化龙顶外形翠绿短嫩，芽如细笋。秋茶质量要好于春茶，因为秋茶限定为全芽或者一芽一叶，细嫩度好于春茶，色香味和内质是最好的。

泡 最宜使用直筒玻璃杯冲泡。水温80℃左右，不需洗茶，冲泡1分钟。

品 辅以山泉冲泡，其芽先立，几起几落，状如垂针。其香清妙，淡雅回旋，有明显的兰花香或者板栗香，茶汤嫩绿清澈，滋味静洁，饮后口舌生甘。

"芽茶四斤"为贡品

浙江开化县位于浙江、安徽、江西三省交界处。据《开化县志》记载："明崇祯四年，土贡一：芽茶四斤。"这是开化最早的贡茶记录。说的是每当清明前夕，开化龙顶茶被快马飞舟送至京城，供皇室饮用。当开化龙顶进入京城后，要先记录在案，然后会由皇帝钦定，什么等级的嫔妃、官员各分赐多少，绝对不能逾矩。剩下的少量贡茶会被皇帝作为珍贵礼物在举行庆贺活动的时候赏赐给臣子。

都匀毛尖

产地：贵州省黔南布依族苗族自治州州府都匀市一带。

都匀毛尖产自贵州省都匀市，是贵州知名度很高的茶叶，也是贵州三大名茶之一，又名"白毛尖""细毛尖""鱼钩茶""雀舌茶"。都匀毛尖茶清明前后开采，采摘标准为一芽一叶初展，长度不超过2.0厘米。通常炒制500克高级毛尖茶需5.3万~5.6万个芽头。

茶的特征

[**外形**]卷曲成螺，整体匀净

[**色泽**]银白含绿　[**汤色**]浅绿见黄

[**香气**]郁香扑鼻　[**滋味**]厚滑饱满

[**叶底**]整体肥壮且弹性好

　主泡器的1/7　85~90℃

　第一泡5~10秒

识　都匀毛尖历史上名为鱼钩茶、雀舌茶，说明其外形曾经蜷曲或者接近扁形，不过如今的外形已和扁形茶无关。上好的都匀毛尖纤细卷曲、银毫丰富，整体匀净秀美。

泡　都匀毛尖在绿茶中是山场气比较明显直接的品类，冲泡时水温可以略高，浸泡时间缩短，体现高海拔绿茶的特点。建议使用薄胎盖碗冲泡，置茶量约为平铺盖碗底部一层，水温85~90℃，下投法定点略低位置冲泡。第一泡5~10秒出汤，可以泡5泡，第三泡开始每泡增加5~10秒浸泡时间。

品　冲泡后，香气浓郁且鲜味浓，花香等复合香气伴随高山冷意。茶汤厚滑，滋味直接浓强，水含香韵，鲜甜度高，生津回甘亦快而明显。

"六最之茶"

都匀毛尖的茶汤很有地域特点，喜欢不喜欢，是个人口味的差别，印象深刻则是大家对这款茶的普遍认知。在高海拔、低纬度、寡日照、多云雾、好山水的生态环境下，都匀毛尖的鲜爽度体现得非常直接。在中国传统的十大名茶中，都匀毛尖茶拥有六个中国之"最"：海拔最高、降水最均匀、云雾最多、气候最温和、茶区森林覆盖率最高、茶树生长环境最好。这些良好的环境因素构成了都匀毛尖茶上佳品质的基本条件。

涌溪火青

产地: 安徽省泾县城东70千米涌溪山的丰坑、盘坑、石井坑湾头山一带。

涌溪火青起源于明朝,清代已是贡品。涌溪火青是绿茶中较为少见的珠形茶。以丰坑的团结岩、阴上岩、岩脚下,盘坑的鸡爪坞、兰花坑、饭井石,石井坑的鹰窝岩等产地的品质为上。

茶的特征

[外形] 细嫩重实　[色泽] 墨绿莹润

[汤色] 杏黄明亮,浓深厚重

[香气] 近似于杉木的香气

[滋味] 浓高鲜爽　[叶底] 形似兰花舒展

主泡器的1/5　75~85℃　第一泡1~2分钟

(识) 涌溪火青之所以称为"火青",是因为其制作精华在于低温炭火焙干,当地人称之为"掰老锅",其锅温之低、动作之轻、时间之长是其他炒青绿茶无法相比的。涌溪火青颗粒细嫩重实,如果是掉入茶碗中,有叮咚之声。色泽墨绿莹润,仿若带有油感,也有的颗粒银毫密披。

(泡) 冲泡用直筒玻璃杯与盖碗均可,但要注意茶叶量,要让茶叶有空间在器皿中翻转、舒展。水温75~85℃,冲泡时间1~2分钟,可以冲泡5次,以第三次神韵与味道最佳。

(品) 冲泡后形似兰花舒展,汤色杏黄明亮,比一般绿茶显得浓深厚重。浓高鲜爽,苦感略强,有特殊的近似于杉木的香气。

曾获茶叶品质评比冠军

涌溪火青在市面上一直不温不火,没有龙井、碧螺春、顾渚紫笋的名气响亮,却是不可多得的好茶。清代"扬州八怪"之一的汪巢林,饮尝涌溪火青后,评价其"宣州诸茶此绝伦"。2009年,在日本世界绿茶协会举办的"世界绿茶评比"中,涌溪火青获得茶叶品质得分第一名。

金奖惠明

产地： 浙江省丽水市景宁畲族自治县一带。

惠明茶最初创制于景宁惠明寺。初唐时，高僧惠明到景宁建寺，寺因僧得名，茶因寺得名。明成化十八年（1482年），惠明茶被列为贡品；在1915年，荣获巴拿马万国博览会金质奖章。惠明茶后期中断过生产，1971年重新创制并恢复生产。1979年被正式命名为"金奖惠明茶"。

新茶

陈茶

纤秀细紧，翠绿毫显

条索瘦弱，枯灰黄绿

清澈明净

黄褐不清

茶的特征

[**外形**] 纤秀细紧
[**色泽**] 白中带黄
[**汤色**] 清澈明净
[**香气**] 水果香气
[**滋味**] 清爽醇厚
[**叶底**] 嫩绿匀整

主泡器的1/5
85~90℃
第一泡5~10秒

嫩绿匀整

黯淡发僵

（识）早期的金奖惠明茶外形偏肥壮，这几年常见的惠明茶外形偏细长秀美，类似凤羽之感，看似轻柔，实则内蕴其中。虽然带有白毫，但是底色鹅黄带绿，所以整体颜色显现为乳白中带有淡黄。

（泡）可以使用薄胎盖碗或玻璃杯冲泡，置茶量约为主泡器的1/4。水温85~90℃，中投法或下投法定点略低位置冲泡。第一泡5~10秒出汤，可以泡5泡，第三泡开始每泡增加5~10秒浸泡时间。

（品）金奖惠明茶分为传统手工工艺和机械加工工艺。现行工艺其实属于烘炒结合，所以泡茶温度可以略高，能够在茶汤中品尝出某种莓类水果般的香气。茶汤虽然看似清爽，口感却显醇厚。在绿茶中属于较耐冲泡的茶品，一般第五泡会带有水味，但是韵味仍在。

巴拿马万国博览会的"大赢家"

人们常说的"巴拿马万国博览会"，往往是指1915年首届巴拿马太平洋万国博览会，也称"1915年巴拿马－太平洋国际博览会"。会址设在美国旧金山，当时主要是为了庆祝巴拿马运河开凿通航。博览会从1915年2月20日开展，到12月4日闭幕，展期长达九个半月，总参观人数超过1800万人，开创了世界历史上博览会历时最长、参加人数最多的先河。中国作为参展国，征集了19个省10多万件产品进行参赛，并最终斩获奖章1200余枚。

滇绿

产地: 云南省临沧市、保山市、普洱市思茅区、德宏傣族景颇族自治州等地。

滇绿,又称云绿,泛指云南烘青绿茶,以之和云南普洱茶区别。其中有常见茶品,也有品质更佳单独命名的茶品。滇绿本来是云南的传统产品,因为普洱茶普遍的市场需求,如今产绿茶的区域向云南西北地区倾斜。云南绿茶和其他绿茶最大的区别在于选用大叶茶和中叶茶进行制作,因而成茶的水浸出物异常丰富,茶汤极为浓郁隽烈,成为中国绿茶中的一朵奇葩。

茶的特征

[**外形**] 条索较大

[**色泽**] 绿中带黄　[**汤色**] 厚重清澈

[**香气**] 高扬持久　[**滋味**] 鲜爽厚实

[**叶底**] 肥壮,色泽带黄

置茶量约为主泡器的 1/7
95℃ 　第一泡 1~5 秒

识 滇绿因为选用大叶茶,成茶条索一般均大于其他绿茶。色泽为绿中带黄,或者带灰,整体颜色发暗,白毫很少。

泡 冲泡可以使用直筒玻璃杯,也可以使用白瓷盖碗。置茶量约为主泡器的 1/7,水温 95℃ 左右,冲泡 1~5 秒。滇绿内质丰富,茶叶中胶质也多,因此可以快速洗茶,即冲即倒。

品 冲泡后,茶叶舒展自然,汤色厚重清澈,香气高扬持久,耐冲泡。叶底肥壮,色泽带黄。

滇绿名品"罗伯克"

罗伯克是个地名,位于茫茫的无量山中,在彝族话中是"猛虎出没的地方"。罗伯克茶厂曾经的老厂长李正林是一位令人敬重的茶人。在 2006~2007 年普洱茶最火的时候,有些茶区、茶厂都转向了普洱茶制作。而老厂长李正林依然坚持做好绿茶,也正是这位近 80 岁老人的坚守,罗伯克绿茶的品质超群,带着厚重的、波澜不惊的深沉香气。

蒙顶甘露

产地：四川省雅安市蒙顶山一带。

蒙顶甘露产于四川省雅安蒙顶山。雅安号称"雨城"，生态良好。而蒙顶山是有文字记载的我国人工种植茶叶最早的地方，蒙顶山上清峰据传是汉代甘露祖师吴理真手植七株仙茶的遗址。唐宋时期，蒙山茶被列为贡品，作为天子祭祀天地祖宗的专用品，一直沿袭到清代。1959年，蒙顶甘露曾被评为全国名茶。

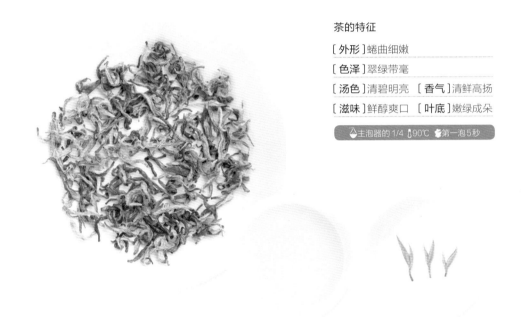

茶的特征

[外形]蜷曲细嫩

[色泽]翠绿带毫

[汤色]清碧明亮　[香气]清鲜高扬

[滋味]鲜醇爽口　[叶底]嫩绿成朵

主泡器的1/4　90℃　第一泡5秒

识 蒙顶甘露干茶有比较浓郁的果香，蜷曲细嫩，附有浓密细小的银毫。

泡 上好的蒙顶甘露可耐高温冲泡。建议使用薄胎盖碗，置茶量约为盖碗容量的1/4，水温90℃左右，下投法定点略低位置冲泡。第一泡5秒出汤，可以泡4泡，每泡增加5秒浸泡时间。

品 蒙顶甘露冲泡后香气特别悠长，初始是自然的青叶的味道，慢慢品出来的是兰花特有的浓郁、令人舒畅的香气。茶汤细腻甘甜，内蕴丰美。

"茶祖"种"仙茶"的传说

西汉时期，现四川蒙顶山所在地就有人种植茶树，利用茶树的保健、养生功效救助普通百姓。明代《杨慎记》记载："西汉理真，俗姓吴氏，修活民之行，种茶蒙顶……"这也成为中国人工种植茶叶最早的传说。但现在一般认为历史上有无此人存疑。相传为吴理真亲植的七株茶树，被称为"仙茶"；而吴理真当时种茶打水的龙泉古井，也被人们神化为"井内斗水，雨不盈、旱不涸，口盖之以石，取此井水烹茶则有异香"。

徽州松萝

产地：安徽省黄山市休宁县城北约10千米的松萝山。

徽州松萝也称"休宁松萝"。松萝山最高峰海拔882米，茶园多分布在海拔600~700米。松萝山气候温和，雨量充沛，土壤肥沃，土层深厚，生态环境适宜茶树生长。1913年徽州松萝即远销欧美各国，在国际上享有良好的声誉。

茶的特征

[外形] 条索紧密，匀整壮实

[色泽] 绿润　[汤色] 明绿

[香气] 清高　[滋味] 浓厚

[叶底] 绿嫩

主泡器的1/5　80~90℃　第一泡1分钟

（识）徽州松萝条索紧密，匀整壮实，锋苗显露，色泽绿润。

（泡）最宜使用直筒玻璃杯冲泡，水温80~90℃，冲泡时间1分钟。松萝茶可以多泡几次，第五泡（尾水）因为苦涩尽去，香气仍存，可能更适合刚刚接触松萝茶的茶友。

（品）徽州松萝冲泡后，汤色明绿，香气清高，滋味在绿茶中属于醇厚的类型，相比其他绿茶，更加香浓、味浓、色浓。茶汤会有较为明显的苦感，但是回甘也就格外强烈。香气非常特殊，有明显的近似青橄榄的气息。

松萝茶的药用价值

松萝茶是传统药茶，被称为"绿色金子"。清人所撰《秋灯丛话》一书中，记载松萝茶有善化积食的功效。而松萝茶的神奇之处在于它还能治疗伤寒痢疾。明神宗时，休宁一带流行伤寒痢疾，传有"普济方"：将松萝茶与生姜、食盐、粳米炒至焦黄煮服，或者研碎吞服。患者连服三日即可痊愈。

大佛龙井

产地： 浙江省绍兴市新昌县一带。

大佛龙井创制于20世纪80年代中期。因为新昌县有著名标志性景点"大佛寺"，而茶叶品质可追西湖龙井，故得名。大佛龙井的采摘很少用纯芽头的茶青，常见的是"一芽一叶"到"一芽三叶"，炒制过程有抓、抖、搭、捺、甩、推、扣、压、磨等手法，成茶品质非常稳定。

茶的特征

[**外形**] 扁平光滑，挺拔俊秀

[**色泽**] 黄绿匀净　[**汤色**] 杏绿清亮

[**香气**] 香气持久，美妙高扬

[**滋味**] 鲜醇甘爽　[**叶底**] 润泽，细嫩成朵

主泡器的1/5　80~85℃　第一泡1~2分钟

主泡器的1/5　80~85℃　第一泡1分钟

识　大佛龙井和西湖龙井外形很像，但是如果认真对比，大佛龙井的叶片较西湖龙井叶片粗老，而厚实感却要稍逊一筹。此外，上佳的西湖龙井冲泡后，其香气是偏花香一脉的，比如兰花香等，而大佛龙井整体偏豌豆香和草叶香。

泡　最宜使用直筒玻璃杯冲泡，以便观察茶叶的上下浮动以及让香气冲天而起。水温80~85℃，下投法和中投法均可，冲泡1~2分钟。如果使用盖碗冲泡，会更好地聚敛茶性，彰显汤色。最好是用白瓷薄胎盖碗，冲泡1分钟左右，可以使用回环注水手法。

品　冲泡后，有浓郁的草叶香混合豆香等香气，香气综合了幼嫩和高扬的特征。入口醇爽，苦涩度低，回甘持久。

大佛龙井和西湖龙井

大佛龙井和西湖龙井的区别，细细地品饮可以分辨出来。大佛龙井和西湖龙井的茶树品种都是龙井43，很多茶园的海拔范围相近，但大佛龙井的山野气要比西湖龙井明显。每一泡茶汤之间的稳定性，特别是由"清"而显味道持久，回味悠长的感受，西湖龙井都要略胜一筹。西湖龙井茶汤的细腻、多层次感，比大佛龙井的直白、强烈冲击更令人印象深刻。

顶谷大方

产地：安徽省黄山市歙县。

大方茶产于安徽歙县的竹铺、金川、三阳等乡村，尤以竹铺乡的老竹岭、大方山和金川乡的福泉山所产的品质最优。地处皖浙交界的天目山脉，其主峰——清凉峰为黄山的姐妹峰，海拔1787米，为华东第二大高峰。

茶的特征

[外形] 扁平匀齐，挺秀光滑

[色泽] 翠绿微黄，色泽稍暗

[汤色] 清澈微黄　[香气] 深厚

[滋味] 醇厚爽口　[叶底] 肥壮，匀嫩

主泡器的1/5　90℃　第一泡1分钟左右

识 顶谷大方外形呈片状，在绿茶中属于较为肥大的品种。一个非常明显的特点是大方茶嫩绿的主色之上会有黄白色的斑点，乃是茶毫在制茶过程中形成的。大方干茶香气古朴沉稳。

泡 可以使用直筒玻璃杯或者盖碗冲泡，水温90℃，冲泡1分钟左右。

品 冲泡后，茶香深厚但不高扬，有如山间密林雨后的气息。茶汤明亮醇厚，味道隽永。叶底肥壮，舒展匀嫩。

大方茶的茶名由来

大方茶相传为明朝僧人大方所创制，故而得名。大方茶分为普通大方、清音大方和顶谷大方，顶谷大方乃大方茶中的上品。大方茶园一般在海拔千米以上，云雾萦绕，土质优良，利于茶叶中氨基酸、叶绿素和芳香物质的合成。

青神绿茶

产地：四川省眉山市青神县。

青神绿茶产量不大，但是全境茶园都属于无公害区域，所产茶叶生态健康，因而享誉东南亚，出口情况良好。青神绿茶茶园属于山地丘陵灌木茶园，所在区域水汽充沛，土壤中性，适宜茶树生长。

茶的特征

[外形] 状如笋枪	[色泽] 黄绿肥嫩
[汤色] 青绿	[香气] 清爽怡人
[滋味] 淡雅	[叶底] 嫩匀成朵，丰满柔美

识 青神绿茶属于有机食品，干茶呈笋枪状，色泽黄绿，肥嫩有光。

泡 最适宜用直筒玻璃杯冲泡。水温85℃左右，冲泡1分钟。

品 冲泡后，汤色青绿，嫩芽饱满，清香爽肺，口感淡雅。叶底匀嫩成朵，丰满柔美。

蒙顶山绿毛峰

产地：四川省雅安市蒙顶山茶区。

雅安多雨，称为雨城，而蒙顶山常年雨量更是达2000毫米以上，古人形象地描述这里"天漏"了，故称"西蜀漏天"。蒙顶山海拔较高处，更是终年"雨雾蒙沫"，这也是蒙顶山一名的由来。

茶的特征

[外形] 紧细匀整	[色泽] 绿润
[汤色] 黄亮明净	[香气] 栗香持久
[滋味] 浓醇	[叶底] 绿黄匀亮

识 蒙顶山绿毛峰外形紧细，绿润匀整，干茶有浓郁的青叶香，混合类似玉米的特殊香气。

泡 最宜使用直筒玻璃杯冲泡，水温80~90℃，时间1分钟左右。

品 冲泡后，茶汤黄亮明净，栗香持久，滋味浓醇。叶底绿黄匀亮。

九华佛茶

产地：安徽省池州市九华山。

九华山是地藏菩萨的道场，而传说九华佛茶也是地藏菩萨所赐，早期又由僧人种植、制作，故名"佛茶"。一般在4月中下旬一芽二叶初展时采摘，制作工序为杀青、摊晾、做形、烘干、拣剔。做形非常关键，是形成九华佛茶独特外形的必需步骤。

茶的特征

[外形]细紧挺直　[色泽]翠绿显黄

[汤色]黄绿明亮　[香气]高长淡雅

[滋味]鲜醇回甘

[叶底]柔软，匀嫩成朵

　主泡器的1/5　90℃　第一泡1分钟

识 九华佛茶外形如松针挺直，连结又像佛手，细嫩挺拔，绿意盎然。

泡 最宜使用直筒玻璃杯冲泡。水温90℃左右，适宜采用上投法，以便观察茶叶展开，也不会砸熟茶叶。冲泡1分钟。

品 冲泡后，即刻舒展，颗颗直立，叶片翠绿泛白，香气淡雅。汤色纯净，入口极为干净、淡然，回味无穷。叶底匀嫩成朵。

佛茶指哪些茶

第一，是冠以"佛茶"之名的历史名茶，例如普陀佛茶，明代史书就有记载，清代被列为贡品。第二，产于佛教圣地或寺庙茶区，历史上虽然不叫作佛茶，但是也由僧侣创制，并且有供佛功能的茶叶。代表者当属九华毛峰、大理感通茶。第三，茶叶本身也为寺庙所采，虽然不是专为供佛，但是是为了僧人禅修的，也称得上是佛茶，或者禅茶。

狗牯脑茶

产地：江西省遂川县狗牯脑山。

狗牯脑茶是江西的地方名茶。狗牯脑山海拔900余米，山高林密，土质肥沃，雨量充沛，云雾弥漫，非常适宜茶树生长。所生长的茶叶芽叶持嫩性强，内含物丰富。狗牯脑茶创制于清朝中期，后来又获得巴拿马万国博览会金奖。

茶的特征

[外形]条索匀整纤细

[色泽]黑中透翠　[汤色]略呈金黄

[香气]高雅带花香

[滋味]芳香纯爽　[叶底]嫩绿匀整

主泡器的1/5　80℃　　　第一泡2分钟

识 狗牯脑茶外形紧结秀丽，条索匀整纤细，干茶颜色碧中微露黛绿，茸毫披覆，莹润生辉。干茶的香气与一般绿茶不同，仿佛山林间林木和野花混合的味道。

泡 最宜使用直筒玻璃杯冲泡，玻璃茶壶或者薄胎的盖碗亦可。水温80℃左右，冲泡2分钟左右。

品 冲泡后，茶汤因为毫毛众多略显浑浊，但品饮起来芳香纯爽，汤色略呈金黄。叶底嫩绿匀整，芽头如枪挺立，虽多次冲泡仍弹性十足。

始于嘉庆年间的"秘方茶"

狗牯脑茶在清嘉庆年间由梁为镒创制，是由其妻子传授的，之后梁家规定只能单传给儿子，其他人一律不得学习。1958年，地方政府建立了狗牯脑茶加工厂，并组建了技术传授小组，由梁德梅的儿子梁奇桂任组长，梁德梅的妻子李秋莲任技术指导员，狗牯脑茶的制作技术才得以被公开传授。

婺源仙枝

产地: 江西省上饶市婺源县。

婺源仙枝因为成茶外形似针，挺立如松枝，故名"仙枝"，也有人称之为"婺源仙芝"。婺源的绿茶品质一直不错，有名的屯溪绿茶其实有一部分也是婺源所生产。婺源仙枝一般产自海拔千米以上的山区茶园，而茶园土质符合陆羽所说的"上者生烂石"，非常有利于茶叶内含物质的积累。

茶的特征

[外形] 狭长紧细带有白毫

[色泽] 翠绿 [汤色] 纯净

[香气] 隐约有兰花香

[滋味] 鲜爽 [叶底] 嫩绿匀整

主泡器的 1/5 80℃ 第一泡 2 分钟

（识）婺源仙枝外形狭长紧细，色泽翠绿，带有白毫。

（泡）最宜使用直筒玻璃杯冲泡，玻璃茶壶或者薄胎的盖碗亦可。水温80℃左右，冲泡2分钟左右。

（品）冲泡后，舒展迅速，隐隐有兰花香，汤色纯净，滋味鲜爽。符合婺源茶区所产茶叶"颜色碧而天然、口味醇而浓郁、水叶清而润厚"的特点。叶底嫩绿匀整。

婺源茶道

婺源的茶道通常分为农家茶、文士茶和富室茶三种。农家茶就是乡里之间的泡茶方式。而文士茶道表演依次分别为摆具、焚香、盥手、备茶、赏茶、涤器、置茶、投茶、洗茶、冲泡、献茗、受茶、闻香、观色、品味、上水和二道茶17道程序。富室茶则是富裕人家于堂前花厅招待贵宾的一种茶道。

浮梁仙枝

产地：江西省景德镇市浮梁县瑶里镇。

因浮梁仙枝产自浮梁县瑶里镇，故而市面上也称之为"浮瑶仙芝"。白居易的《琵琶行》里有一句"前月浮梁买茶去"，说明唐代时浮梁茶叶已颇有名气。

茶的特征

[外形]呈针形　[色泽]乌绿油润

[汤色]清澈

[香气]有兰花香，但不够高扬

[滋味]鲜爽　[叶底]匀嫩

（识）浮梁仙枝干茶针形，色泽乌绿油润，白毫似霜。

（泡）最宜使用直筒玻璃杯冲泡。水温85~90℃，采用上投法，第一泡冲泡1~2分钟。

（品）冲泡后，汤色清澈，有兰花香，但不够高扬，滋味鲜爽，叶底匀嫩。不过仅就个人口感而言，综合韵味较婺源仙枝差些。

塔泉云雾

产地：安徽省宣城市溪口镇。

塔泉云雾的茶区在海拔1155米高峰山的北坡，故而也称"高峰云雾"。塔泉云雾一般在谷雨前后采摘，因为往往3月份此处山上还有降雪。

茶的特征

[外形]条索匀细略卷，白毫裹身

[色泽]油绿带乌　[汤色]清澈

[香气]兰花香气　[滋味]淡中有回味

[叶底]黄绿叶片间杂且嫩

（识）塔泉云雾干茶条索匀细略卷，色绿油润带乌，白毫裹身。

（泡）最宜使用直筒玻璃杯冲泡，水温95℃左右，第一泡冲泡1~2分钟。

（品）冲泡后，茶汤清澈，兰花香气明显，茶汤淡中有回味。叶底黄绿间杂，且嫩。

井冈翠绿

产地：江西省井冈山。

井冈山高峰云雾缭绕，溪水环山而流，雨量充沛，光照适度，土壤疏松肥沃，竹林、松树等植被丰富，优越的自然条件孕育出茶叶的优秀品质。井冈翠绿是中华人民共和国成立以后新创制的名茶，此茶之名形象地表现了井冈山绵延五百里的苍翠环境。

茶的特征

[外形]条索细紧曲勾，多毫

[色泽]翠绿 [汤色]清澈明亮

[香气]清扬 [滋味]甘醇鲜爽

[叶底]完整，嫩绿明亮

主泡器的 1/5 ❙85℃ ▌第一泡 1~2分钟

（识）井冈翠绿外形条索细紧曲勾，色泽翠绿多毫，干茶香气略带竹香。

（泡）最宜使用直筒玻璃杯冲泡，水温85℃左右，使用上投法或中投法，冲泡1~2分钟。

（品）冲泡后，香气清扬，汤色清澈明亮，滋味甘醇鲜爽。叶底完整，嫩绿明亮。

"一耕、四锄、四施"

井冈翠绿是新创名茶中品质上佳的好茶，这和井冈山的自然环境有关，更和茶园的管理有关。井冈翠绿的茶园要求每年都要进行"一耕、四锄、四施"。其中，"一耕"是疏松土壤，"四锄"是锄草中耕，"四施"是施用有机肥料要早、深、足、好。采摘要求清明至谷雨进行；制作从茶叶分拣到制成，有十多道工序，道道标准严格。所以，才使得井冈翠绿表现出不俗的品质和上佳的味道。

贵州雷公山茶

产地：贵州省黔东南苗族侗族自治州雷山县雷公山。

雷公山不仅是国家级自然保护区和国家级森林公园，而且还被联合国教科文卫组织称为"当今人类保存最完好的一块未受污染的生态文化净地"。雷公山茶，尤其是清明茶，选择的是秋季形成的越冬芽，在清明前后发育而成，制成的茶叶醇爽甘美。

球形茶

散茶

茶的特征

[外形] 条索紧实蜷曲

[色泽] 亮绿 　[汤色] 厚重

[香气] 清雅 　[滋味] 爽滑鲜醇

[叶底] 柔嫩匀净

主泡器的 1/5　80℃　第一泡 1 分钟

（识）雷公山干茶，茶体蜷曲，条索紧实，绿意蓬勃，但满覆白霜。

（泡）冲泡最宜使用直筒玻璃杯、白瓷盖碗，可以加盖略微闷泡。水温80℃左右，不需洗茶，冲泡1分钟。

（品）冲泡后，几起几落，茶叶舒展柔美，尽显茶意。香气清雅，扶摇而起，茶汤厚重，微苦不涩，爽滑鲜醇，回甘迅猛，持久弥散。叶底非常柔嫩匀净，叶脉韧挺，是一款内质丰厚的茶叶。

富硒之茶

雷公山茶的茶园主要分布在雷公山腹山，海拔1300~1400米，属典型的高山茶园。雷公山土质疏松，土壤肥沃，云雾缭绕，漫射光多，雨量充沛，空气新鲜，茶叶内质丰厚。尤其是茶叶含硒量高达2.00~2.02微克/克，是一般茶叶平均含硒量的15倍。雷公山茶是绿茶中的后起之秀，也是上佳之品。

霞浦元宵茶

产地：福建省宁德市霞浦县一带。

霞浦县不仅有好山、好水、好风景，更有悠久的茶叶历史。此茶于春分前采制，比清明采制的明前茶还要早不少时日，故名社前茶。1981年，福建省宁德市霞浦县茶业局从霞浦县崇儒乡后溪岭村"社前茶"群体品种中采用单株选种法培育出了"福宁元宵绿"，后被著名茶人张天福改名为"霞浦元宵茶"。

茶的特征

[外形] 笋状扁平

[色泽] 黄绿夹金

[汤色] 淡黄浅绿　[香气] 清鲜高扬

[滋味] 清鲜甘爽　[叶底] 黄绿润泽

主泡器的 1/4　85~90℃　第一泡 10 秒

（识）霞浦元宵茶干茶不算特别细嫩，色泽黄绿夹金，外形笋状扁平，很像是西湖龙井。细闻有淡淡的豆香。

（泡）冲泡最宜使用盖碗，水温85~90℃，下投法冲泡，置茶量约为主泡器的1/4。第一泡浸泡10秒出汤，后续每泡增加5秒浸泡时间，约可泡4泡。

（品）味道清鲜，香气高扬，在豆香里有一丝海风的味道。接连2泡，香气都不错，但是已经完全变成草叶香。再泡一遍，香气、汤色衰减得非常突兀，清中留韵的感觉不够。叶底是肥大略微中空的笋芽，似乎有"成长过快"的感觉。

瘟茶疗世

霞浦县建城1700余年，是闽东最古老的县，为闽东文化中心。《本草纲目拾遗》（清乾隆三十年版）中记载当时："闽产瘟茶，福宁府产之，治瘟病。"可见这种能够治疗瘟病的"瘟茶"疗效很好，此茶应该是霞浦元宵茶的前身。

古丈毛尖

产地: 湖南省湘西土家族苗族自治州古丈县一带。

古丈毛尖产自湖南省湘西土家族苗族自治州古丈县，因地得名。古丈是湖南省名优茶产区之一，种茶历史悠久，所产出的茶叶在唐代就将其列为贡品。古丈县位于武陵山区，不仅山高林密，生态环境良好，而且土壤富含氮、磷、钾元素，非常适宜茶树生长。

茶的特征

[外形]紧细圆直

[色泽]翠绿显白毫

[汤色]黄绿明亮　[香气]高扬草香

[滋味]醇爽回甘　[叶底]厚实多芽

主泡器的1/4　80℃　第一泡15秒

识 生产古丈毛尖的茶树品种为碧香早、楮叶种等，采摘期限短，采摘标准为一芽一叶初展或开展，故而古丈毛尖没有较老的芽叶。外形紧细圆直，油润有光泽、多毫。

泡 建议使用薄胎盖碗冲泡，置茶量约为主泡器的1/4。水温80℃左右，下投法定点高冲。第一泡15秒出汤，可以泡4泡，每泡增加5~10秒浸泡时间。也可以盖杯直泡直饮，置茶量为主泡器的1/5，水温75~80℃，浸泡半分钟品饮，第二泡最佳，第三泡增加10秒左右浸泡时间。

品 古丈毛尖香气高扬，整体是清鲜的草叶香。汤色嫩绿、黄绿或明亮。叶底厚实有弹性，茶芽较多。

博览会上的茶叶名片

1929年，古丈毛尖获得西湖博览会优质奖，同年参加法国国际博览会，荣获国际名茶奖。1982年，商业部评选全国三十大名茶时，古丈毛尖名列第九，入选中国十大名茶之列。

太湖翠竹

产地： 江苏省无锡市八士镇。

太湖翠竹是一款创制时间不长的新茶，20世纪80年代后期才出现，其产地位于无锡斗山，此处山水兼备，景色宜人，生态环境优越，是种植茶树的佳地。太湖翠竹一经上市，迅速得到广大茶人的认可，与惠山泥人、无锡面筋合称"无锡三绝"。

新茶

扁似竹叶，翠绿油润

陈茶

纤细松轻，黄绿发灰

茶的特征

[外形] 扁似竹叶

[色泽] 翠绿油润

[汤色] 清澈明亮

[香气] 清香持久

[滋味] 鲜醇

[叶底] 嫩绿肥壮

主泡器的1/5　85℃
第一泡1分钟

清澈明净

嫩绿肥壮

黄绿浑浊

黄绿发僵

（识）太湖翠竹外形扁似竹叶，色泽翠绿油润，偶有白霜。内质滋味鲜醇，香气清高持久，汤色清澈明亮，叶底嫩绿匀整，风格独特。冲泡在杯中，嫩绿的茶芽徐徐伸展，形如竹叶，亭亭玉立，似群山竹林，因而得名。

（泡）最宜使用直筒玻璃杯、玻璃盖碗冲泡。水温85℃左右，冲泡1分钟，注意控制泡茶时间，时间过长则易苦感重。

（品）茶汤滋味鲜醇，清香持久，苦感稍重，汤色清澈明亮。叶底嫩绿肥壮匀整。在杯中恰似太湖旁边群山上的竹林，翠绿喜人。

选购正品的三个感观标准

太湖翠竹因为屡获国家荣誉，加上市场销路很好，屡被假冒。识别时先看包装：太湖翠竹的生产期只有十多天，无锡地区目前主要是雪浪、斗山等少数茶场生产此茶，这些正宗产地的出品都有原产地保护的标志。其次看形状：太湖翠竹属于芽形，内含物也有单芽在里面，色泽光亮、芽体整齐、饱满是其特色。茶体本身是不弯曲的，刚泡上时，优质的芽体都会在吸足水后倒立在杯子之中，如枪尖林立，然后才平行漂浮。最后品饮茶汤：太湖翠竹茶汤浑厚，香味清醇，口味有苦感但是很快回甘。假冒的茶叶，会呈现出发黄的特征，也有的为了保持茶叶光亮，而人为打蜡。但是这种光亮肯定不是自然的光亮，俗称"贼光"，而且闻起来有股异味，少了清香，喝起来口感不佳，安全性也存在问题。

千岛玉叶

产地：浙江省淳安县千岛湖一带。

千岛玉叶原名千岛湖龙井，淳安县千岛湖林场于1982年春开始研究试制。1983年，浙江农业大学教授庄晚芳等茶学家到淳安考察茶叶生产时，品尝了当时的千岛湖龙井茶后，根据千岛湖的景色和茶叶粗壮、有白毫的特点，亲笔提名"千岛玉叶"。

茶的特征

[外形]扁平挺直　[色泽]黄绿显白毫

[汤色]黄绿明亮

[香气]清鲜豆香　[滋味]鲜爽醇厚

[叶底]肥厚成朵

主泡器的1/5　85℃　第一泡10秒

（识）生产千岛玉叶的树种有鸠坑种，也有龙井43等。外形与西湖龙井类似，但是带有白毫，所谓"扁挺似玉叶，芽壮露白毫"。

（泡）建议使用直筒玻璃杯或者薄胎盖碗冲泡，置茶量约为主泡器的1/5。水温85℃左右，下投法定点高冲。第一泡10秒出汤，可以泡5泡，每泡增加5~10秒浸泡时间。

（品）冲泡后，香气高扬，整体是清新的豆香。汤色黄绿明亮，因为茶皂素含量丰富，冲泡时易有泡沫聚集在汤面边缘。叶底厚实有弹性，均匀整齐，较为肥壮。

天下第一秀水

千岛湖是人为形成的湖泊，实际是新安江水库。一般认为，千岛湖湖水在中国大江大湖中位居优质水之首，为国家一级水体，不经任何处理即达饮用水标准，被誉为"天下第一秀水"。

霍山黄芽

产地：安徽省六安市霍山县大化坪镇、太阳乡金竹坪、佛子岭镇、诸佛庵镇等茶区。

霍山黄芽在唐时为饼茶，唐杨晔《膳夫经手录》记载："有寿州霍山小团，此可能仿造小片龙芽作为贡品，其数甚微，古称霍山黄芽乃取一旗一枪，古人描述其状如甲片，叶软如蝉翼，是未经压制之散茶也。"

茶的特征

[外形] 条直微展，形似雀舌

[色泽] 翠绿间黄　[汤色] 清澈明亮

[香气] 浓郁　　　[滋味] 鲜醇浓厚

[叶底] 嫩匀成朵

主泡器的 1/5　80℃　第一泡 2 分钟

（识）霍山黄芽外形条直微展，形似雀舌，翠绿间黄，略有披毫。从名字看以前应为黄茶，从今日市面上产品看，已经是绿茶做法。

（泡）最宜使用透明玻璃杯冲泡，水温80℃左右，首先温润泡1分钟，然后加水至七分满，冲泡1分钟。

（品）冲泡后，香气浓郁，茶汤翠绿，清澈明亮，滋味鲜醇浓厚，叶底嫩匀成朵。

从贡品茶到奥运五环茶

霍山黄芽在唐代已是名茶。唐李肇《唐国史补》把寿州霍山黄芽列为十四品目贡品名茶之一。在明朝时霍山黄芽成为贡品。2008年，霍山黄芽被评为"奥运五环茶"，还被指定为外国运动员及驻中国使馆的专用礼品茶。

崂山大白毫

产地：山东省青岛市崂山。

崂山原来并不产茶，大约在20世纪60年代，山东推行"南茶北引"工程，所以安徽南部、浙江的茶树开始在崂山、日照等地安家。崂山大白毫使用崂山泉水浇灌，加之受海洋气候影响，光照时间长于南方，气候温暖湿润，因此内质很好且口感别具特色。

茶的特征

[外形]外形紧结，白毫披覆

[色泽]银光灿然

[汤色]通透明亮　　[香气]高扬

[滋味]清雅　　[叶底]匀净

主泡器的1/4　80℃　第一泡半分钟

（识）崂山大白毫外形紧结，白毫披覆，银光灿然，干茶有青叶香。

（泡）冲泡最宜使用玻璃杯，也可以用白瓷盖碗。水温80℃左右，不需洗茶。先加水没过茶叶，摇动后，待茶叶充分吸水、舒展，再加水至七八分满，即刻饮用。喝至剩下1/3茶汤，再加水冲泡，这样前后茶汤浓度较均匀。如果使用白瓷盖碗，冲泡时间半分钟。

（品）冲泡后，茶汤翠绿清雅，香气高扬，汤色通透明亮。叶底匀净，少有茶梗，舒展滋润。

崂山绿茶存储"三忌"

一忌潮湿和异味：适宜存放在相对湿度50%以下且无异味之处，否则茶叶氧化加速，失去原色原味。二忌高温：最佳保存温度为0~5℃，温度过高，茶叶中的营养成分和芳香性物质会被分解破坏，使质量、香气、滋味都有所降低。三忌阳光：若存放在玻璃容器或透明塑料袋中，受日光照射后，其内在物质会起化学反应，品质受损。

福大二号

产地：山东省青岛市崂山。

崂山自从南茶北引以来，鸠坑种、白毫种等名茶皆安家落户。福大一号、福大二号都是崂山茶中的佼佼者。福大一号白毫较多，福大二号白毫很少。南茶北引后，经过几十年的异地生长，茶种出现了退化，崂山茶人正在努力进行新的驯化。福大二号就是一种新的实验。

茶的特征

[外形]紧结　　[色泽]鲜绿

[汤色]翠绿带黄

[香气]高扬　　[滋味]清雅

[叶底]黄绿叶片交织，匀净

主泡器的 1/4　80℃　第一泡半分钟

(识) 福大二号外形紧结，干茶有青叶香。

(泡) 冲泡最宜使用玻璃杯，也可以用白瓷盖碗。水温80℃左右，不需洗茶。可直接冲泡，冲泡时间半分钟。也可浸润摇香，加满后直接饮用。

(品) 冲泡后，茶汤翠绿带黄，清雅通透，香气高扬。叶底匀净，少有茶梗，黄绿叶片交织，舒展滋润。

崂山绿茶的特殊之处

第一，正宗的崂山绿茶第一遍茶汤饮用后，细嗅杯底会有淡淡的海洋气息。第二，正宗的崂山绿茶入口时，口感醇厚圆滑，让人感觉茶水很厚重，微有胶质感，闻起来有青豌豆的香味。第三，崂山绿茶由于生长周期较长，所以茶坯较厚，冲泡时很难完全展开，即使展开后，茶叶也有褶皱，表面不是很光滑。

岕茶

产地: 浙江省湖州市长兴县和江苏省宜兴市一带。

岕茶产于长兴与宜兴一带,古代皆属于湖州。岕茶作为历史名茶也并未形成产业规模,产量很少,并且大部分在茶友手中流转。"岕"这个字,普通话读作"jiè",当地方言读作"kǎ",为"两山岬角"之意。这样的地方,下临泉溪,水雾蒸腾;上有阳光,而又不会被晒伤,非常适宜茶树生长。

茶的特征

[外形] 紧结俊秀,略有蜷曲

[色泽] 乳白润泽中闪烁黄绿色的光泽

[汤色] 鹅黄清亮　　　　[香气] 郁香扑鼻

[滋味] 鲜醇甘爽　　　　[叶底] 绿中泛白

🍵主泡器的1/4　🌡95℃　⏱润茶闷盖后5~10秒

识 岕茶的干茶,色泽如玉。这种颜色不是翠绿,也不是银白,而是乳白的和田玉中闪烁着黄绿色的光泽。

泡 明冯可宾《岕茶笺》中说到岕茶冲泡:"先以上品泉水涤烹器,务鲜务洁……少刻开视,色青香烈,急取沸水泼之。"具体来说,可以用开水冲洗泡茶碗,再降温5分钟冲岕茶,随倒随出汤;然后轻轻按压茶叶,加一个小薄木盖子在茶碗上,放置5~6分钟;加热开水,冲泡后,用银勺舀出茶汤品饮。

品 冲泡后,是清新持久的兰花香。然而比一般绿茶的香气更加有根基。仿若山间高岗,草木芬芳飘浮。再观叶底,绿中泛白,生机盎然。

历史名茶典籍中的岕茶

明末四公子之一的陈贞慧在《秋园杂佩》中谈到岕茶:"阳羡茶数种,岕茶为最;岕数种,庙后为最。"在中国的历史名茶典籍之中,岕茶赢得了无数赞誉。汉代至清末,论述茶叶的茶书典籍约有40多部,其中论述岕茶的专著就有六部——明朝许次纾在《茶疏》中写过《岕中制法》,熊明遇有《罗岕茶疏》,周高起的《洞山岕茶系》,冯可宾的《岕茶笺》,周庆叔留有《岕茶别论》,清朝冒襄写有《岕茶汇钞》。

英山云雾

产地：湖北省黄冈市英山县大别山主峰天堂寨一带。

英山云雾的产区为鄂东英山县南河镇、方家咀乡、温泉镇、红山镇、孔家坊乡、金家铺镇等11个乡镇，茶区云雾缭绕，故得此名。英山县属于大别山山脉的南麓，整个境内从大别山主峰海拔1700多米的地方向西南方向延伸下降。

茶的特征

[**外形**]条索细秀蜷曲
[**色泽**]绿色而有细密毫毛
[**汤色**]嫩绿明亮，汤内有毫
[**香气**]直接高扬，带明显高山气息
[**滋味**]茶汤浓强　[**叶底**]芽偏黄绿，叶片翠绿

　主泡器的1/5　85~90℃　第一泡5秒

识 英山云雾是地方名茶，特点比较明显突出，也有明显的高山茶汤感。干茶色泽偏绿，毫毛细密明显。

泡 建议使用薄胎盖碗冲泡，置茶量约为平铺盖碗底部一层，水温85~90℃，中投法或下投法定点略低位置冲泡。第一泡5秒出汤，可以泡5泡，第三泡开始每泡增加5秒浸泡时间。

品 冲泡后，香气浓郁且鲜味浓，茶汤相对其他中国名茶来说，平衡感不够，就是苦底明显，茶汤显得锐利。整体滋味直接浓强，生津回甘明显。

英山云雾的发源地

雷家店镇素有"大别山茶叶第一镇"的美誉，其规模、质量和效益在鄂东首屈一指，也是英山云雾的发源地。当地有小调唱道："一进长冲好风光，山连山来岗连岗，英雄人民挥巨手，万亩茶园十里长。万亩茶园十里长，茶叶迎风翻碧浪，层层梯地接云天，采茶姑娘忙又忙。采茶姑娘忙又忙，一篓一筐满满装，新建茶园多美好，摘茶竞赛比高强。"

湄潭翠芽

产地：贵州省遵义市湄潭县一带。

湄潭在大娄山南麓，乌江北岸，当地气候温和，雨雾日多，土壤肥沃，结构疏松，含矿物质丰富，对茶树生长和茶叶品质极为有利。如今的湄潭翠芽是20世纪40年代创制的，因为融合和参照了西湖龙井的制作工艺，原名"湄潭龙井"，后称"湄潭翠芽"。

茶的特征

[外形] 芽头肥短，大小均匀

[色泽] 翠绿油润，几无毫毛

[汤色] 绿润清澈　[香气] 清芬高扬

[滋味] 醇厚爽口　[叶底] 嫩绿匀整

主泡器的1/4　85~90℃　第一泡5秒

识 湄潭翠芽的外形光滑、匀整、绿润，不是扁形，而是立体的芽头。内质嫩香持久，汤色绿润清澈，滋味鲜爽，叶底嫩绿明亮、鲜活匀整，叶肉肥壮，滋味醇厚回甘更耐泡，有板栗的清香。

泡 可以使用薄胎盖碗或玻璃杯冲泡，置茶量约为主泡器的1/4。水温85~90℃，中投法或下投法定点略低位置冲泡。第一泡5秒出汤，可以泡5泡，第三泡开始每泡增加5~10秒浸泡时间。

品 上好的湄潭翠芽，耐冲泡，即使滋味转淡，茶形都不会变，每泡之间的香气虽然会发生变化，但是回甘的层次感相对比较均匀。

从"湄绿"到"湄潭翠芽"

刘淦芝、李联标等茶叶专家在湄潭眉尖茶传统制作技艺基础上，专门聘请杭州西湖郭姓师傅来湄潭，吸收西湖龙井的炒制方法，改进提升，试制出贵州首款"色绿、馥郁、味醇、形美"扁平名优茶——湄绿。贵州省湄潭实验茶场，又在湄绿制作技艺基础上研制出升级版本的绿茶。1980年，我国著名茶学专家陈橼教授根据茶叶品质特征，将其命名为湄江翠片。20世纪90年代，湄潭茶人又在原先技艺基础上创制了如今的湄潭翠芽。

松阳银猴

产地： 浙江省丽水市松阳县一带。

松阳银猴茶于1981年利用福云池边3号品种芽叶研制而成。经不断改进完善，松阳银猴连续三届被评为浙江省一类优质茶，并于1984年正式评定为浙江省名茶，此后多次在名茶大赛中获奖，2004年又以独特的品质魅力和显著的产业成效，被评为浙江十大名茶之一。

茶的特征

[外形] 条索蜷曲呈回环状，较为粗壮	
[色泽] 偏暗绿，新茶毫毛显露	
[汤色] 黄绿明净	[香气] 明显持久
[滋味] 鲜醇爽口	[叶底] 嫩绿匀整

主泡器的1/4　85℃　第一泡5秒

（识）松阳银猴在很多书中被描绘为"形似猴爪"，确实不太好理解。其实就是蜷曲的程度比较大，仿若环形。色泽整体偏暗绿，新茶毫毛较多，陈茶基本无毫。叶底稍显破碎。

（泡）建议使用玻璃杯或者薄胎盖碗冲泡，置茶量约为主泡器的1/4。水温85℃左右，下投法定点高冲。第一泡5秒出汤，可以泡4泡，每泡增加5~10秒浸泡时间。

（品）冲泡后，香气近似于豆香和栗香交织，香高而清，汤色明亮色淡，但入口鲜爽，有通透之感。

卯山仙茶

叶法善是唐代著名道士，曾得唐玄宗赐封。他在松阳曾经精心培植出十余株茶树，称之为"卯山仙茶"，后成为贡茶。叶法善也在松阳大力推广种茶制茶。据《处州府志·松阳县志》记载："明成化二十二年'松阳贡茶芽三斤'；茶课等钞九千一十八锭一贯六百一十文铜钱九万一百八十一文。"这组数据说明松阳茶在明朝仍然是贡茶，而且茶税数额巨大。

江山绿牡丹

产地: 浙江省江山市保安乡的化龙溪、裴家地以及廿七都一带。

江山绿牡丹产自浙江省衢州市江山市,外形宛若牡丹,故名。属于新创制的名茶,创制于
1980年,主产区位于仙霞山麓,另有一名为"仙霞化龙茶"。江山市位于浙江西南部,闽、浙、
赣三省交界处,地势呈东南高西北低、中间陷落之状态。两山对峙,一港居中,整体轮廓略
呈不对称的"凹"字形。东南为仙霞岭山脉,产茶区海拔为400~1000米。

茶的特征

[外形] 条索紧直,形似花瓣

[色泽] 翠绿显毫　　[汤色] 碧绿清澈

[香气] 清高细腻　　[滋味] 鲜醇爽口

[叶底] 嫩绿成朵

主泡器的 1/4　85℃　第一泡 5 秒

识 江山绿牡丹的外形其实还是条索状的,偶有叶片
舒张,不是特别明显的牡丹花型。"绿牡丹"是创制者
对其美好的想象。白毫较细长,色泽翠绿间白。

泡 建议使用玻璃杯或者薄胎盖碗冲泡,置茶量约为
主泡器的1/4。水温85℃左右,下投法定点高冲。第
一泡5秒出汤,可以泡4泡,每泡增加5~10秒浸泡时间。

品 冲泡后,香气婉约细腻,类似花香交织绿豆汤香
气。茶汤汤感也比较甘甜,口腔的润泽感好,鲜爽
持久。

仙霞山中"奇茗极精"

仙霞山自古产茶,苏东坡在任杭州通
判时,品尝到江山人毛滂送来的仙霞
山茶后赞不绝口,在《答毛滂书》中
说:"寄示奇茗,极精而丰,南来未始
得也……"而他在杭州当知州时,又
曾赋《谢赠仙霞山茶》一诗致其诗友
毛正中(江山人),诗曰:"禅窗丽午
景,蜀井出冰雪。座客皆可人,鼎器
手自洁。金钗候汤眼,鱼蟹亦应快。
遂令色香味,一日备三绝。报君不
虚授,知我非轻啜。"

武阳春雨

产地：浙江省金华市武义县一带。

武阳春雨是非常年轻的茶品种，创制于1994年。据说因其冲泡时茶芽在杯中竖立，缤纷错落，如春雨飘洒，故而得名。武义的良好气候和岩性土壤适合茶树生长，自然生态良好，有机茶的产量高。

茶的特征

[外形] 条索挺直　[色泽] 暗绿显毫

[汤色] 明亮清澈　[香气] 豆香浓郁

[滋味] 鲜爽回甘　[叶底] 肥嫩匀整

识 武阳春雨的干茶相比而言不是很漂亮，色泽比较暗沉，白毫显露，形似松针。润泽感不是很高，偏干涩。细嗅有鲜灵的香气。

泡 建议使用玻璃杯或者薄胎盖碗冲泡，置茶量约为主泡器的1/4。水温90℃左右，下投法定点高冲。第一泡10秒出汤，可以泡5泡，每泡增加5~10秒浸泡时间。

品 冲泡后，汤色清浅，明亮度高；炒豆香浓郁，略有花香；茶汤较浓厚，鲜爽有回甘，有比较明显的涩感，但转化快，后续生津持久。

诸暨绿剑

产地：浙江省绍兴市诸暨市一带。

诸暨绿剑也创制于1994年，主产区是诸暨市西部的龙门山脉和东南部的东白山麓。东白山麓云深林密，终年白云缭绕，漫射光多，水汽丰沛，土壤肥沃，十分有利于茶叶的生长。

茶的特征

[外形] 尖挺有力　[色泽] 偏绿无毫

[汤色] 明亮清澈　[香气] 幼嫩清香

[滋味] 清淡微甘　[叶底] 嫩绿匀整

识 诸暨绿剑只采摘单芽，故而外形肥嫩，尖挺紧结。色泽要偏绿一些，干茶香气比较淡。

泡 建议使用玻璃杯或者薄胎盖碗冲泡，置茶量约为主泡器的1/4。水温85℃左右，中投法或者下投法定点高冲。第一泡10秒出汤，可以泡4泡，每泡增加10秒浸泡时间。

品 诸暨绿剑是全芽头茶，冲泡后，香气幼嫩，汤感甘甜，但略觉滋味不够浓厚。

雁荡毛峰

产地：浙江省乐清市境内的雁荡山。

雁荡毛峰又称雁荡云雾，旧称雁茗，属恢复性历史名茶，明清曾有记载，1963年恢复生产。明代时雁茗为贡品，据朱谏的《雁山志》记载："浙东多茶品，而雁山者称最。"现今的雁荡毛峰是半烘青绿茶。

茶的特征

[外形] 秀长紧结　[色泽] 翠绿干净

[汤色] 浅绿明亮　[香气] 清香高雅

[滋味] 鲜醇回甘　[叶底] 嫩绿成朵

识 雁荡毛峰外形秀长紧结，茶质细嫩，色泽翠绿，芽毫隐藏。

泡 建议使用玻璃杯或者薄胎盖碗冲泡，置茶量约为主泡器的1/4。水温85℃左右，下投法定点高冲。第一泡10秒出汤，可以泡4泡，每泡增加5~10秒浸泡时间。

品 冲泡后，汤色浅绿明净，香气高雅，滋味甘醇，叶底嫩匀成朵，有一饮加"三闻"之说。一闻浓香扑鼻，再闻香气芬芳，三闻茶香犹存；滋味头泡浓郁，二泡醇爽，三泡仍有茶韵。

羊岩勾青

产地：浙江省临海市河头镇羊岩山。

羊岩勾青产自浙江省台州市临海市河头镇羊岩山，色泽青绿，蜷曲勾回，故名。羊岩勾青属于新创制名茶，创制于1989年。羊岩茶场海拔750米，生态良好，羊岩勾青也是比较少见的半环形茶。

茶的特征

[外形] 蜷曲勾回　[色泽] 翠绿鹅黄，带有银毫

[汤色] 清绿明亮　[香气] 香高持久

[滋味] 甘醇爽口　[叶底] 细嫩成朵

识 羊岩勾青色泽翠绿或黄绿，油润有光泽，外形蜷曲，白毫显露，完整紧实。

泡 宜使用直筒玻璃杯或薄胎盖碗冲泡，水温75~80℃，置茶量约为主泡器的1/4，下投法和中投法均可，第一泡冲泡半分钟，可泡4泡，每泡增加浸泡时间10秒。

品 冲泡后，香气清高，呈现花香之感，茶汤入口会有轻微的苦涩感，但回味浓醇、甘鲜，口舌生津。

乌牛早

产地：浙江省温州市永嘉县乌牛镇一带。

乌牛早发芽早，每年大约3月份就可以采摘，所有新茶都是明前茶。乌牛早加工工艺与龙井茶类似，成品茶也都是扁形茶，加上本身品质不差，春茶一芽二叶，干茶含氨基酸约4.2%，茶多酚17.6%，咖啡因3.4%，理化指标略高于其他绿茶。实际上，龙井的茶树品种来源主要就是群体种、龙井43、龙井长叶、鸠坑、迎霜等，并不会使用乌牛早茶树。

茶的特征

〔**外形**〕扁平短粗　〔**色泽**〕翠绿带黄

〔**汤色**〕清绿明亮　〔**香气**〕板栗香气

〔**滋味**〕甘醇爽口　〔**叶底**〕细嫩成朵

主泡器的1/4 80~85℃ 第一泡1~2分钟

识 乌牛早颜色整体是翠绿带黄，外形比西湖龙井粗糙，相对来说没有西湖龙井那么纤细柔美。西湖龙井的条索更削尖、挺直，而乌牛早的芽叶都呈短粗攒聚之感。

泡 宜使用直筒玻璃杯或薄胎盖碗冲泡，水温80~85℃，置茶量约为主泡器的1/4，下投法和中投法均可，冲泡1~2分钟。可泡3泡，每泡增加浸泡时间10秒。

品 冲泡后，有明显的熟板栗香，入口醇和，苦涩度低，幼嫩鲜爽，但不耐冲泡。

乌牛早与西湖龙井之别

二者很像，但毕竟不同。西湖龙井的颜色是黄中泛绿，整体偏黄；乌牛早的颜色是绿中泛黄，整体偏绿。乌牛早的茶汤以熟板栗香为主，交织草叶香，西湖龙井的茶汤有豆香或者兰花香，但是绝不会有草叶香。西湖龙井的茶汤说不上浓郁，它也是以"清"见长的茶品，但是这个"清"的韵味却很足，上好的龙井可以冲泡5~6遍仍然韵味不减，乌牛早是不会如此耐泡的。

岳西翠兰

产地: 安徽省安庆市岳西县一带。

岳西翠兰产自安徽省安庆市岳西县,成茶色泽翠绿,型若兰花,故名。岳西翠兰为新创名茶,创制于1985年。岳西1936年建县,由原属舒城、霍山、潜山、太湖四县边陲地区组成,因此岳西翠兰和舒城小兰花颇有渊源。茶园土壤以麻石黄棕壤为主,有机质含量丰富,极品岳西翠兰产地石佛寺茶园海拔1000米,其土壤养分含量显著高于海拔较低的其他茶园。

茶的特征

[外形] 芽叶相连,入水舒展成朵

[色泽] 翠绿鲜活　[汤色] 碧绿明亮

[香气] 清雅高扬　[滋味] 甘醇适口

[叶底] 嫩匀成朵

主泡器的1/4　80~85℃　第一泡20秒

识 岳西翠兰标准的采摘是一芽二叶,芽叶相连,形状优美,包括碧绿的色泽,令人赏心悦目,这种轻盈、柔美、鲜活的感觉是很出众的。

泡 宜使用直筒玻璃杯或薄胎盖碗冲泡,水温80~85℃,置茶量约为主泡器的1/4,上投法和中投法均可,冲泡20秒。可泡4泡,每泡增加浸泡时间10秒。

品 冲泡后,香气清雅,穿透力强,令人印象深刻。茶汤入口饱和感强烈,整体又很顺滑,活性好,回味甘醇。

岳西翠兰的"三绿"

岳西翠兰是在地方名茶小兰花的传统制作技术基础上创制的,最早的茶树品种来源为地方群体种,现在龙井43及乌牛早也作为主要茶树种。使用群体种制成的岳西翠兰品质特点突出在"三绿",即干茶翠绿,汤色碧绿,叶底嫩绿;用龙井43制成的岳西翠兰香气持久、滋味清鲜;用乌牛早制成的岳西翠兰上市早,嫩度高,茶汤的甘甜度突出。

大悟寿眉

产地：湖北省孝感市大悟县黄站镇万寿寺茶场一带。

大悟寿眉产自湖北省孝感市大悟县黄站镇万寿寺茶场，是绿茶中的眉形茶，故名。大悟县是湖北省5个产茶大县——五峰、鹤峰、竹溪、大悟、英山之一，也是湖北省四大茶叶产区中"鄂东大别山优质绿茶产业区"的重要组成部分。茶园地处大别山南麓，云雾缭绕，下临溪水，气候温和，土壤肥沃，森林覆盖率大，散射光多，适宜茶树生长发育。

茶的特征

[外形] 扁直细嫩，细长略弯

[色泽] 嫩绿带黄，油润紧秀

[汤色] 清澈明亮　[香气] 高香持久

[滋味] 鲜嫩爽口　[叶底] 嫩绿匀整

主泡器的 1/4　80~85℃　第一泡20秒

(识) 大悟寿眉的眉形，是说它扁直细嫩，如眉毛细长略弯，也如眉毛丝一样丝丝分明。外形纤细显毫，油润紧秀，色泽翠绿。

(泡) 宜使用直筒玻璃杯或薄胎盖碗冲泡，水温80~85℃，置茶量约为主泡器的1/4，使用上投法，冲泡20秒。可泡4泡，每泡增加浸泡时间10秒。

(品) 冲泡后，茶汤清澈明亮，高香持久，味鲜醇爽，适口回甘，生津比较明显。叶底嫩绿，明亮匀齐。

灵茶治"疠气"

据佛经《禅门日诵》记载，1393年，进士出身，曾任布政使等职的李道元，因"大将蓝玉案"逃至大悟山出家。据说李道元出家的大悟寺的僧侣，以谷雨后摘取的新茶嫩枝，经过杀青、烘烤等工序，制成金黄色片状茶叶。饮用时，要先用滚水烫壶，炭火烤壶，待壶内水汽蒸发干后，放入茶叶，入滚水冲泡5分钟后才可品饮。此茶生津止渴，更可以对治"疠气"，被称为灵药灵茶。

恩施富硒茶

产地：湖北省恩施土家族苗族自治州一带。

恩施富硒茶在恩施土家族苗族自治州境内的茶区均有分布，以当地富硒土壤种植的茶树为原料制成，故名。湖北恩施是"世界硒都"，土壤中富含硒元素，恩施富硒茶是新创制的名茶，创制于1991年，深受茶人喜爱，并远销海外。

茶的特征

[外形] 紧细蜷曲

[色泽] 灰绿油润

[汤色] 浅绿通透　[香气] 清新高扬

[滋味] 爽口鲜浓　[叶底] 肥壮匀齐

☖主泡器的1/4　🌡80~85℃　⧗第一泡5~10秒

🔵**识** 恩施富硒茶的色泽不是翠绿，而是以灰绿为主，间杂黄色。干茶香气比较明显，弯曲紧结。茶叶含水率在成品绿茶中不算特别低，因而可以碾压成粉末，但是不会有特别脆的感觉。

🔵**泡** 宜使用直筒玻璃杯或薄胎盖碗冲泡，水温80~85℃，置茶量约为主泡器的1/4，使用下投法，冲泡5~10秒。约可泡4泡，每泡增加浸泡时间5~10秒。

🔵**品** 冲泡后，茶汤颜色比较淡，但是香气清新高扬，有的富硒茶有板栗香。茶汤滋味清爽，鲜甜回甘。叶底较为肥壮，比较整齐。

富硒茶的标准规定

"富硒"指的是茶叶的原料特性，不是制作工艺。有些宣传上说"恩施富硒茶以恩施玉露最为著名"，这样的认知是错误的。"玉露"这个品名特指的工艺是"蒸青"。当然，如果玉露应用了富硒的茶叶原材料，它也可以属于富硒茶产品，但是依然不是"恩施富硒茶"，故"恩施富硒茶"是个品种专有名称。国家对"富硒茶叶"是有标准规定的，即成品茶含硒值为0.25~4.00毫克/千克，大部分的恩施玉露都达不到这个标准。

宝洪茶

产地：云南省昆明市宜良县宝洪寺所在的宝洪山一带。

宝洪茶曾经是历史名茶，而如今属于恢复性创制的地方名茶。宝洪茶自明嘉靖三十六年至清咸丰年间，皆为贡茶，是历史上作为贡茶时间最长的茶。宝洪茶是云南省唯一的小叶种绿茶，2016年10月被列入云南省非物质文化遗产项目名录。

茶的特征

[**外形**] 扁平挺直，形似杉松叶

[**色泽**] 黄绿驳杂　[**汤色**] 黄绿明亮

[**香气**] 高扬持久，馥郁芬芳

[**滋味**] 味浓鲜爽　[**叶底**] 肥嫩成朵

🫖 主泡器的 1/4　🌡 80~85℃　🍵 第一泡 10 秒

识 宝洪茶干茶属于扁平形状，但是不算匀整，叶片形状大小片状都有，"蜂翅""瓜片"掺和；色泽黄绿、墨绿驳杂。

泡 建议使用薄胎盖碗冲泡，置茶量约为主泡器的1/4，水温80~85℃，下投法定点高冲。第一泡10秒出汤，可以泡5泡，第三泡开始每泡增加5~10秒浸泡时间。

品 宝洪茶以香气见长，冲泡后，香气高扬，整体还是豌豆香的感觉，混杂花香，回味微苦。

历史上的宝洪茶

明代科学家徐光启在其所著《农政全书》中称："宝洪之片茶，为茶之极品。"这是宝洪茶最早的文字记录。清代的宝洪茶年产量仅几百斤，专供皇室。茶园边上又辟田种粮食喂狗吃，人称"狗饭田"。康熙、乾隆、道光三位皇帝都喜喝宝洪贡茶，并拨朝银维修扩建宝洪寺。才女张充和借住呈贡的云龙庵，品过宝洪茶后，展纸研墨写下《云龙佛堂即事》："酒兰琴台漫思家，小坐蒲团听落花。一曲潇湘云水过，见龙新水宝洪茶。"

高桥银峰

产地：湖南省长沙市长沙县高桥镇一带。

高桥银峰干茶条索紧细，银毫似雪，堆叠起来像是银色的山峰，因而得名。高桥产茶历史悠久，而高桥银峰作为新创名茶，创制于1959年，是由湖南省茶叶试验站研制，现为湖南省茶叶研究所监制。高桥地居平江、浏阳两个山区县之交会处，是由丘陵进入山区的过渡地带。平江境内群山耸立，溪川交错，著名的幕阜山、连云山主峰海拔均在1600米，气候非常适宜种茶。

茶的特征

[**外形**] 紧细蜷曲

[**色泽**] 银毫隐翠

[**汤色**] 清澈通透　[**香气**] 清高持久

[**滋味**] 鲜醇回甘　[**叶底**] 嫩匀明亮

主泡器的 1/4　80~85℃　第一泡 5~10 秒

识 高桥银峰制作中运用了"提毫"的工艺，故而毫毛明显，白毫如云。色泽为黄绿、翠绿间杂，干茶有较为明显的香气。

泡 宜使用直筒玻璃杯或薄胎盖碗冲泡，水温80~85℃，置茶量约为主泡器的1/4，使用下投法，冲泡5~10秒。可泡4泡，每泡增加浸泡时间5~10秒。

品 冲泡后，汤色清明，香气高悦持久，滋味鲜嫩纯甘，叶底嫩匀明亮。茶汤在口腔里整体给人的感觉是非常干净通透的。

献礼茶的"提毫"工艺

高桥银峰是新中国成立十周年献礼茶，制作讲究，有个"提毫"的特殊工艺。它能让茶叶形态固定，白毫茸然又不脱落，茶香浓郁。初干做条后，仍在热锅中进行，适当提高锅温，将茶坯捧于掌中双手旋回搓揉，暗力让茶叶互相摩擦，以擦破附着于茶条表层的胶糖类薄膜。茶叶逐步干燥，白毫被竖立显露。用力柔和均匀，不可过重，在锅内摩擦，保毫保尖，保持茶叶完整。

安化松针

产地：湖南省益阳市安化县一带。

安化松针干茶形似松针，是针形茶的代表品种之一。安化松针作为新中国成立十周年的献礼茶，是由杨开智先生在安化担任褒家冲茶场场长时于1959年创制的。安化松针创制时期使用的是安化云台山特有的树种，后来使用的是从云台山种选育的湘波绿、白毫早等品种。一芽一叶初展时采摘，经摊放、杀青、揉捻、炒胚、整形、干燥、筛拣等工艺而成，到1962年工艺定型，同年被评为湖南省三大名茶之一。

茶的特征

[**外形**]形似松针，细直秀丽

[**色泽**]翠绿匀整，白毫显露

[**汤色**]黄绿毫浊 [**香气**]馥郁高扬

[**滋味**]鲜醇回甘 [**叶底**]嫩匀明亮

主泡器的 1/4 80~85℃ 第一泡5~10秒

(识) 安化松针的外形是细长的针形，秀气美丽。色泽翠绿，带有白毫。

(泡) 宜使用直筒玻璃杯或薄胎盖碗冲泡，水温80~85℃，置茶量约为主泡器的1/4，使用中投法或下投法，冲泡5~10秒。可泡5泡，每泡增加浸泡时间5~10秒。

(品) 冲泡后，汤色黄中带绿，香气是清香中略带板栗香。茶汤中毫毛较多，显得不够通透，称为"毫浊"。但这不是不好的表现，整体来说，安化松针是绿茶中相对较耐冲泡的品种。

"黑茶之乡"的绿茶珍品

安化古称梅山，产茶历史悠久，是中国黑茶之乡。唐代、五代多有文献记载安化产茶，安化黑茶自明万历二十三年（1595年）定为官茶后，成为茶马交易的主体茶，道光年间销量为3600~4000吨；但更早生产的是烘青绿茶，明洪武二十四年（1391年）规定湖南贡茶140斤，其中独列安化"贡芽茶"22斤，后来称为"四保贡茶"。

碣滩茶

产地： 湖南省怀化市沅陵县北溶乡碣滩村一带。

碣滩茶因地得名，是湖南省十大名茶之一，也是历史性名茶，在唐代时被列为贡茶而盛极一时，明清时代称它为"辰州碣滩茶"。因为生态环境良好，碣滩茶铅含量极低，属无公害有机绿茶，并且通过了日本有机和自然食品协会（JONA）和瑞士生态市场研究所（IMO）有机茶认证。2011年9月，国家市场监督管理总局命名沅陵碣滩茶为国家地理标志保护（PGI）产品。

茶的特征

[外形] 细紧蜷曲

[色泽] 翠绿油润

[汤色] 淡黄带绿　　[香气] 高香通透

[滋味] 爽口回甘　　[叶底] 嫩匀明净

△主泡器的1/4　▮80~85℃　▮/●第一泡10秒

识 碣滩茶的外形蜷曲，大部分条索翠绿，有的条索全体银白，有毫披覆，色泽白绿相间。

泡 宜使用直筒玻璃杯或薄胎盖碗冲泡，水温80~85℃，置茶量约为主泡器的1/4，使用下投法，冲泡10秒。可泡4泡，每泡增加浸泡时间10秒。

品 碣滩茶属于久香浓郁型，而且茶香穿透力强，冲泡者近处并没有觉得茶香特异，饮者若在稍远处反而觉得茶香萦绕。汤色黄绿，也有毫浊，滋味醇爽回甘。

中日友好之茶

1972年，时任日本首相田中角荣访华，因其先辈曾品饮过碣滩茶且念念不忘，他便提及此茶。当时碣滩茶园仅余老茶树几十棵，此后茶园便进行大规模的复垦。1973年，碣滩茶园开始恢复。1980年，经过农业科技工作者的技术攻关，碣滩茶正式恢复生产。1982年，中日青年友好代表团访华，日本友人到湖南"茶旅"，碣滩茶被特别推荐，正式成为"中日友好之茶"。

古劳茶

产地：广东省鹤山市古劳镇一带。

古劳茶是广东省少有的知名绿茶，也是历史名茶。古劳茶是个统称，具体茶树品种是当地细叶种，俗称"细茶"，又分为青蕊和红蕊两个品种。其中青蕊制成的茶香气高，故而商品茶多用青蕊。制成的常见茶品又分为银针、普通银针、古劳青茶，大部分时候人们说的古劳茶，指的是古劳青茶。古劳茶按不同的采摘时间，可分为翠岩、龙芽、雪菊、白露、银针等。

茶的特征

[外形]肥大蜷曲（银针肥壮似针）

[色泽]灰绿油润（银针满披银毫）

[汤色]淡黄带绿　[香气]高醇持久

[滋味]醇和回甘　[叶底]肥壮明净

主泡器的 1/4　85~95℃　第一泡5秒

（识）古劳青茶的色泽不算漂亮，发灰而带黄绿，闻起来有隐隐的火气之味。银针的条索比较肥大，银毫披覆，但是颜色不算雪白，银中带黄。

（泡）宜使用直筒玻璃杯或薄胎盖碗冲泡，水温85~95℃，置茶量约为主泡器的1/4，使用下投法，冲泡5秒。约可泡6泡，每泡增加浸泡时间10秒。

（品）古劳茶整体的选料比较粗大，而且经过高火工艺，香气足而霸道。第一泡火气还是有的，从第二泡开始有隐隐的糖香，较耐冲泡，汤感韵味好。

按采摘时间的分类

翠岩又称社前茶，在农历二月初五前采制；龙芽的采制时间与翠岩相同，只是茶叶的嫩度稍逊；雪菊在秋冬时采制；白露在白露前后采制；其余各月采制的茶叶均称银针。采茶讲究在早上露水未干之前采摘，采摘标准一般为一芽一叶或一芽二叶，才能保证茶叶的鲜嫩、清香。

仙芝竹尖

产地：四川省峨眉山一带。

仙芝竹尖因其外形似竹叶，内质美妙如灵芝，故名。仙芝竹尖采自峨眉山高山区海拔1500米以上终年云雾缭绕的黑包山茶场。于清明前开采，标准为鲜嫩独芽初展和一芽一叶初展。

茶的特征

［外形］饱满短细　［色泽］翠绿间黄

［汤色］淡绿明亮　［香气］清香鲜美

［滋味］鲜爽回甘　［叶底］匀整如笋

识 仙芝竹尖和竹叶青不太好区分，仙芝竹尖整体上没有那么翠绿，条索中有明显的黄色。香气上没有竹叶青直接，但是山场气息明显，有上行之感，竹叶青显得比较沉郁。

泡 宜使用直筒玻璃杯或薄胎盖碗冲泡，水温80~85℃，置茶量约为主泡器的1/4，使用中投法或下投法，冲泡10秒。可泡5泡，每泡增加浸泡时间10秒。

品 冲泡后，汤感和香气比较平衡；但是如果使用下投法，香气会更高扬，板栗香交织山场气息明显。

贵定雪芽

产地：贵州省黔南布依族苗族自治州贵定县一带。

贵定雪芽产于贵定县云雾镇仰望村一带的云雾山中，原名贵定云雾，因为披覆柔软白毫，又名贵定雪芽。干茶条索蜷曲如鱼钩，也曾叫"鱼钩茶"。贵定雪芽历史悠久，是贵州省有碑文记载的贡茶。

茶的特征

［外形］秀丽弯曲　［色泽］翠绿多毫

［汤色］碧绿明亮　［香气］蜜香鲜美

［滋味］醇厚活泼　［叶底］嫩黄明亮

识 贵定雪芽条索紧卷弯曲，非常柔美，确实很像鱼钩。白毫充分显露，柔软细密轻巧。

泡 宜使用薄胎盖碗冲泡，水温80~85℃，置茶量约为主泡器的1/4，使用下投法，第一泡冲泡10秒。可泡4泡，每泡增加浸泡时间10秒。

品 冲泡后，茶汤浓酽，汤色碧绿。滋味醇厚，香气浓烈，具有独特浓厚的蜂蜜香，饮后回甘。

文君绿茶

产地：四川省成都市邛崃市。

文君绿茶是为了纪念西汉才女卓文君而命名。邛崃市位于成都平原西部的邛崃山脉，有南宝山、花楸堰、平落、油榨、白合等茶叶产区。茶树的品种为当地的中叶种和花秋种，芽叶粗壮，深绿油亮，节尖较短，持嫩性强。

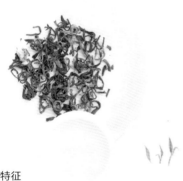

茶的特征

[外形]蜷曲似环　[色泽]墨绿油润

[汤色]淡绿明亮　[香气]清香鲜美

[滋味]绵软甘鲜　[叶底]嫩黄明亮

识 文君绿茶叶芽齐整，身披银毫，蜷曲程度较高，有的条索类似环形。色泽整体不算青翠，墨绿发乌。

泡 宜使用薄胎盖碗冲泡，水温80~85℃，置茶量约为主泡器的1/4，使用上投法或下投法。下投法时注意定点注水，使茶叶略微翻滚，第一泡冲泡10秒。可泡4泡，每泡增加浸泡时间10秒。

品 不以浓强见长，而是入口绵软，没有苦涩味。因为茶叶形状，冲泡时没有起伏。

青城雪芽

产地：四川省都江堰市灌县青城山区。

青城雪芽为20世纪50年代创制的新茶。产于灌县西南15公里的青城山区，干茶白毫似雪，故名。茶区夏无酷暑，冬无严寒，雾雨蒙蒙，年均气温15℃左右，年降水量1225.2毫米，日照190天；土层深厚，为酸性黄棕紫泥，土质肥沃。

茶的特征

[外形]形直微曲　[色泽]油润显毫

[汤色]黄绿明亮　[香气]豆香浓郁

[滋味]鲜爽回甘　[叶底]黄绿均匀

识 青城雪芽条索挺直稍弯曲，色泽黄绿间杂，银白显毫，芽头均匀。干茶香气干净，有微甜之感。

泡 宜使用薄胎盖碗冲泡，水温85~90℃，置茶量约为主泡器的1/4，使用下投法，第一泡冲泡10秒。可泡5泡，每泡增加浸泡时间10秒。

品 青城雪芽汤色黄绿，明亮度高；豆香浓郁，香入茶汤；茶汤有厚度，滋味鲜爽带甜感，回甘生津明显。

仡佬玉翠

产地：贵州省遵义市道真仡佬族苗族自治县。

仡佬玉翠产于道真仡佬族苗族自治县，成茶色泽翠绿，因而得名。道真县因为土壤富含硒、锶元素，茶树吸收后传输到叶片之中，整体的茶品被称为"仡山西施"，"西施"正是"硒锶"的谐音。这一大类茶中的特种扁形绿茶即称为"仡佬玉翠"。

茶的特征

〔外形〕扁形如剑　〔色泽〕翠绿多毫

〔汤色〕黄绿明亮　〔香气〕清香持久

〔滋味〕鲜爽味甘　〔叶底〕黄绿均匀

识 仡佬玉翠是扁形茶，分为有毫和无毫两种，即使是无毫型茶，也有少量白毫。色泽绿润，有贵州茶特有的山场气息。

泡 宜使用薄胎盖碗冲泡，水温85~90℃，置茶量约为主泡器的1/4，使用下投法，第一泡冲泡5秒。可泡5泡，每泡增加浸泡时间5~10秒。

品 冲泡后，汤色清澈，滋味清香，回味悠长。茶汤在绿茶中是比较浓醇的，回甘也比较强烈。

茅山青锋

产地：江苏省常州市金坛区薛埠镇茅麓村茅山胜地。

茅山青锋产于茅山胜地，成茶色泽青碧，外形挺拔如剑，因而得名茅山青锋，不过市面上多称"茅山青峰"。茅山在20世纪40年代生产绿茶，后来中断；在1982年恢复生产，同时技术定型。该茶最初的名字为"旗枪绿茶"，1983年更名为"茅山青锋"。

茶的特征

〔外形〕锋苗挺直　〔色泽〕黄绿间杂

〔汤色〕清澈明亮　〔香气〕清爽高雅

〔滋味〕清新醇厚　〔叶底〕肥嫩匀整

识 茅山青锋从外形上看，干茶略扁挺直，身骨重实，匀整光滑，锋苗显露，犹如青锋短剑，色泽绿润显毫。不过条索之间算不上特别匀整。

泡 宜使用直筒玻璃杯或薄胎盖碗冲泡，水温80~85℃，置茶量约为主泡器的1/4，使用下投法，第一泡冲泡5秒。可泡5泡，每泡增加浸泡时间5~10秒。

品 茅山青锋冲泡后香气清爽高雅，滋味鲜醇，汤色清澈明亮，叶底肥嫩匀整。

阳羡雪芽

产地：江苏省宜兴市一带。

阳羡雪芽产于江苏省宜兴市，宜兴秦汉旧名阳羡，自古有茶名，苏东坡有"雪芽我为求阳羡"的诗句，故名。宜兴在唐代是著名的贡茶产地，不过当时为团饼茶，宋代逐渐衰落，后世只是流传阳羡茶的传说。宜兴南部的丘陵地区是天目山余脉，虽然海拔不高，不过森林覆盖率高，水汽丰沛，也适宜茶树生长。

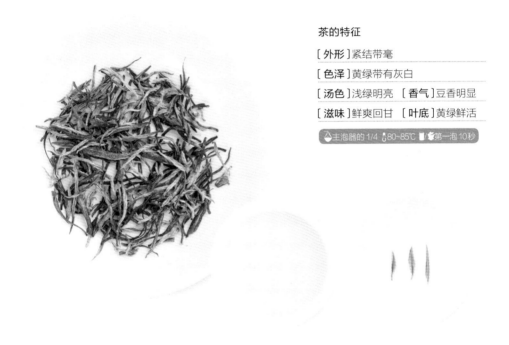

茶的特征

[外形] 紧结带毫

[色泽] 黄绿带有灰白

[汤色] 浅绿明亮　[香气] 豆香明显

[滋味] 鲜爽回甘　[叶底] 黄绿鲜活

主泡器的 1/4　80~85℃　第一泡 10 秒

识 阳羡雪芽色泽黄绿，多银毫，略微发暗，一般会有少量断碎。干茶闻起来有炒香。

泡 宜使用直筒玻璃杯或薄胎盖碗冲泡，水温80~85℃，置茶量约为主泡器的1/4，使用下投法，第一泡冲泡10秒。可泡5泡，每泡增加浸泡时间10秒。

品 冲泡后，汤色淡绿，茶汤中少量白毫，明亮度较高；香气整体豆香明显，但是香气稍显低平；滋味浓淡适中，口感鲜活爽口，略有苦涩味，但很快能化开，回甘生津略短。

芬芳冠世阳羡茶

明代许次纾所写的《茶疏》中说："江南之茶，唐人首重阳羡。"追溯到唐代，阳羡茶确实已有盛名。茶圣陆羽认为阳羡茶"芬芳冠世"。他所著的《茶经》中还特别提到阳羡茶的产区，即常州义兴县生君山悬脚岭北峰下。

绿杨春

产地：江苏省扬州市邗江区、维扬区和仪征市等。

绿杨春产于江苏省扬州市西部丘陵茶区，因成茶色泽翠绿，形状秀长，如春天的杨柳，故名。绿杨春是新创制名茶，创制于1991年。但是扬州本身是一个产茶历史悠久的地方，早在唐宋时期就成为名茶产区之一，市郊蜀岗也以茶而得名，所产茶叶在宋代被列为贡品。

茶的特征

[外形]秀长如柳

[色泽]绿中闪黄

[汤色]清浅明亮　[香气]高雅清香

[滋味]鲜醇回甘　[叶底]黄绿匀整

主泡器的1/4　80~85℃　第一泡10秒

（识）绿杨春的外形以芽头为主，纤细柔美，感觉修长轻盈。色泽绿中闪黄，闻之有草叶香。

（泡）宜使用直筒玻璃杯或薄胎盖碗冲泡，水温80~85℃，置茶量约为主泡器的1/4，使用下投法，第一泡冲泡10秒。可泡5泡，后续每泡增加浸泡时间10秒。

（品）冲泡后，汤色浅绿带黄，香气为草叶香与板栗香交织，滋味鲜爽、醇和、甘永。

绿杨春外赏"三春"

扬州是风景胜地，还有着深厚的早茶文化。"老三春"之一的富春茶社还有自己的拼配茶，名叫"魁龙珠"。用浙江龙井、安徽魁针，加上富春自己种植的珠兰制作而成。取龙井之味、魁针之色、珠兰之香，以扬子江水泡沏，融苏、浙、皖名茶于一壶，茶色清澈，别具芳香，入口柔和，解渴去腻。

巴南银针

产地: 重庆市巴南区二圣山一带。

巴南银针干茶身披白毫、修长似针，故名。巴南银针是新创制名茶，创制于20世纪90年代初。二圣山茶园海拔800~1000米，终年云雾缭绕、空气清新、土层深厚，为生产高品质、无公害茶叶提供了良好生态环境，因此也被选为国家级茶树良种繁育基地。

茶的特征

[外形] 挺直似针

[色泽] 白毫隐翠

[汤色] 黄绿明亮　　[香气] 栗香持久

[滋味] 醇厚回甘　　[叶底] 黄绿润泽

主泡器的 1/4 　 85~90℃ 　 第一泡10秒

识 巴南银针外形呈针形，白毫满布，隐隐露出绿色，但是不耐氧化，故而市面上所见底色偏黄。巴南银针多采摘一芽一叶，细嗅有清爽的草叶香。

泡 最宜使用直筒玻璃杯或者薄胎盖碗冲泡，水温85~90℃，中投法冲泡，投茶量约为主泡器的1/4。第一泡浸泡10秒出汤，可泡4泡，后续每泡增加5~10秒浸泡时间。

品 冲泡后，芽叶起伏绽放，栗香浓郁升腾。汤色黄绿明亮，入口甘洌爽利，回甘迅速，舌面和后部生津感好，尾水尚甜。

"重庆茗片"

2005年，亚太城市市长峰会召开期间，巴南银针被作为茶叶类唯一指定产品，广受好评。在新冠肺炎疫情期间，重庆当地政府组织返乡未回城的农村劳动力投入到春茶创收工作中，实现了茶农疫情期间收茶不降反增，利用巴南银针打了一场漂亮的"茶战疫"。

紫阳毛尖

产地：陕西省安康市紫阳县一带。

紫阳毛尖产于陕西省安康市紫阳县，品种为毛尖，故名。紫阳县是中国最北方的产茶地。紫阳县汉江两岸的近山峡谷地区冬暖夏凉，气候宜茶。茶园土壤矿物质丰富，土质疏松，通透性良好，是茶树生长的适宜地区。所用茶树品种为当地紫阳大叶种和改良的紫阳种。

茶的特征

[外形] 细长匀整

[色泽] 翠绿有毫

[汤色] 嫩绿明亮　[香气] 嫩香持久

[滋味] 醇和回甘　[叶底] 嫩绿润泽

主泡器的 1/4　85~90℃　第一泡 10 秒

（识）紫阳毛尖外形条索紧细、匀整，整体感觉还是纤细柔美的。色泽翠绿，白毫显露。

（泡）最宜使用直筒玻璃杯或者薄胎盖碗冲泡，水温85~90℃，下投法冲泡，置茶量约为主泡器的1/4。第一泡浸泡10秒出汤，可泡4泡，后续每泡增加5~10秒浸泡时间。

（品）冲泡后，茶汤内质香气嫩香持久，有的茶品有板栗香，汤色嫩绿、清亮，入口顺滑，滋味鲜爽回甘，生津感好。叶底肥嫩完整，嫩绿明亮。

紫阳茶历史悠久

紫阳在上古巴国时期产茶，西汉时期出现茶叶贸易，唐朝时山南茶列为贡品，宋明时期以茶易马，逼得茶农"昼夜制茶不休，男废耕，女废织"。清朝一些文人更将紫阳茶作为稀罕灵奇之物。"自昔岭南春独早，清明已煮紫阳茶"，仅此一句，紫阳茶就该列为"神品"了。

汉中仙毫

产地：陕西省汉中市一带。

汉中仙毫产于陕西省汉中市，是多品种茶品的沿革统一。20世纪80年代初，汉中市先后研制开发出了秦巴雾毫、午子仙毫、汉水银梭、定军茗眉、宁强雀舌等名茶，并且逐渐形成了20多个品种和品牌。

茶的特征

[外形] 挺秀匀齐

[色泽] 嫩绿显毫

[汤色] 嫩绿清澈　[香气] 清新多样

[滋味] 鲜爽回甘　[叶底] 嫩绿鲜活

🫖 主泡器的1/4　🌡 85~90℃　⏱ 第一泡10秒

（识）汉中仙毫茶叶采摘的都是绿茶的嫩芽，极品一般都是明前茶冒出的芽头，故而整体秀美，颜色翠绿喜人。干茶显清香。

（泡）最宜使用直筒玻璃杯或者薄胎盖碗冲泡，水温85~90℃，下投法冲泡，置茶量约为主泡器的1/4。第一泡浸泡10秒出汤，可泡4泡。后续每泡增加5~10秒浸泡时间。

（品）汉中仙毫汤色浅黄绿，白毫密布，清澈透亮；香气清新，有的有豆香，有的有花香；入口鲜爽，带有甜味，回甘生津较好。整体感觉干净，协调性好。

群茶共享的"公共品牌"

汉中仙毫这一品牌原先囊括了多品种茶叶，导致资源分散，无法做大做强。2005年开始，汉中市先将原20多个茶品牌整合为午子仙毫、定军茗眉、宁强雀舌三大品牌，而后在2005年底取得了国家市场监督管理总局颁布通过的汉中仙毫质量技术标准，完成了汉中仙毫的工艺统一；2007年，当地向国家市场监督管理总局申报了地理标志产品保护，汉中仙毫由此成为全市茶叶的公共品牌。

沂蒙玉芽

产地：山东省临沂市莒南县一带。

沂蒙玉芽干茶白毫稀见，并不是因为外形而命名，而是为了表达珍稀之意，故名。北方的茶树是非常珍贵的，特别是临沂市，原不产茶，都是后期引种。沂蒙玉芽应该是20世纪90年代初期创制，原名莒南绿茶。1994年，临沂玉芽茶叶公司成立，更换为现名。

茶的特征

[**外形**]粗壮紧实

[**色泽**]深绿发乌

[**汤色**]黄绿明亮　[**香气**]高扬明显

[**滋味**]醇厚爽口　[**叶底**]黄绿肥壮

主泡器的1/5~1/4　90~95℃

第一泡2~5秒

识 沂蒙玉芽条索比较粗壮，不算秀气美观，色泽墨绿。

泡 最宜使用薄胎盖碗冲泡，水温90~95℃，下投法冲泡，置茶量为主泡器的1/5~1/4。第一泡浸泡2~5秒出汤，可泡5泡，后续每泡增加5秒浸泡时间。

品 冲泡后，茶汤香气浓强，从草叶香到板栗香，高扬明显，滋味浓厚爽口，符合北方人的口感需求。

"南茶北引"开创临沂产茶史

北方的茶树是非常珍贵的，特别是临沂市，原不产茶，都是后期引种的。20世纪50年代，有民间农业科技人员提出"南茶北引"的设想，认为山东省青岛市崂山三面临海，气候温和湿润，水质优良，土壤呈酸性，适宜种植茶叶；至此，南茶北引工程拉开序幕。1966年，临沂市引种茶树成功，这才开始了临沂产茶的历史。

舒城小兰花

产地：安徽省六安市舒城县一带。

舒城小兰花也叫"舒城兰花"，有类似兰花般的香气，故名。舒城小兰花的产区地处大别山东南麓，海拔多在300~800米，土质肥沃，气候温和，终年云雾缭绕，森林覆盖率达70%以上。良好的生态环境，形成了舒城小兰花的特殊香气和滋味等。

茶的特征

[外形] 条索细卷如弯钩，芽叶相连

[色泽] 翠绿匀润，毫锋显露

[汤色] 嫩绿明净　[香气] 兰香持久

[滋味] 甘醇鲜爽　[叶底] 黄绿匀整

主泡器的1/4　85℃
第一泡即泡即出汤

识 舒城小兰花芽叶相连，条索边缘蜷曲，仿佛缩小型的兰花。颜色翠绿喜人，带有细密狭长的银毫。

泡 建议使用玻璃杯或者薄胎盖碗冲泡，置茶量约为主泡器的1/4。水温85℃左右，中投法先倒水1/3，置茶后浸润几秒，旋即定点高冲。第一泡即泡即出汤，可以泡6泡，每泡增加5~10秒浸泡时间。

品 舒城小兰花是以香气为特点的茶，故而好的舒城兰花，从第二泡开始有较为明显的兰香，滋味鲜醇爽口，厚实耐泡。俗话称其"头开扑鼻香，二开刚来汤，三开才出汁，四开五开正好喝"。

"兰香"出自好工艺

舒城小兰花采制时正值漫山兰花竞相吐蕊飘香，茶叶也吸附了一定的花香，但兰香主要还是源于工艺制作方式。如今很多茶农依然用传统制法：一般分为摊晾、杀青和烘干三大步骤。杀青使用锅炒，撒入茶叶后先手工翻炒，再用竹帚压炒做形，放于竹烘笼下置炭火暗火烘干。舒城兰花为什么加一个"小"字？传统上采一芽二三叶制的茶叫"小兰花"；采一芽四五叶制成的茶叫"大兰花"。

临沧蒸酶茶

产地：云南省临沧市耿马、云县一带。

蒸酶茶是云南特产，创制于20世纪70年代，是中国唯一的大叶种蒸青绿茶。大叶种的滇绿干茶的外形及茶汤的幼嫩鲜爽程度不及江浙一带的小叶种绿茶，但是，临沧蒸酶茶经久耐泡、汤感干净，是当地居家的必备茶品，性价比较高，也是出口缅甸等地的大宗茶品。

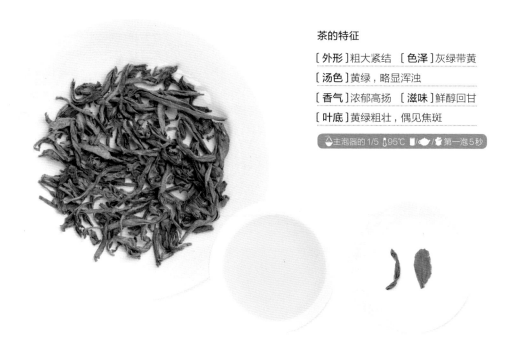

茶的特征

〔**外形**〕粗大紧结　〔**色泽**〕灰绿带黄

〔**汤色**〕黄绿，略显浑浊

〔**香气**〕浓郁高扬　〔**滋味**〕鲜醇回甘

〔**叶底**〕黄绿粗壮，偶见焦斑

🏺主泡器的1/5　🌡95℃　▢/◗/🍵第一泡5秒

识 通常说绿茶是炒青或者烘青，其实是按照茶叶的干燥工艺来说的。蒸青因为是用水蒸气的热量，所以是针对杀青来说的。蒸青茶追求的不是提升香气，而是如何保持茶叶鲜叶的清香，同时也为了让茶汤颜色更加碧绿。临沧蒸酶因为是大叶种茶，外形粗壮，颜色并不好看，灰蒙蒙的，香气是高山和草叶混合的香气。

泡 蒸酶茶不挑泡法，使用盖碗或者紫砂壶都可以，当地都是用大缸大杯直接冲泡。置茶量约为主泡器的1/5，95℃沸水冲泡，第一泡5秒左右出汤，一般可以泡5泡，后续每泡增加浸泡时间5秒。

品 冲泡后，茶汤滋味浓厚，回甘明显，也耐冲泡；并且因为是蒸青，茶汤苦涩度都控制得很好。然而，蒸酶茶的个性特点不突出，香气虽然高扬，也没有具体的描摹比拟参照；茶汤略显浑浊，不够讨巧。

大理感通茶

产地: 云南省大理白族自治州点苍山感通寺一带。

大理感通茶是新创制名茶,创制于1985年,产于大理苍山感通寺一带。现庙内仍存古茶树,树龄大约600年。可惜后来中断,20世纪80年代由下关茶厂恢复。现今感通茶也通常作为白族三道茶表演中第二道茶"甜茶"的基底茶,加上乳扇、核桃仁、红糖等饮用。

茶的特征

[外形]紧细匀齐

[色泽]墨绿、黄绿、乳白交杂

[汤色]清绿明亮　[香气]馥郁持久

[滋味]鲜醇回甘　[叶底]黄绿粗壮

🫖 主泡器的1/5　🌡90~95℃　⏱ 第一泡2~5秒

识 感通茶采用烘青工艺,干茶颜色不统一,是几种色彩掺杂。白毫显露,细闻有高山气息和火香气交织。

泡 冲泡使用盖碗或者紫砂壶都可以,当地都是用大缸、大杯直接冲泡。置茶量约为主泡器的1/5,90~95℃沸水冲泡。第一泡2~5秒出汤,可泡6泡,后续每泡增加浸泡时间5秒。

品 冲泡后,香气馥郁持久,汤色清绿明亮,醇爽回甘,有类似高山雪水的凛冽之气。当地也用烤茶罐制作烤茶饮用,浓酽苦涩,口感强劲,有特殊的焦香。

"甘芳纤白,滇茶第一"

感通寺位于点苍山圣应峰,圣应峰也叫荡山,感通寺也叫荡山寺,历史上出产好茶。据《荡山志略》记述:"点苍山荡山寺始建于汉,重建于唐。"寺僧喜制茶,南诏、大理时期都有茶事活动。明代感通茶曾经盛极一时,即使到清代仍有盛名。清代余怀《茶苑》记载:"感通寺山岗产茶,甘芳纤白,为滇茶第一"。

云龙绿茶

产地： 云南省大理白族自治州云龙县。

云龙绿茶产于云南省大理白族自治州云龙县宝丰乡的大栗树大山头。云龙绿茶是由云南农业大学茶学系监制、云龙大栗树茶厂生产的一种半炒青名茶，是地理标志性产品。大栗树大山头山高谷深，常年云雾缭绕，茶园海拔高度在2000米之上，生态环境良好。

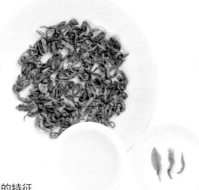

茶的特征

[外形] 紧结壮实，光滑匀整

[色泽] 墨绿油润，色若有霜

[汤色] 淡绿清亮　[香气] 板栗香气

[滋味] 浓醇回甘　[叶底] 润泽肥壮

(识) 芽叶粗壮，叶质柔软，嫩度好。优异品质源自优质的鲜叶配上烘炒相结合的加工工艺。色泽墨绿，干茶香气浓郁，没有白毫。

(泡) 最宜使用盖碗冲泡，也可使用大缸直接冲泡。水温95℃，下投法冲泡，置茶量约为主泡器的1/5。第一泡即泡即出汤，可泡6泡，后续每泡增加2~5秒浸泡时间。

(品) 冲泡后，茶汤浓醇，鲜爽回甘，有熟板栗的香气，入口浓，平衡性很好。叶底完整，弹性很好。

林芝春绿

产地： 西藏自治区林芝市波密县易贡乡一带。

林芝市波密县易贡乡铁山茶场是西藏唯一的茶场，在易贡国家地质公园的中心地带。茶场周边森林茂密，终年云雾环绕，空气清新，环境优美，周围雪山上融化的雪水汇集成溪流，终年滋润茶树生长。易贡茶场是世界上海拔最高的有机茶叶生产基地。

茶的特征

[外形] 卷曲重实

[色泽] 黄绿油润，色若有霜

[汤色] 黄绿明亮　[香气] 清甘鲜美

[滋味] 鲜美清甜　[叶底] 润泽肥壮

(识) 林芝春绿条索卷曲，显得很重实，黄绿微带白霜，细闻有高山气息，入鼻纯正鲜爽，其香持久。

(泡) 最宜使用盖碗冲泡，水温90℃，下投法冲泡，置茶量约为主泡器的1/4。第一泡即泡即出汤，约可泡7泡，后续每泡增加5~10秒浸泡时间。

(品) 冲泡后，汤色黄绿明亮，茶汤毫显。和粗大的外形不同的是，茶汤水路细腻，顺滑清甜，茶叶氨基酸含量很高，鲜美异于常茶。

磐安云峰

产地：浙江省金华市磐安县大盘山一带。

磐安云峰创制于20世纪70年代。磐安独特的地理位置和优越的气候环境，造就了悠久的产茶历史。在晋代，就有许逊道士在境内研制"婺州东白"。1979年，磐安开始"婺州东白"的恢复试制，获得成功，1985年正式定名磐安云峰。

茶的特征

[外形] 紧直苗秀　[色泽] 黄绿发乌

[汤色] 黄绿明亮　[香气] 花果香气交织

[滋味] 香醇甘甜

[叶底] 黄绿相间，偶见红边

主泡器的1/5　90~95℃　第一泡10秒

识 磐安云峰的外形是比较肥壮的，但是因为条索细长，并不显得粗老。颜色近似墨绿，几无毫毛。

泡 最宜使用盖碗，也可使用瓷壶冲泡。水温90~95℃，下投法冲泡，置茶量约为主泡器的1/5。第一泡10秒出汤，后续每泡增加5~10秒浸泡时间，可泡6泡。

品 冲泡后，汤色黄绿明亮，香气有类似兰花和水果交织的味道。茶汤比较浓强，回甘好。叶底不算匀整，边缘偶见红边。

"婺州东白"兰香幽

茶圣陆羽所著的《茶经》中记载，唐代产茶地共十三省四十二州，被列为贡茶的共十五处，婺州东白作为名茶，被列为贡茶。唐代《国史补》载："风俗贵茶……婺州有东白"。清代《东阳县志》载："茶以大盘、东白二山为最"。当代茶圣吴觉农先生在《茶经述评》中曾经这样说过："东白山茶，以外形肥壮、其兰花香著称"。

黄山毛峰

产地： 安徽省黄山市。

黄山是历史名山，自古出产好茶，明代许次纾在《茶疏》中评价黄山茶为"灵草"，尤其"香气浓郁"。据《徽州府志》中记载，黄山茶的历史最早可以追溯到宋朝嘉祐年间，而黄山的云海、飞瀑、流泉、松风、霞光等环境因素对形成黄山茶的品质也起着特殊的作用。

茶的特征

[外形] 芽如雀舌，锋显毫露

[色泽] 色如象牙，鱼叶金黄

[汤色] 杏黄柔绿 [香气] 清香高长

[滋味] 醇厚甘甜 [叶底] 嫩黄肥壮

主泡器的 1/5 85℃ 第一泡2分钟

识 黄山毛峰外形肥壮，芽如雀舌，白毫披覆，色如象牙，带有金黄色鱼叶。

泡 最宜使用玻璃茶壶和盖碗冲泡。水温85℃左右，置茶量为主泡器的1/5。不需洗茶，采用中投法，先加水三分满，泡1分钟，加水后直至七分满，再泡1分钟。冲泡期间不加盖，以免茶叶被闷黄。

品 冲泡后，茶汤清澈，杏黄柔绿，香气持久如玉兰，滋味醇厚，回味甘甜，较一般绿茶耐冲泡，是绿茶中的极品之一。

"红顶商人"谢正安

黄山毛峰的创始人谢正安是清代徽州歙县人。他早年闯荡上海，当时上海茶庄林立，徽州茶"屯绿"虽是地方名茶，相比普洱茶、西湖龙井等来说显得粗糙，卖不上价钱。为了争夺市场，扩大徽茶影响，他决定创制新茶。新茶白毫披身，芽尖锋芒，其产地又邻近黄山，谢正安遂取名为"黄山毛峰"。首批"黄山毛峰"运往上海即一炮而红，并且外销英国和俄国。谢正安后来通过捐资得到了清朝四品候补顶戴，成为"红顶商人"。

天台黄茶

产地: 浙江省台州市天台县一带。

天台黄茶的生产采用的是绿茶工艺，但是茶树品种自然黄化。天台黄茶茶树品质上乘，是一种成茶鲜爽度高、长期储存品质维持良好的珍贵树种，于2013年通过浙江省级林木良种认定并命名为"中黄1号"。其母树原种发现于天台山，天台山地理环境独特，四季分明，土地肥沃，雨水丰沛，日照充足，适宜茶树生长。

茶的特征

[**外形**] 扁平光滑，形若雀舌

[**色泽**] 鹅黄带绿 　[**汤色**] 淡黄明亮

[**香气**] 板栗香气 　[**滋味**] 甘醇爽口

[**叶底**] 黄绿肥壮

主泡器的 1/4 　85~90℃ 　第一泡 15秒

识 天台黄茶外形类似龙井茶，扁而短肥。色泽金黄或者鹅黄，底色闪绿。闻起来有淡淡的板栗和草叶混合香。

泡 宜使用直筒玻璃杯或薄胎盖碗冲泡，水温85~90℃，置茶量约为主泡器的1/4。下投法和中投法均可，第一泡冲泡15秒，后续每泡增加浸泡时间5~10秒。

品 冲泡后，有明显的熟板栗香，也混合有淡淡花香和水果香气，入口醇和，苦涩度低，鲜爽持久。

"变异"而来的黄茶

安吉白茶、天台黄茶等因为自然条件变化而发生突变，导致性状变异；而像龙井43等茶品种，是因为杂交使得茶叶基因重组而导致性状改变。比如茶树在南方因为气温相对较高，叶片往往会大一些，如移植到北方，叶片会缩小；同样的茶树，在南方时茶多酚类物质会多一些，到了北方就会减少。

白茶

白茶的起源与产地

白茶是中国特有的茶类，主产于福建。顾名思义，白茶是白色的茶。但是传统白茶和安吉白茶不同，安吉白茶是茶树白化变种，而白茶主要依靠生产工艺。

"自然萎凋"成白茶

白茶形成的原因主要有两个：一是采摘多毫的幼嫩芽叶；二是加工时不炒不揉，晾晒烘干，将鲜叶采下后，让其长时间自然萎凋和干燥而成。白茶有轻微的发酵，性质偏寒凉，有助于消化、降暑。

需要强调的是，白茶大多是产自福建的。这几年白茶很受欢迎，有些福建之外的茶区也使用了白茶工艺来制作茶品，从产品上来说也是白茶，但是口感和福建白茶差异非常大。虽然各种茶叶都有自己的风格，但是白茶品类特征不明显。

"南路"白茶与"北路"白茶

"北路"白茶指福鼎及其周边产区所产白茶，"南路"白茶指政和及其周边产区所产白茶。政和白茶在萎凋方式上与福鼎白茶不同，传统的福鼎白茶多采用日光萎凋，而政和白茶使用室内自然萎凋较多，要先阴干再晒。政和当地很有特色的建筑就是板房、廊桥，以前白茶的萎凋，就是在这些通风良好的板房、廊桥内进行阴干。现在的茶厂都在通风良好的室内进行阴干萎凋。经过阴干后的茶叶，脱水率达到70%以上，然后再进行日晒，日光充分的情况下会晒5个小时左右。若想存老茶，建议选择政和白茶，也许你会感受到不同的美好。

白茶的保健作用

　　白茶加工工艺独树一帜，基本上是自然天成，不仅很好地保留了茶的清香鲜爽，还富含黄酮类物质，有很好的保健作用。茶性清凉，适量饮用可以辅助退热降火。

白茶有较强的抗氧化功能

　　白茶因为只用日晒加工，不炒不揉，故而成品茶中含有丰富的黄酮。黄酮是一种强抗氧化剂，它可以有效减缓机体和细胞的老化，它的抗氧化效果比维生素E更明显。正是基于此，黄酮类物质有助于清除血管中的沉积物，改善血液循环。因此常饮白茶，有助于抵抗电脑辐射，美白皮肤，同时缩小毛孔，脸色也会逐渐红润。

寒凉体质不宜多喝白茶

　　白茶性寒，如果属于寒凉体质或阳虚体质的人饮用应该逐步观察自己对白茶的耐受量，而不要盲目地大量品饮白茶；或者将白茶陈放十年以上，逐渐转化成温性后再饮用。从目前的样本来看，白茶在贮存的过程中，多酚类物质发生了变化，在某种程度上促进了黄酮类物质的形成，陈年老白茶的黄酮类物质反而比当年白茶的黄酮含量高；而且年份越长的老白茶，其黄酮类物质含量增加的幅度越大，保健效果越显著。

白毫银针

产地： 福建省福鼎市和南平市政和县、松溪县、建阳区等地。

白毫银针是以大白茶或水仙茶树品种的单芽为原料，经萎凋、干燥、拣剔等特定工艺过程制成的白茶产品，白毫浓密，外形似针，故名。白毫银针是全芽头茶，采摘时间很短，每年3月22日左右开采，至4月1日左右结束，其周期只有10天左右。再加上春季多雨，使得白毫银针可以采摘的量很少。

茶的特征

[**外形**] 紧细似针

[**色泽**] 嫩绿，白毫浓密

[**汤色**] 淡绿通透

[**香气**] 毫香，间或有花香、青草香

[**滋味**] 鲜爽　[**叶底**] 润泽软嫩

🫖主泡器的 1/5~1/4 🌡90~95℃

⏱第一泡1分钟

🈳 白毫银针鲜叶原料全部是茶芽，外形芽针肥壮，白毫长密，布满全叶，有清妙香气。

🈶 最宜使用盖碗冲泡，水温90~95℃，下投法定点冲泡，置茶量为主泡器的1/5~1/4。第一泡茶芽需浸润下沉时间，建议浸泡1分钟；第二至五泡，每泡5~10秒即可出汤，此后适当增加浸泡时间。好的白毫银针可以泡8泡而韵味不减。

🈸 喝过白毫银针，你就能迅速感受到这个茶品和其他白茶的差异：白毫银针新茶的那种爽利、陈茶的那种极具穿透力的凉意，是其他白茶难以望其项背的。

白牡丹

产地：福建省福鼎市和南平市政和县、松溪县、建阳区等地。

白牡丹用大白茶的嫩叶或者水仙茶肥壮的一芽一叶或一芽二叶制成，因此成茶为两叶包一芽，叶如花瓣，芽如银蕊，故名白牡丹。这也反映出古人的想象力和情趣品味都是高妙的。白牡丹泡的茶有一定的退热解暑功效，是夏日的绝佳饮品。茶人们普遍认为白牡丹创制于1922年，在近100年的历史岁月中，一直深受消费者的喜爱。

茶的特征

[外形]叶张肥嫩，叶缘垂卷

[色泽]深灰绿或暗青苔色

[汤色]杏黄或橙黄　[香气]毫香明显

[滋味]鲜醇　　　　[叶底]嫩匀明亮

💧茶水比1：100 🌡70~85℃ ⏱第一泡3分钟

💧茶水比1：50 🌡85℃ ⏱第一泡1分钟

（识）白牡丹外形叶张肥嫩，成自然伸展，叶缘垂卷，芽叶连枝，叶背遍布洁白茸毛，毫心银白。整体呈灰绿或铁青色。

（泡）白牡丹的冲泡不挑茶具，适宜日常饮用。如果在办公室，可以用马克杯，投茶3克，水温70~85℃，茶水比例为1：100，冲泡3分钟。也可以用白瓷盖碗，投茶3克，水温85℃左右，茶水比例为1：50，冲泡1分钟。

（品）冲泡后，毫香显，汤色杏黄或橙黄，清澈明亮，滋味鲜醇。叶底浅灰，芽叶各半，叶脉微红，嫩匀明亮。

白茶的分类标准

白茶因树种、原料采摘的标准不同，大致分为：芽茶（如白毫银针）和叶茶（如白牡丹、贡眉等）。白毫银针，因其白毫紧密、色白如银、外形似针而得名；白牡丹则因其绿叶夹银白色毫心，冲泡后绿叶托着嫩芽，宛如蓓蕾初放，故得美名；寿眉是以大白茶、水仙或群体种茶树的嫩梢或叶片为原料制成。

109

贡眉

产地：福建省福鼎市和南平市政和县、松溪县、建阳区等地。

贡眉以群体种茶树品种的嫩梢为原料，经萎凋、干燥、拣剔等特定工艺制成。以前贡眉和寿眉的通俗区分：贡眉是群体种的芽叶，寿眉是大白毫茶树抽去芽头做了银针之后剩下的纯叶片，所以贡眉的口感是优于寿眉的。

茶的特征

[外形] 略卷有毫心

[色泽] 灰绿间黄

[汤色] 橙黄到深黄　[香气] 鲜纯嫩香

[滋味] 清甜醇厚　[叶底] 叶张软亮

（识）贡眉相比白牡丹叶片大、茶梗粗、芽头小。春贡眉多以绿色的叶片为主，而秋贡眉则是黄棕绿相间，颜色丰富。

（泡）使用盖碗和瓷壶、紫砂壶冲泡，水温95~100℃，下投法回环注水手法冲泡。第一泡5秒左右出汤，以后每泡增加2~10秒出汤，可以泡7泡。

（品）冲泡后，层次丰富细腻，草叶香和花香交织，汤色清澈，口感纯净、清甜，回甘好。

寿眉

产地：福建省福鼎市和南平市政和县、松溪县、建阳区等地。

寿眉，是白茶中的"大路货"。最早，寿眉是用菜茶制作的，其实贡眉和寿眉是一种茶。菜茶的毛茶叫"小白"，福鼎大白茶与政和大白茶制成的毛茶则叫"大白"。如今，根据相关标准，贡眉由"小白"制成，寿眉可以用"小白"，也可以用"大白"制成，还可以用水仙的嫩梢、叶片制成。

茶的特征

[外形] 叶张细嫩，毫心显而多

[色泽] 新茶翠绿，陈茶褐色

[汤色] 橙黄到深黄　[香气] 醇厚

[滋味] 醇爽　[叶底] 匀整灰绿

（识）寿眉并不是眉毛形状，而且其貌不扬，干茶显得芜杂。新茶颜色嫩绿，叶张显薄，偶有银白。

（泡）最宜使用盖碗闷泡。置茶量约为主泡器的1/3，水温95℃，即泡即出汤，5泡以后适当增加浸泡时间。

（品）冲泡后，茶汤橙黄清澈，香气沉郁；老寿眉茶汤金褐，香气犹如中药混合湿润的木材。叶底柔软，匀整灰绿。

荒野白茶

产地: 福建省福鼎市和南平市政和县、松溪县、建阳区等地。

荒野白茶就是种在山野里的白茶，日常基本无人管理，相当于野生，一般也只采摘春茶一季。真正的荒野茶产量不可能很大，所以想要遇到品质好的荒野茶很是难得。从市面产品来看，以荒野茶为原料的荒野银针、荒野牡丹、荒野贡眉、荒野寿眉、荒野白茶饼都有。

茶的特征

[外形]瘦小，马蹄节稍显粗大

[色泽]符合各品类色泽特征

[汤色]黄绿　　[香气]高昂明显

[滋味]醇和柔滑　[叶底]嫩绿

茶水比1：100 70~85℃ 第一泡3分钟
茶水比1：50 85℃ 第一泡1分钟

识 荒野白茶因为无人工干预，整体上比较瘦小。有的叶芽底部断口处会有一个马蹄节，这个马蹄节稍显粗大，是荒野茶的一个特征。干茶香气比一般白茶明显，穿透力强。

泡 按照各品类白茶冲泡方式即可。但是建议高冲，以增强荒野白茶山野气的表现力。

品 冲泡后，有独特的山野气，这种香气高昂明显；滋味醇和、柔滑，胶质感、口腔饱和感远胜于一般白茶；也非常耐泡，一般可以泡10泡以上。

荒野茶与抛荒茶的区别

荒野白茶不在白茶国家标准之内，因为它不是茶树品种和原料要求的标准，而是生长过程的表现。抛荒茶是以前正规的茶园，后来无人管理了；这样的茶不一定好，因为以前有施肥、台刈等人工干预，后期跟不上的话，反而容易造成茶树品性衰减。荒野茶自始至终无人管理，生长地点一般远离尘嚣，树龄相对也比较长，根系扎根比较深，所以制成茶后品质优异。

白茶饼

产地： 福建省福鼎市和南平市政和县、松溪县、建阳区等地。

白茶饼不是等级标准，而是一种产品呈现方式，就是将传统的白茶散茶制为紧压茶的形式。市面上多见寿眉白茶饼，也有部分白牡丹白茶饼，也有极少的白毫银针白茶饼。白茶饼的意义在于节约茶品储存所占用的空间，同时增加风味。

寿眉白茶饼

白毫银针白茶饼

符合各品类外形特征

嫩绿，白毫浓密

茶的特征

[外形] 使用各品类白茶压成饼型

[色泽] 新茶、陈茶不同

[汤色] 黄中带红

[香气] 草木香或陈香

[滋味] 清甜醇厚

[叶底] 滋润柔软

主泡器的 1/4　95~100℃　第一泡5秒

逐渐增加深黄

淡绿通透

枣香明显

润泽软嫩

识 白茶饼无论新茶还是老茶，都不会是一个色泽，条索一定是五彩斑斓的，色彩间有自然的过渡。新茶饼以绿色系为主，多种绿色交织，间有淡黄色、浅棕色；陈茶饼以棕色系为主，但也不是统一的一种颜色，会是灰绿、浅棕、古铜、银绿等。特别是老茶，虽然整体颜色加深，但也绝不可能是一个颜色，只有人工水湿发酵造假的老茶，才会是一个颜色。

泡 建议使用薄胎盖碗冲泡，置茶量约为主泡器的1/4，水温95~100℃，下投法冲泡。白茶饼叶片轻，易浮于水上，故而可以水柱略细巡回浇在茶叶之上，加盖后5秒即可出汤；之后几泡都可以快速出汤，5泡之后适当延长浸泡时间。

品 白茶饼因为加工过程中略有包揉，并且有水湿发酵，故而汤色显得黄中带红，从新茶的黄到老茶的棕红，如果是散茶不可能有红色，即使20年的陈老白茶，茶汤很浓，依然是黄色系，加水淡化后是偏黄的。白茶饼陈放后，茶汤香气会呈现蔷薇花香到中药香再到枣香。枣香是白茶经过紧压后特有的，这也是水湿发酵的产物，而陈化白茶散茶不太可能呈现枣香。

老白茶

产地：福建省福鼎市和南平市政和县、松溪县、建阳区等地。

老白茶拼的是时间，只要正规陈放，都有转化。转化较为明显时，就可以称之为"老"，而不是说一定要几十年。和当年新茶容易发生感官上区别的时间，大概是3年以上。所以，"一年茶，三年药，七年宝"的说法有一定道理。

真　假

符合各品类外形特征

色泽灰暗，有些地方呈暗色

逐渐增加深黄

浑浊发红

茶的特征

[外形] 符合各品类外形特征

[色泽] 逐渐黄化

[汤色] 增加深黄

[香气] 陈香持久

[滋味] 醇和回甘

[叶底] 黄棕鲜活

主泡器的1/4
95-100℃
第一泡5秒

黄棕鲜活

脉络不清晰，黑褐僵硬

识 老白茶因为经时间沉淀，外表看起来颜色会更深，白毫的颜色转为银灰色带乳黄，底色转为暗绿或墨绿；老寿眉的颜色则以古铜色、黄褐色居多，颜色多变，色彩斑斓。

泡 可以使用薄胎盖碗或茶壶冲泡，置茶量约为主泡器的1/4。水温95~100℃，下投法定点略低位置冲泡。第一泡5秒出汤，可以泡10~12泡，第七泡开始，每泡增加5~10秒浸泡时间。

品 老白茶如果是散茶，香气的变化基本是草香→荷叶香→陈香→药香；如果是饼茶，香气的变化基本是花香→玫瑰香→陈香→枣香。老白茶作为后期转化茶，其多酚类物质相对减少，也减少了新白茶的刺激性，也就是人们常说的"寒性"会减少。从整体来看，老白茶仍是偏凉性的，品饮前要观察自己身体的耐受度，再确定饮用量。白茶在陈化过程中，茶叶中的黄酮类物质反而在一定时间内慢慢增多。黄酮类物质具备很强的抗氧化性，有一定的保健功效。但是，人们喝茶应把茶当成健康食品、类功能性饮料，而不是药品。

老白茶饼鉴别要诀

老白茶饼比散茶容易造假，除了口感，有没有什么简单的感官辨别方法呢？一看干茶。假老白茶干茶，看着往往要比所标年份"老"，色泽灰暗，有些地方呈暗色。二看汤色。做旧的发酵老白茶，汤色往往浑浊、发红、发暗、不清澈，汤色与红茶更加相似。真老白茶冲泡出水后，汤色呈深黄色，清澈透亮，没有杂质，年份越久汤色越深。三闻香气。假老白茶因为经过洒水发酵，所以略带酵味。真老白茶带有较为浓烈的药香或是枣香，年份越久香味越浓。四看耐泡度。假老白茶茶汤口感较薄，没有厚度，不像真老白茶那般耐泡，5~6泡之后清淡如水，再没有滋味。五看叶底。假老白茶因为洒水发酵过度使得茶叶叶底脉络不清晰，色泽呈不正常的黑褐色，叶态僵硬，用手一掐便烂。真老白茶虽经过几年陈化，但仍然可以看到叶底脉络清晰，色泽黄绿，叶底不软烂，有活性。

黄茶

黄茶的特点

  黄茶和绿茶不同，两者最大的区别在于有无一道"闷黄"的工序，黄茶没有绿茶那么青翠的色泽，但是在香气方面有自己的独特之处。黄茶的历史十分悠久，如今的黄茶多产自安徽、浙江、湖南、四川等茶区。可惜，从市面产品来看，大部分黄茶已出现"绿茶化"的倾向。

黄芽茶、黄小茶和黄大茶之分

  黄茶根据采摘茶青的不同又分为三个子类：黄芽茶、黄小茶和黄大茶。黄芽茶是采摘细嫩的单芽或一芽一叶为原料制作而成的，幼芽色黄而多白毫，故名黄芽，香味鲜醇；代表品种有蒙顶黄芽、君山银针等。黄小茶是采摘细嫩芽叶，多以一芽一叶、一芽二叶为原料加工而成，其品质不及黄芽茶，但明显优于黄大茶；代表茶品有远安鹿苑、平阳黄汤等。黄大茶要求大枝大杆，鲜叶采摘的标准为一芽四五叶，一般长度为10~13厘米，成茶比较粗老，但是滋味也最浓郁；代表茶品有霍山黄大茶等。

黄茶暖养肠胃促消化

  黄茶的市场定位比较尴尬，说鲜美不如绿茶，说醇和不如乌龙、普洱，说香气不如红茶，说清爽不如白茶，故而黄茶的市场一直在萎缩，甚至以前著名的黄茶如霍山黄芽、沩山毛尖都已经改制为绿茶。可是黄茶的存在还是很有意义的，为什么这样说？因为茶叶采用闷黄工艺对身体健康大有好处。"闷黄"的意思是将杀青和揉捻后的茶叶用纸包好，或堆积后以湿布盖之，时间以几十分钟或十几个小时不等，促使茶坯在水热作用下进行非酶性的氧化，形成黄色。这个过程里产生大量的消化酶，不仅减轻茶叶的寒性，而且饮用后，对肠胃的调养非常有益。坚持适量饮用黄茶有助于预防消化道疾病，也可以缓解现代人不爱运动造成身体脂肪堆积的情况，对于防治食道的病变也有一定的辅助作用。

君山银针

产地：湖南省岳阳市洞庭湖君山。

君山银针因其形如针、满披白毫而得名。创制历史悠久，在清朝时被列为贡品。君山又名洞庭山，为洞庭湖中岛屿。岛上土壤肥沃，多为砂质土壤，春夏季湖水蒸发，云雾弥漫，十分适宜茶树生长。君山银针是中国十大名茶之一，1956年，在莱比锡国际博览会上，荣获金质奖章。

茶的特征

[外形] 芽头肥壮，紧实挺拔，披覆白毫

[色泽] 绿中带黄　　[汤色] 橙黄明净

[香气] 清纯　　[滋味] 甜爽

[叶底] 嫩黄匀亮

主泡器的1/5　70℃　第一泡3~4分钟

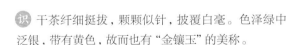

识 干茶纤细挺拔，颗颗似针，披覆白毫。色泽绿中泛银，带有黄色，故而也有"金镶玉"的美称。

泡 因是芽茶，且是针形，按照一般绿茶、黄茶的冲泡方式，很难感受君山银针的真味，而且茶叶浮起，饮用不便。因此最宜使用透明玻璃杯冲泡。冲泡要减少置茶量，约为主泡器的1/5，水温70℃左右，冲泡3~4分钟，欣赏茶芽起舞，待其逐渐下沉不再上浮后，即可饮用。不建议闷泡。

品 冲泡后，茶香清醇，芽叶竖立，几升几降。茶汤不像霍山黄芽那么黄，而是绿中略带黄，明亮通透，略有毫散。叶底嫩匀成朵。

"白鹤茶"的传说

据传初唐时，有位白鹤真人将八株仙赐茶苗种在君山岛上。他修起了白鹤寺，挖了一口白鹤井。真人取井水冲泡仙茶，只见杯中一股白气袅袅上升，水汽中一只白鹤冲天而去，此茶便得名"白鹤茶"。茶传到长安，又成为贡品。流传至今，也就是如今所说的君山银针。

霍山黄大茶

产地： 安徽省六安市霍山县及其周边。

霍山黄大茶产于安徽西部六安市霍山县，属于黄茶中的黄大茶，也叫"皖西黄大茶"。本来霍山还出产黄茶类中的芽形茶，就是名气更大的霍山黄芽，可惜这几年已经由黄改绿，成为绿茶的一个品种。

茶的特征

[外形] 粗壮带梗

[色泽] 黄褐发乌

[汤色] 深黄显褐　　[香气] 醇厚焦香

[滋味] 柔和醇厚　　[叶底] 褐黄润泽

🫖 主泡器的 1/7~1/6　🌡 95~100℃

⏱ 第一泡5秒

识 霍山黄大茶干茶外形紧索，较为粗大，弯曲不定，不算美观。色泽黄褐发乌。闻起来有火香气，当地俗称"锅巴香"。

泡 最宜使用盖碗冲泡，水温95~100℃，下投法定点冲泡，第一泡5秒出汤，可以泡6泡，此后每泡增加5~10秒浸泡时间。

品 冲泡后，焦香浓郁，汤色黄褐明亮通透，入口醇和。叶底梗叶相连，梗壮叶肥。

霍山自古有名茶

明代许次纾《茶疏》记述："天下名山，必产灵草。江南地暖，故独宜茶。大江以北，则称六安。然六安乃其郡名，其实产霍山县三大蜀山也。茶生最多，名品亦振，河南、山、陕人皆用之。南方谓其能消垢腻，去积滞，亦共宝爱。顾彼山中不善制造，就于食铛大薪炒焙，未及出釜，业已焦枯，讵堪用哉。兼以竹造巨筒，乘热便贮，虽有绿枝紫笋，辄就萎黄，仅供下食，奚堪品斗"。此话说出了黄茶的制作方式，这和如今的霍山黄大茶的制作工艺基本是类似的。

蒙顶黄芽

产地：四川省雅安市名山区蒙顶山一带。

蒙顶山森林覆盖率高，空气质量好，水质上佳，常年多云雾，年平均气温13.5℃，土壤酸碱度适宜，适宜茶树内含物质的积累和茶树生长。蒙顶山茶除了兰香突出的蒙顶甘露外，也有大众常见的绿毛峰，还有颇具黄茶特征的蒙顶黄芽。

茶的特征

[外形] 挺直秀美

[色泽] 黄绿泛灰

[汤色] 浅绿带黄　[香气] 多种香气交织

[滋味] 鲜活微甜　[叶底] 黄绿柔嫩

主泡器的1/4~1/3　90~95℃　第一泡5秒

识 干茶黄绿欠润，带有毫毛，略泛灰，芽头挺直，匀整度较好，略有单叶，带炒米香、莓类水果香气。蒙顶山虽然有很多改良树种，如福鼎大白茶、名选311等，但使用老川茶种制作的蒙顶黄芽，香气特殊，比其他树种制作的蒙顶黄芽耐冲泡，令人回味无穷。

泡 最宜使用盖碗冲泡，水温90~95℃，下投法冲泡，置茶量为主泡器的1/4~1/3。第一泡5秒左右出汤，以后每泡增加2~10秒出汤，可以泡7泡。

品 冲泡后，汤色浅绿，带黄明亮。汤中蕴含炒米香、甘蔗香、树莓果香等丰富的复合香气。茶汤微带甜香，滋味鲜活，生津较快，较耐冲泡。

九道工序终成蒙顶黄芽

蒙顶黄芽鲜叶采摘要求为：独芽、细嫩、新鲜、匀齐、纯净。由于芽叶特嫩，要求制工精细，使用传统炒闷结合的工艺。炒制工艺分杀青、初包、复炒、复包、三炒、摊放、四炒、烘焙、包装入库九道工序，用时36~72小时。即采用嫩芽杀青，草纸包裹置于灶边保温变黄，茶青在湿热的环境下自然发酵，然后做型，再包黄烘干。

119

平阳黄汤

产地： 浙江省温州市平阳县、泰顺县、瑞安市、永嘉县等地。

平阳黄汤以产于浙江省温州市平阳县的黄茶最优，故名，也叫温州黄汤。平阳黄汤历史悠久，地处江南的温州，自古就出好茶，而平阳又是温州产茶佳处。早在《唐书·食货志》就有记载："浙产茶十州五十五县，有永嘉、安固、横阳、乐城四县名。"其中的横阳，就是如今的平阳。

茶的特征

[外形]细紧秀丽

[色泽]黄绿显毫

[汤色]杏黄明亮　　[香气]清芬高锐

[滋味]鲜醇爽口　　[叶底]嫩黄匀齐

主泡器的1/4~1/3　95℃　第一泡5秒

识 平阳黄汤茶形秀丽，黄绿相间，毫毛明显。

泡 最宜使用盖碗冲泡，水温95℃，下投法冲泡，置茶量为主泡器的1/4~1/3。第一泡5秒左右出汤，以后每泡增加2~10秒出汤，可以泡6泡。

品 冲泡后，汤色杏黄明亮，香气清芬高锐，滋味鲜醇爽口，叶底芽叶成朵匀齐。

古法恢复"三黄"品质

平阳黄汤始制于清乾隆年间，后来失传，1982年开始恢复。平阳黄汤焖堆，使用竹屉平摊茶叶上盖白布，使其黄变。最终成茶呈现"干茶显黄，汤色杏黄、叶底嫩黄"的"三黄"特征。

远安鹿苑

产地：湖北省宜昌市远安县鹿苑一带。

远安鹿苑也叫作鹿苑毛尖。虽然鹿苑寺已被毁损，但是它所在的鹿苑山灵性不失，山峦险峻，溪曲秀美，植被丰富，属典型的丹霞地貌，适宜茶树生长。远安县古属峡州，唐代陆羽《茶经》中就有远安产茶之记载。清乾隆年间，鹿苑茶被选为贡茶。清光绪九年（1883年），高僧金田来到鹿苑巡寺讲法，品茶题诗，称颂鹿苑茶为绝品。

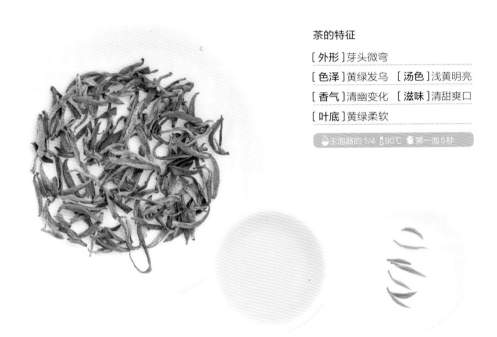

茶的特征

[外形] 芽头微弯

[色泽] 黄绿发乌　　[汤色] 浅黄明亮

[香气] 清幽变化　　[滋味] 清甜爽口

[叶底] 黄绿柔软

主泡器的1/4　90℃　第一泡5秒

识 远安鹿苑单芽较挺直，色泽黄微带褐色，较均匀，也是不同芽色泽不同，有的是银灰发暗，有的是黄绿色。鱼子泡明显，茶有清香。

泡 最宜使用盖碗冲泡，水温90℃，下投法冲泡，置茶量约为主泡器的1/4。第一泡5秒左右出汤，可以泡5泡，以后每泡增加10秒出汤。

品 冲泡后，汤色浅黄，明亮度高，茶汤有毫。滋味清幽，甜香、花香交织，汤感较为饱满，入口甜爽，生津快速，有回甘。

高温烘炒出现的"鱼子泡"

黄茶常见"鱼子泡"，而"鱼子泡"一般用来形容黄茶干茶的外形。由于多数黄茶要求高火香，所以在干燥时会进行高温烘炒。而"鱼子泡"便是指茶叶因高温而有烫斑，这个烫斑的大小如鱼子大小。

海马宫茶

产地：贵州省毕节市大方县竹园彝族苗族乡海马宫乡一带。

海马宫茶大约创制于乾隆年间。海马宫茶园三面临山，一面通向河谷，海拔高达1500米，山高云浓，溪水纵横，年均气温13℃左右，为贵州省温度较低而湿度较高的茶区。然而茶园三面环山却构成一幅天然屏障，阻挡着寒冷空气的侵袭，再加上境内植被茂密，形成条件独特的小气候，而且海马宫茶园成土母质为砂页岩，土质疏松，钾元素含量丰富，适于茶树生长。海马宫茶的"闷黄"是把茶叶揉捻成小团再用白布包好放在盆内沤堆而黄变的。

绿茶

黄茶

新制红茶

纤细紧结，黄绿发灰

蜷曲紧结，黄绿发灰

扁似竹叶，翠绿油润

淡绿通透

黄绿明亮

金黄浓郁

嫩绿匀整

嫩黄匀整

红褐匀整

（识）海马宫茶外形蜷曲，比较重实，色泽墨绿，带有黄色。细闻有天然清香。

（泡）最宜使用盖碗冲泡，水温95℃，下投法冲泡。置茶量约为主泡器的1/4。第一泡5秒左右出汤，可以泡7泡，以后每泡增加2~10秒出汤。

（品）冲泡后，汤色黄汤明亮，香气清悦，通透高扬。滋味醇和鲜爽、回甘好。叶底芽叶肥壮、匀整，黄色鲜亮。

茶的特征

[外形] 蜷曲重实

[色泽] 墨绿带黄

[汤色] 清澈明亮

[香气] 清悦高扬

[滋味] 醇和鲜爽

[叶底] 鲜黄肥壮

- 主泡器的 1/4
- 95℃
- 第一泡5秒

中国古茶树之乡

毕节是个产茶历史悠久的地方，毕节的七星关区拥有着得天独厚的自然资源和生态环境，保存着贵州面积最广的古茶园、古茶树。据《华阳国志》《茶经》等有关资料记载，早在秦汉时期的平夷县（今七星关区一带）就种植、制作、饮用茶叶，清代还出产了著名的"太极贡茶"，茶叶独具特色，品质极佳。在亮岩镇太极村周边，尚存具有价值的古茶树近7万株，"太极古茶"因此得名。2016年4月，贵州省茶叶流通协会授予亮岩镇"贵州古茶树之乡"称号，同年8月，中国茶叶流通协会授予七星关区"中国古茶树之乡"称号。而毕节竹园乡的海马宫村，名字是彝语"合莫谷"的谐音，它的茶叶史也很了不起：明代奢香夫人以海马宫茶上贡明太祖朱元璋，得到赞誉，也间接促进了黔中驿道的开发。

123

青茶（乌龙茶）

青茶（乌龙茶）的工艺与产地分类

乌龙茶是所有茶类中工艺最复杂、品种最繁多、产地最多元的一种茶类，是非常神奇和迷人的。同时，这也决定了乌龙茶的价格波动最为剧烈。

乌龙茶的制作工艺

乌龙茶制作有一项特殊的工序——"摇青"，对乌龙茶的走水（即通过摇青，乌龙茶梗和叶脉中的水分加速输送到叶面，再从叶面挥发掉）有很重要的影响，也决定着乌龙茶的香气和内质。不同的摇青手法、力度、天气、工艺（人工还是机械），都会令乌龙茶的香气千变万化，难以描摹。乌龙茶因为是灌木丛栽，人们习惯称之为"丛"或"从"。按照历史记载，光是"有名有姓"、品质可以单独成为一类的"名丛"，就有800余种。

乌龙茶的产地分类

乌龙茶产地最出名的是闽北产区武夷山，福建省武夷山市所辖行政范围内所产的乌龙茶都可以算作"武夷岩茶*"。但是传统上，人们习惯对这个大产区再进行小产地的区分，即正岩茶、半岩茶、洲茶。正岩，主要指三坑两涧区域和核心区的其他名岩；半岩，主要指武夷山风景区内，除核心景区外周边的岩石山场；洲茶，主要指武夷山风景区内，正岩、半岩区域之外的黄壤土茶地及河州、溪畔冲积土茶地等所产的武夷乌龙茶。闽南也产乌龙茶，大名鼎鼎的安溪铁观音即产于此。广东出产的乌龙茶品质很好，但是香气和福建乌龙又有很大区别，代表名茶为凤凰单丛，香气曼妙，有桂枝香、通天香、姜母香、芝兰香、鸭屎香等复杂的香型。我国台湾省出产的乌龙茶很符合大众的品饮需求，香气清雅，茶汤鲜爽，而且台湾省高山乌龙茶往往有"冷香"，品质非常出众。

*武夷岩茶：本书该茶产区参考《地理标志产品 武夷岩茶》（GB/T 18745-2006）。

闽北乌龙

大红袍

产地（原产地）：福建省武夷山九龙窠。

大红袍作为"四大名丛"之首，因其早春茶芽萌发时，远望茶树，霞光尽染，通红如火，似披红袍，故名。通常市面上有两种大红袍：正袍和商品袍。正袍指从母树大红袍上的剪枝无性繁殖的茶树，无所谓代系，理论上和母树是没有优劣之分的。商品袍是指各种岩茶拼成的茶。事实上，这在商业运作角度来说是可以理解的。因为即使是同一个茶厂，也不可能保证它生产出来的茶口味性状完全一样。

茶的特征

[外形]条索紧结壮实

[色泽]乌褐鲜润　[汤色]橙红清澈

[香气]高扬馥郁　[滋味]甘泽清醇

[叶底]边红中绿

 主泡器的 1/4　100℃　第一泡即泡即出汤

识 大红袍是茶中王者，外形褐润发乌，条索紧结壮实。

泡 适宜使用白瓷盖碗和紫砂壶冲泡，水温100℃，高冲低斟，置茶量约为主泡器的1/4，第一泡即泡即出汤。

品 冲泡后，香气高扬馥郁，兰花香和其他花蜜香的复合香型高雅复杂，细锐持久。茶汤红橙，通透清澈。滋味醇厚顺滑，岩韵明显。叶底绿中有红色色块，闻之仍有香气。

母树大红袍的传说

武夷山九龙窠那几棵被石头围起来的大红袍，声名赫赫。在历史上，它们属于天心寺的庙产之一。天心寺的僧人为了保护树种，也为了让同样优秀的茶树扬名，他们把真正的大红袍称之为"正本"，对外不再宣说；而把现在人们看到的母树大红袍称之为"副本"，让它成为大红袍的一个"替身"。据说正本的大红袍早已枯死，现在的大红袍实际上是几个不同的品种。

武夷肉桂

产地（原产地）：福建省武夷山马枕峰及慧苑。

武夷肉桂，亦称玉桂，由于它的香气滋味好似桂皮香，所以习惯上称之为"肉桂"。据《崇安县新志》载，在清代就有其名。现今市面上知名的肉桂多产自马头岩、牛栏坑、水帘洞、三仰峰等地，因为是高香品种，近几年深得茶客喜爱，正在被大力推广种植。

茶的特征

[外形]条索紧结弯曲

[色泽]绿褐有光泽，白霜斑驳

[汤色]金黄蜜色带橙　[香气]辛锐持久

[滋味]醇厚回甘　[叶底]绿润，红边不显

主泡器的1/4　100℃　第一泡2~5秒

（识）肉桂干茶绿褐有光泽，白霜斑驳，条索紧结弯曲，稍瘦；闻有焦香。

（泡）可以使用白瓷盖碗和紫砂壶冲泡。水温100℃，置茶量约为主泡器的1/4，高冲快出汤，第一泡冲泡2~5秒。每1泡的水温都要足够，才有利于香气发散。

（品）冲泡后，汤色金黄蜜色带橙；香气馥郁萦绕，辛香明显，岩韵稍弱。其实在杯底，肉桂的香会变成淡淡的乳香，而又和真正的牛乳味道不太一样。耐冲泡，10泡仍有余香；冷杯有花香略带火气，回甘好。叶底绿润，红边不显、边缘破碎少；部分叶片现黑色或者褐色色块；有明显的肉桂香气混兰花香。

肉桂的天然真味

清末才子蒋蘅曾以拟人化的手法写过一篇《晚甘侯传》，来歌颂武夷茶的美妙。一次蒋蘅受邀品鉴蟠龙岩主的新茶。蒋蘅接过茶盅，一股天然的岩香扑鼻而来。蒋蘅认为这种茶有明显的肉桂香味，而且带有乳味，香气醇郁，遂以其品质命名，即为肉桂。他在写《茶歌》时还不忘吟诵肉桂的特殊品质："奇种天然真味存，木瓜微酽桂微辛。何当更续歌新谱，雨甲冰芽次第论"。

武夷水仙

产地：福建省武夷山。

武夷水仙所用的水仙种，发源于建州瓯宁县（建阳）小湖乡大湖村的严义山祝仙洞。当地"祝""水"同音，加上香气如水仙花般的美妙，故而演化为今名——水仙。武夷水仙有着光辉的历史，清光绪年间产销量曾达500吨以上，畅销福建、广东以及东南亚等地区。

茶的特征

[外形]条索紧结弯曲

[色泽]红褐有光泽，带霜

[汤色]橙黄清澈　[香气]馥郁沉厚

[滋味]甘滑清爽　[叶底]肥厚软亮

主泡器的1/4　100℃　第一泡2~5秒

识　武夷水仙干茶红褐有光泽，带霜，有的有"三节色"，条索紧结弯曲，闻有焦香。

泡　可以使用白瓷盖碗或者紫砂壶冲泡，水温100℃左右，置茶量约为主泡器的1/4，第一泡冲泡2~5秒。

品　冲泡后，汤色橙黄清澈；香气馥郁萦绕，沉厚，火香和花香有层次感，内质感较好；岩韵显，茶汤略薄，口感顺滑、回甘快；较耐冲泡；冷杯有花香带火气。叶底绿润，叶背、叶脉、叶边缘都可见明显红边，匀净齐整；边缘破碎少；叶片肥厚，香气幽沉雅正。

水仙茶树扦插"压折法"

水仙茶树是不容易扦插的，后来偶然墙倒压折枝条，另外生根，人们才学会了压折法来繁殖水仙茶树。这里有个问题，如果是母树上直接插扦等繁殖的是不是就是第二代茶树呢？实际上如果茶树是无性繁殖的，那么其实性状应该是一致的，无所谓几代。

武夷岩茶的分类与命名

按照《地理标志产品 武夷岩茶》（GB/T 18745-2006）中5.1条款来说，武夷岩茶产品分为大红袍、名丛、肉桂、水仙和奇种。大红袍本来是名丛系列的一种，但因为其知名度最高，加上商品类大红袍考究的拼配工艺，故单独列出一个系列；肉桂是武夷山传统茶叶品种，武夷岩茶的当家品种之一；水仙本来是外来品种，但现在也是武夷岩茶的当家品种之一；名丛指的是从"菜茶"*品种中经过长期选育而成，自然品质优异，具有典型的岩茶岩韵特征并且有命名的茶树单丛；奇种是武夷山野生茶叶树种，是没有历史命名的，就是武夷"菜茶"。

岩茶的焙火工艺

岩茶是需要焙火的。焙火的目的最主要是稳定茶叶品质，固化和增加香气层次，改善茶叶的香气、滋味，去除菁臭味及减轻涩味，增进熟感，使茶汤芳香甘润；此外，可以降低茶叶含水率，使茶叶外形逐渐紧结，水分慢慢消散而干燥，在保存中让茶较慢氧化，使其易于保存。总而言之，利用制作过程中的热性改变茶叶的性质，提高了茶叶的品质。目前，武夷岩茶的烘焙方式主要有传统木炭炭焙、使用焙茶机或电焙笼等方式。从穿透性上来说，炭焙是最好的，成茶乌润有光，陈茶品质易于稳定，且容易产生白霜，都是品质比较好的表现。

武夷岩茶的"岩韵"

乾隆皇帝在《冬夜烹茶》中说道："就中武夷品最佳，气味清和兼骨鲠。"岩茶为什么这么好喝？因为它的香气不是一味的香，口感也不是一味的重，而是香蕴于水，有根底，有骨有肉地立在那里，这"骨鲠"二字形容得非常恰当。如果说这两个字大巧若拙，很难理解，那么"香、清、甘、活"就比较通俗了。香：不管是火香、花香、果香、乳香、花果香，还是品种香、地域香等，干茶、茶汤、叶底都会带有浓郁香气，这是最诱人的；清：茶汤质感清澈透亮，汤感顺滑，层次感分明；甘：回甘快而强，在舌根和喉部会有甘甜、滋润之感，并伴有生津；活：每泡茶物之间不一样，有灵动的变化，令人着迷回味。且这几个字的顺序不可变。为什么？这是按照饮用的感官认知顺序来的：一定是先闻到香气，再有视觉、味觉的综合递进，最后是大脑对综合信息的一个分析和认知，留下最后的认可。而"活"这个状态应是对一泡好岩茶的终极评价。

*"菜茶"是武夷岩茶有性繁殖茶树群体品种的俗称。意思是这些茶就像门前门后所种的青菜一样普通，只供人们日常饮用。

武夷雀舌

产地（原产地）：福建省武夷山九龙窠。

武夷雀舌是从大红袍第一丛母株的有性繁殖后代中选育而成的，经过试种推广，还有较大栽培面积。但是因茶树、叶片相对其他武夷岩茶品种要小，产量也比较低，所以雀舌市场价格比较高，是岩茶类中风味独特、价格较贵的小品种之一。

茶的特征

[**外形**]条索紧结，带白霜点

[**色泽**]乌褐　[**汤色**]金黄厚重

[**香气**]醇远绵长　[**滋味**]柔和丰满

[**叶底**]红斑块然，边缘锯齿明显

主泡器的 1/4　100℃　第一泡 2~5 秒

识 武夷雀舌干茶条索紧结，色乌褐，带白霜点，形秀隽，均匀完整，宛如雀舌，在草叶香中仍有火香飘出。

泡 可以使用白瓷盖碗或者紫砂壶冲泡，水温100℃，置茶量约为主泡器的1/4，第一泡冲泡2~5秒。

品 冲泡后，汤色金黄厚重，气泡宛如浮在琥珀之中。滋味柔和丰满，香气为复合香气，醇远绵长，岩韵明显。叶底有红斑，边缘锯齿明显，壶中冷香自然。

岩茶中的"雀舌"

茶里的雀舌，多为绿茶名。例如，金坛雀舌，嫩如小舌，又如笋枪，颗颗直立于水中，茶汤青绿香飘散。而武夷雀舌，是乌龙茶里的雀舌。武夷岩茶"雀舌"，一样因叶片外形而得名，其叶片长得像小鸟的舌头，属于小叶茶，特晚生种。

金观音

产地：福建省武夷山风景区一带。

金观音是福建省茶科所从黄旦（商品名称为黄金桂）与铁观音杂交后代中选育而成的无性系新良种，遗传性状偏向母本铁观音，也叫"茗科1号"，俗名"黑旦"。小乔木型，中叶茶。制成乌龙茶以"形重如铁、美似观音"的品质特征而享誉海内外。

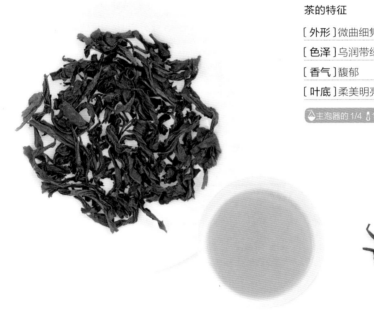

茶的特征

[外形]微曲细隽

[色泽]乌润带绿　[汤色]金黄清澈

[香气]馥郁　　　[滋味]甘甜香醇

[叶底]柔美明亮，弹性好

主泡器的 1/4　100℃　第一泡2~5秒

识 金观音制作的乌龙茶，外形色泽乌润带绿、重实，微曲细隽。

泡 冲泡最宜使用白瓷盖碗，也可使用紫砂壶。水温100℃左右，置茶量约为主泡器的1/4，第一泡2~5秒出汤，以后每泡酌情增加浸泡时间。

品 冲泡后，汤色金黄明亮，清澈通透，第一、第二泡呈现浓郁的花香，后面几泡逐渐转为果香（水蜜桃香）且略有果酸味，水路甘甜。叶底弹性好，柔美明亮，留香持久馥郁。

岩茶的"代号"

福建省茶科所在选育品质突出的茶树新品种时，为了便于记录和比对，给品系试验区标上区号，在国家审定品种前，以编号代称，经审定后，再给以标准品种名。常见的培育品种的编号对应的树种为：金观音（204）、黄观音（105）、金牡丹（220）、春兰（301）、丹桂（304）黄玫瑰（506）、金锁匙（3）等。

黄观音

产地：福建省武夷山风景区一带。

黄观音是铁观音与黄旦的杂交后代，铁观音为母本，黄旦为父本。育种编号105，国家级茶树良种，由福建省农业科学院茶业研究所育成。

茶的特征

[外形] 紧结匀整　[色泽] 绿褐油润

[汤色] 橙黄通透　[香气] 馥郁饱满

[滋味] 醇和有韵　[叶底] 水润油亮

识 黄观音干茶条索紧结，色泽绿褐油润，有焙火气，细闻有淡淡的兰花香。

泡 可以使用盖碗或者造型高而圆润的紫砂壶冲泡，置茶量为主泡器的1/4~1/3，水温95~100℃，下投法冲泡。无需洗茶，第一泡到第五泡均可以2~10秒出汤，之后增加浸泡时间，可以泡9泡。

品 黄观音的特点是高香，香气馥郁芬芳，茶汤有兰花香、柚花香和水果类香气交织的丰富感。汤色橙黄明亮，入口醇而顺滑，舌底有甘，略有甜味，较耐冲泡。

正蔷薇

产地：福建省武夷山风景区一带。

正蔷薇是武夷岩茶中的小品种，茶汤香气类似蔷薇花香，含蓄、妩媚、飘摇。武夷岩茶的花名，皆是写意，正蔷薇的名字正合蔷薇飘摇妩媚的心性。

茶的特征

[外形] 紧结匀整　[色泽] 棕褐油润

[汤色] 橙黄通透　[香气] 花香弥散

[滋味] 醇和有韵　[叶底] 棕红油亮

识 正蔷薇干茶匀整，条索蜷曲，较为肥壮。

泡 可以使用盖碗或者造型高而圆润的紫砂壶冲泡，置茶量为主泡器的1/4~1/3，水温95~100℃，下投法冲泡。无需洗茶，第一泡到第五泡均可以2~10秒出汤，之后增加浸泡时间，可以泡8泡。

品 冲泡后，茶汤香气弥散性好，往往近处并不觉得，可是远处却能闻到明显的类似野蔷薇的香气，含蓄中又有妩媚、飘摇的韵味；茶汤色泽黄橙，通透醇和。

武夷北斗

产地： 福建省武夷山风景区一带。

北斗产自福建省武夷山北斗峰，加上市面上一直认为北斗是真正的大红袍种，如天上的北斗般指引方向，故名"北斗1号"，简称"北斗"。北斗现在是非常珍贵的武夷名丛之一。

茶的特征

[**外形**]条索紧结　[**色泽**]乌褐

[**汤色**]橙黄明亮　[**香气**]细幽柔长

[**滋味**]厚重，回甘持久

[**叶底**]软亮，红边显

主泡器的1/4　95~100℃　第一泡2~5秒

识　北斗干茶条索紧结，色泽乌褐。

泡　最宜使用白瓷盖碗冲泡，水温95~100℃，置茶量约为主泡器的1/4，第一泡冲泡2~5秒。

品　冲泡后，香气细幽柔长，茶汤橙黄明亮，滋味厚重，回甘持久，岩韵显。叶底软亮，红边明显。

北斗与大红袍的关系

老茶人姚月明从大红袍母本上剪了几根长穗，扦插在实验场办公室后面，有两棵存活了下来。后来这两棵珍贵茶苗不幸被拔除。姚月明曾被迫离开茶叶实验室，但他仍坚持培育大红袍，曾三次上北斗峰剪大红袍苗穗。培育出来后，沿用吴觉农先生当初的命名"北斗1号"。但据说北斗与现存几棵母树大红袍比对，性状均不同。

武夷佛手

产地：福建省武夷山风景区一带。

武夷岩茶"佛手"，叶大，长得像小孩子的手掌，故名；因带有近似雪梨般的香气，武夷山茶人也称之为"雪梨"。武夷佛手是一款非常独特的名丛，也是不常见的小品种茶。

茶的特征

[外形] 肥壮粗实

[色泽] 褐中泛绿　[汤色] 橙黄泛红

[香气] 梨香或焦糖香气

[滋味] 浓厚甘润

[叶底] 粗大黄亮，红边鲜艳

主泡器的 1/4　100℃　第一泡2~5秒

识 武夷佛手外形肥壮而较粗实，状似春蚕。色泽褐中泛绿，叶背砂粒明显，有明显的雪梨香。

泡 最宜使用白瓷盖碗冲泡，水温100℃，置茶量约为主泡器的1/4，第一泡冲泡2~5秒。

品 冲泡后，滋味浓厚甘润，有梨子香气或者焦糖般的香气，汤色深橙黄而泛红。叶底粗大黄亮，红边鲜艳。

武夷山与御茶园

五代时，在建安府（今建瓯市）设北苑御茶园，制作贡茶。宋代延续此风，先后制造小龙团、密云龙团和龙凤茶等。元朝放弃了北苑御茶园，而在武夷四曲卧龙潭溪水南岸建立了新的御茶园。明朝建立后，延续了元朝的御茶园，但是到了嘉靖年间，茶农再也不堪承受盘剥之苦，纷纷逃离，这个御茶园也终于荒废。

武夷奇兰

产地： 福建省武夷山风景区一带。

奇兰是武夷山于20世纪90年代从闽南平和引进的品种，也有说是从广东引进的。经过20余年的培育演变成武夷山茶种，再按武夷山岩茶的工艺进行制作，形成了与其他地方不同的风味。属高山乌龙茶，因为带有馥郁的兰花香，故而有了这样好听的名字。

茶的特征

[外形] 条索紧结

[色泽] 乌润带绿

[汤色] 黄橙清亮　[香气] 浓郁兰香

[滋味] 滑爽甘甜　[叶底] 有红色斑块

主泡器的1/4　95~100℃　第一泡2~5秒

识　武夷奇兰外形紧结，色泽乌润带绿。

泡　最宜使用白瓷盖碗冲泡，水温95~100℃，置茶量约为主泡器的1/4，第一泡冲泡2~5秒。

品　冲泡后，汤色黄橙清亮，兰花香气浓郁，带着灵动，绵长不绝；滋味滑爽，甘甜殊异。叶底带红色斑块，较耐冲泡。

奇兰茶树品质的稳定性

奇兰茶树品种稳定，扦插繁殖之后，新生茶树和母树的性状无异，制成茶后品质稳定。即使多次繁殖，种植时间几十年，奇兰仍然能保持非常稳定的品质而不产生退化；故而茶农们对奇兰品种非常放心，形象地比喻奇兰不背叛祖宗，故而称"奇兰不背祖"。

丹桂

产地：福建省武夷山风景区一带。

丹桂是从武夷肉桂的天然杂交后代中，采用单株选种法育成的乌龙茶与绿茶兼制新品种，育种编号304,父本肉桂,母本奇丹。1998年2月，通过福建省农作物品种审定委员会审定，成为省级优良品种。

茶的特征

[外形] 紧结匀整　[色泽] 棕褐间绿

[汤色] 橙黄带红　[香气] 馥郁饱满

[滋味] 略苦有韵　[叶底] 绿褐柔软

🔍 丹桂干茶条索紧结，棕褐间绿，带有白霜，深嗅具果糖香。

🫖 使用盖碗或者造型高而圆润的紫砂壶冲泡，置茶量为主泡器的1/5~1/4，水温95~100℃，下投法冲泡，无需洗茶。第一泡到第五泡均可以2~5秒出汤，之后增加浸泡时间，可以泡9泡。

🍵 丹桂适宜中焙火，香气令人倍感舒服。茶汤颜色较同等焙火程度的岩茶为重，且色泽带有红韵。口感上苦味甚重，如果重泡，其苦味之尾韵甚像黄连，回甘好，韵味强。

不见天

产地：福建省武夷山风景区一带。

不见天得名和生长环境有关，原产九龙窠九龙涧峡谷凹处，一共8株老树，高处第三丛为正丛。峡谷里常年阴冷无光，故茶叶薄而多黄，看似黄片而不是，在同等焙火程度下，茶汤比起其他岩茶汤色浅。

茶的特征

[外形] 紧结匀整　[色泽] 棕褐油润

[汤色] 橙黄通透　[香气] 馥郁饱满

[滋味] 清冽秀美　[叶底] 棕红油亮

🔍 不见天干茶非常好闻，有非常浓郁的枣花香气。

🫖 可以使用盖碗或者造型高而圆润的紫砂壶冲泡，置茶量为主泡器的1/4~1/3，水温95~100℃，下投法冲泡，无需洗茶。第一泡到第五泡均可以2~10秒出汤，之后增加浸泡时间，可以泡9泡。

🍵 茶汤清冽秀美，骨韵在细腻和坚韧中变幻。可以感受出不见天这种茶，生长之地属于阴，而焙火之功属于阳，阴阳的平衡在茶汤中体现得近乎完美。

百瑞香

产地： 福建省武夷山风景区一带。

岩茶百瑞香，也有叫白瑞香的，大约创制于20世纪初。也有说岩茶百岁香也是此茶的，大抵不对。百岁香创制于宋末，有近似白桃般的香气，百瑞香却不同。最早的百瑞香茶树，传说出自慧苑坑。成品茶有类似瑞香花的感觉。

茶的特征

[外形] 紧结细长　[色泽] 乌褐油润

[汤色] 棕红通透　[香气] 高妙变化

[滋味] 顺滑回甘　[叶底] 棕褐带绿

🔵识 百瑞香干茶的香气开始很像肉桂，再闻，却是肉桂和铁罗汉的混合味道。

🔵泡 可以使用盖碗或者造型高而圆润的紫砂壶，置茶量为主泡器的1/4~1/3，水温95~100℃，下投法冲泡，无需洗茶。第一泡到第五泡均可以2~10秒出汤，之后增加浸泡时间，可以泡9泡。

🔵品 冲泡后，茶汤开始是浓郁的火香，慢慢演变成药香，再后来是类似干枣烤过的香气。汤感不是厚重类型的，韵味略微薄一些，但是顺滑，适口性强。

百岁香

产地： 福建省武夷山风景区一带。

武夷老茶人罗盛财的《武夷岩茶名丛录》里有记载：百岁香，原产慧苑岩，岩壁上刻有"百岁香"三字，古时单独垒石壁壅土栽种。母株年久，长势旺盛。独特小环境赋予坑窠涧茶内敛的个性，茶叶韵味深厚绵长，非常符合百岁香这个名字。

茶的特征

[外形] 紧结匀整　[色泽] 棕褐油润

[汤色] 橙黄通透　[香气] 缠绵深厚

[滋味] 醇和有韵　[叶底] 绿褐油亮

🔵识 百岁香干茶条索紧结，色泽要深沉一些，不透绿色，棕褐为主，有焙火气，细闻有淡淡花香。

🔵泡 冲泡可以使用盖碗或者造型高而圆润的紫砂壶，置茶量为主泡器的1/4~1/3，水温95~100℃，下投法冲泡，无需洗茶。第一泡到第五泡均可以2~10秒出汤，之后增加浸泡时间，可以泡9泡。

🔵品 冲泡后，香味不浓烈，却缠绵深厚，很难描摹，难以比拟，却能感到抚慰心灵的睿智。汤感深沉，每泡之间非常平衡，绵长韵厚。

大红梅

产地：福建省武夷山风景区一带。

大红梅原树生长在武夷山九龙窠十八寨。在武夷民间一直流传着一个说法，就是大红梅才是真正的大红袍母树。说的是当时人们为了保护"正大红袍"，以防随意采摘，而将真正的大红袍母树改称为"大红梅"，以混淆真假，起到更好的保护作用。实际此说法从逻辑上不成立，但能反映出人们对大红梅优异品质的珍视。

茶的特征

[外形] 紧结匀整

[色泽] 棕褐油润

[汤色] 橙黄明亮　[香气] 馥郁多变

[滋味] 清醇甘爽　[叶底] 棕红油亮

主泡器的 1/4~1/3　95~100℃

第一泡2~10秒

（识）大红梅的干茶色泽铁青带褐而油润，香气清亮锐长，带有近似青梅的酸味。

（泡）可以使用盖碗或者造型高而圆润的紫砂壶冲泡，置茶量为主泡的1/4~1/3，水温95~100℃，下投法冲泡，无需洗茶。第一泡到第五泡均可以2~10秒出汤，之后增加浸泡时间，可以泡7泡。

（品）大红梅香气馥郁，奇幻多变。第一泡香气还不是很清晰，和干茶香气类似，有水蜜桃般的香气；第二泡香气高扬了一些，有淡淡的桂花香；第三泡有桂花和兰花混合的香气；第四泡开始，有和奇丹近似的香气，如同梅花和瓜叶菊混合的甜香。到了第七泡，香气低微，水味就比较明显了。但是不管哪一泡，大红梅的茶汤滋味都是清醇而甘爽的，岩韵细腻，汤色橙黄明亮。叶底柔软匀齐，绿叶红镶边明显。

吊金钟

产地：福建省武夷山风景区一带。

吊金钟是小品种岩茶。正岩吊金钟母树据说是以茶树形态来命名的，想来，这棵茶树的外形是上部略小、下部略大，呈现钟形，必定是感觉很稳当、"正气巍然"的一棵树。

茶的特征

[外形]紧结匀整　[色泽]乌黑带霜

[汤色]橙黄通透　[香气]馥郁饱满

[滋味]醇和有韵　[叶底]棕褐柔软

识 吊金钟干茶条索紧结，乌黑肥壮，带有白霜，深嗅具花果香。

泡 可以使用盖碗或者造型高而圆润的紫砂壶冲泡，置茶量为主泡器的1/4~1/3，水温95~100℃，下投法冲泡，无需洗茶。第一泡到第五泡均可以2~10秒出汤，之后增加浸泡时间，可以泡9泡。

品 吊金钟的茶汤入口是四平八稳的阳气冲和，传统而深沉、浑厚而悠扬的美。韵味持久，口腔感觉萦绕弥散，活泼但不失厚重。

过山龙

产地：福建省武夷山风景区一带。

过山龙是传统武夷山800名丛之一，产于武夷山宝国岩和内鬼洞。据说有一年在制作此茶时，香气馥郁，花香袭人，引来一条巨蟒盘于茶青间，久久不去，此茶最终得名"过山龙"。

茶的特征

[外形]紧结匀整　[色泽]褐绿油润

[汤色]橙黄明亮　[香气]蜜香浓郁

[滋味]清爽适口　[叶底]棕褐柔软

识 过山龙干茶色泽褐绿油润，细闻有桂花香，香气细而长。

泡 可以使用盖碗或者造型高而圆润的紫砂壶冲泡，置茶量为主泡器的1/4~1/3，水温95~100℃，下投法冲泡，无需洗茶。第一泡到第五泡均可以2~10秒出汤，之后增加浸泡时间，可以泡9泡。

品 过山龙茶汤滋味清爽适口，岩韵显，汤色橙黄明亮。香气整体属于蜜香，只是混杂有海风之气，近似于人们所说的"丛味"。

黄玫瑰

产地：福建省武夷山风景区一带。

黄玫瑰是黄观音和黄旦杂交的后代，成茶有独特的玫瑰香，馥郁清长。黄玫瑰在制茶过程中，加工难度大，火功需极其讲究，非炭焙不行，并且对炭种挑剔，以免炭气干扰茶香。

茶的特征

[外形] 紧结重实　[色泽] 乌褐油润

[汤色] 橙黄通透　[香气] 玫瑰花香

[滋味] 顺滑有韵　[叶底] 棕褐柔软

识 黄玫瑰干茶色泽乌褐油润，细闻有玫瑰花香，混合淡淡的焙火气。

泡 可以使用盖碗或者造型高而圆润的紫砂壶冲泡，置茶量为主泡器的1/4~1/3，水温95~100℃，下投法冲泡，无需洗茶。第一泡到第五泡均可以2~10秒出汤，之后增加浸泡时间，可以泡8泡。

品 黄玫瑰茶汤的香气特征明显，如湿润雨后玫瑰花园般芬芳的味道。茶汤顺滑，杯底冷香细腻，余香袅袅，回味悠长。

矮脚乌龙

产地：福建省武夷山风景区一带。

矮脚乌龙又叫小叶乌龙，植株矮小，树姿开张，分枝较稀，枝条脆，叶片呈水平状着生。从建瓯移栽到武夷山，是分布较广、产量不错的武夷岩茶，后传到台湾省，就是台湾省的青心乌龙，品质依然优异。

茶的特征

[外形] 紧结粗壮　[色泽] 乌褐油润

[汤色] 棕红通透　[香气] 谷物焦香

[滋味] 顺滑平稳　[叶底] 棕褐带绿

识 矮脚乌龙干茶色泽乌褐油润，紧结粗壮，细闻有如炒焦的谷物，混合焙火气。

泡 可以使用盖碗或者造型高而圆润的紫砂壶冲泡，置茶量为主泡器的1/4~1/3，水温95~100℃，下投法冲泡，无需洗茶。第一泡到第五泡均可以2~10秒出汤，之后增加浸泡时间，可以泡8泡。

品 矮脚乌龙香气类似于焦米香，混合玉米叶般的香气。茶汤顺滑，岩韵足，平衡性好，有一种四平八稳的"纯正"味道。

金锁匙

产地： 福建省武夷山风景区一带。

金锁匙原产武夷山佛国岩，一说原产武夷宫山前村，但武夷山并无叫此名的村庄。据说金锁匙得名于生长环境。但佛国岩和弥陀岩未见茶场名字和钥匙有关，抑或是地形类似于钥匙形状，具体未知。

茶的特征

[外形] 紧结匀整　[色泽] 莹莹宝色

[汤色] 橙红通透　[香气] 高扬交织

[滋味] 醇厚回甘　[叶底] 棕红油亮

(识) 金锁匙干茶莹莹带有宝色，也有一些呈现蜷曲青灰的条索。闻起来香气隐忍，并不十分突出。

(泡) 可以使用盖碗或者造型高而圆润的紫砂壶冲泡，置茶量为主泡器的1/4~1/3，水温95~100℃，下投法冲泡，无需洗茶。第一泡到第五泡均可以2~10秒出汤，之后增加浸泡时间，可以泡10泡。

(品) 金锁匙茶汤香气高扬，兰香等花香交织熟果香，但是带了一丝山野林间之气。滋味鲜爽，醇厚回甘，岩韵显。

老君眉

产地： 福建省武夷山风景区一带。

根据清代郭柏苍《闽产录》所载："老君眉叶长味郁，然多伪。"老君眉为清代名茶，原产靠近武夷山的光泽县乌君山，后被天心永乐禅寺引种武夷山九龙窠，亦有百年以上历史。

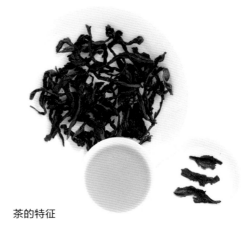

茶的特征

[外形] 紧结匀整　[色泽] 黑绿褐三色驳杂

[汤色] 橙黄通透　[香气] 浓郁持久

[滋味] 醇和有韵　[叶底] 棕红油亮

(识) 老君眉干茶条索紧细，一根条索上往往黑、绿、褐三色驳杂，称之为"三节色"，匀整度好。

(泡) 可以使用盖碗或者造型高而圆润的紫砂壶冲泡，置茶量为主泡器的1/4~1/3，水温95~100℃，下投法冲泡，无需洗茶。第一泡到第五泡均可以2~10秒出汤，之后增加浸泡时间，可以泡8泡。

(品) 老君眉茶汤香气浓郁持久，水中香气明显，滋味厚重，杯底留香，汤色橙黄，有浓郁的林木之气。整体香气沉郁，是一款深沉的好茶。

正太阳

产地：福建省武夷山风景区一带。

正太阳原产外鬼洞上部一圆形茶地，水沟从中间拐弯流下，恰似一条阴阳鱼的形状。左边上角处长一名丛即为正太阳，位置恰在阴鱼之眼，为至阳之茶。

茶的特征

[外形]蜷曲匀整　[色泽]乌褐油润

[汤色]橙红通透　[香气]刚烈细腻

[滋味]醇厚　　　[叶底]棕红油亮

识 正太阳干茶匀整，条索蜷曲，较为肥壮。细闻干茶的香气，强烈明显，有磅礴而执拗的感觉。

泡 可以使用盖碗或者造型高而圆润的紫砂壶冲泡，置茶量为主泡器的1/4~1/3，水温95~100℃，下投法冲泡，无需洗茶。第一泡到第五泡均可以2~10秒出汤，之后增加浸泡时间，可以泡8泡。

品 正太阳茶汤色泽黄中带红，通透醇厚。香气刚烈，在口腔里挺立、不驯，然而后续几泡逐渐平和，有一丝阴柔细腻之美。

正太阴

产地：福建省武夷山风景区一带。

正太阴原产外鬼洞上部一圆形茶地，水沟从中间拐弯流下，恰似一条阴阳鱼的形状。右边下角处长一名丛即为正太阴，位置恰在阳鱼之眼，为至阴之茶。

茶的特征

[外形]紧结匀整　[色泽]乌褐油润

[汤色]橙红通透　[香气]幽然持久

[滋味]凝重　　　[叶底]棕红油亮

识 正太阴的干茶紧致柔美，条索均匀油亮，呈乌褐色。

泡 可以使用盖碗或者造型高而圆润的紫砂壶冲泡，置茶量为主泡器的1/4~1/3，水温95~100℃，下投法冲泡，无需洗茶。第一泡到第五泡均可以2~10秒出汤，之后增加浸泡时间，可以泡8泡。

品 正太阴汤感水香内敛，细腻有果香。汤味凝重，耐泡软滑，喉韵岩韵强烈。最妙的是它的香气如桂花般幽然，穿透力极强，幽香阵阵。

紫龙袍

产地： 福建省武夷山风景区一带。

紫龙袍是从武夷大红袍副株的自然杂交后代中，经系统选育而成的一个高产优质乌龙茶新品系，在武夷山茶科所的编号是303。因为紫龙袍是大红袍的后代衍生茶品种，它也被叫作"紫红袍"，另有一名"九龙袍"。紫龙袍中茶多酚含量高于其他武夷岩茶，茶多酚是形成茶叶色香味的主要成分，也是茶叶中有保健功能的主要成分，这可以看出紫龙袍的品质优势。

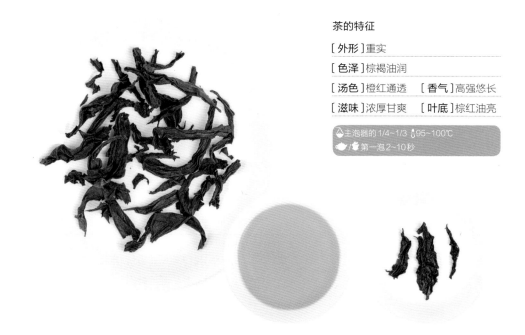

茶的特征

[外形] 重实

[色泽] 棕褐油润

[汤色] 橙红通透　　[香气] 高强悠长

[滋味] 浓厚甘爽　　[叶底] 棕红油亮

主泡器的1/4~1/3　95~100℃

第一泡2~10秒

（识）紫龙袍外形重实，干茶的香气和大红袍非常接近，香气悠长，在火香之后有细腻的花香。

（泡）可以使用盖碗或者造型高而圆润的紫砂壶冲泡，置茶量为主泡器的1/4~1/3，水温95~100℃，下投法冲泡。无需洗茶。第一泡到第五泡均可以2~10秒出汤，之后增加浸泡时间，可以泡7泡。

（品）紫龙袍茶汤颜色相对较深，涩感不明显，有很好的平衡感，但不耐冲泡。

岩茶的5类香气

一是花香，如兰花香、梅花香、玫瑰花香、栀子花香等。二是果香，如雪梨香、水蜜桃香、佛手香，还有些类似蜂蜜的甜香，如甘蔗香。三是木质香，一些树龄老的茶树，会带着沉稳、温暖的木质香，往往出现在尾调上，回味悠长。四是焦糖香，一般出现在干茶中，以及第一冲的杯盖上。五是其他香，比如肉桂的桂皮香，或者某些茶岩石般的气味、皮革般的气味。

醉洞宾

产地：福建省武夷山风景区一带。

醉洞宾是武夷岩茶中的老名丛之一，来源说法纷乱复杂。传说为道家茶，以其茶树外形而得名。醉洞宾的茶意分为三段：满庭芳－醉花荫－三十六宫春。

茶的特征

[外形]重实，白霜明显

[色泽]棕褐油润　[汤色]橙红通透

[香气]悠长高扬　[滋味]醇厚醉人

[叶底]棕红油亮

识 醉洞宾外形重实，白霜明显，干茶的香气悠长，在火香之后有丰富的自然花果香。

泡 可以使用盖碗或者造型高而圆润的紫砂壶冲泡，置茶量为主泡器的1/4~1/3，水温95~100℃，下投法冲泡，无需洗茶。第一泡到第五泡均可以2~10秒出汤，之后增加浸泡时间，可以泡8泡。

品 "满庭芳"是指它香气高扬，遍布三千法界；"醉花荫"是指它芬芳醉人，如入百花园，醉倒花荫之下；"三十六宫春"是指醉倒非为酒，而是心之陶醉，只见三十六洞天、七十二福地满园皆春也。

醉西施

产地：福建省武夷山风景区一带。

醉西施是岩茶小品种茶，具体得名原因不可知。但是据说来源于李白《乌栖曲》里的诗句"姑苏台上乌栖时，吴王宫里醉西施"，表明茶汤令人陶醉的意境。

茶的特征

[外形]纤瘦无力

[色泽]棕褐油润　[汤色]橙黄通透

[香气]幽然持久　[滋味]醇和有韵

[叶底]棕红油亮

识 醉西施干茶并不出众，条索形状甚至显得瘦弱，不够有力，香气也不算明显。

泡 可以使用盖碗或者造型高而圆润的紫砂壶冲泡，置茶量为主泡器的1/4~1/3，水温95~100℃，下投法冲泡，无需洗茶。第一泡到第五泡均可以2~10秒出汤，之后增加浸泡时间，可以泡8泡。

品 醉西施的茶汤颜色偏橙黄，不像其他岩茶品种多偏橙红。香气幽然，虽然持久，但不算高扬活泼。

武夷金萱

产地：福建省武夷山风景区一带。

武夷金萱和南投金萱不同，南投金萱是硬枝红心和台湾省本土茶树再杂交的后代。而武夷金萱在碧水丹山之上，岩骨花香的风格是不变的。

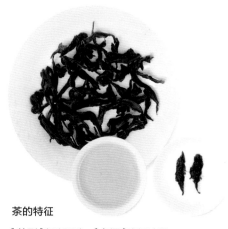

茶的特征

[外形]舒张沉稳　[色泽]青褐油润
[汤色]金黄透亮　[香气]幽然持久
[滋味]醇和有韵　[叶底]青绿红边

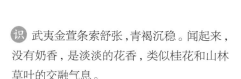

（识）武夷金萱条索舒张，青褐沉稳。闻起来，没有奶香，是淡淡的花香，类似桂花和山林草叶的交融气息。

（泡）可以使用盖碗或者造型高而圆润的紫砂壶冲泡，置茶量为主泡器的1/4~1/3，水温95~100℃，下投法冲泡，无需洗茶。第一泡到第五泡均可以2~10秒出汤，之后增加浸泡时间，可以泡8泡。

（品）开汤后火气不高，香气不辛锐，幽然持久。几泡过后，有淡淡的花蜜香混合粽叶香。茶汤是通透明亮的金，像传说中的金光贯地之感。叶底暗绿，偶有红色斑块。

千里香

产地：福建省武夷山风景区一带。

千里香是岩茶小品种，高香通透，故而得名，亦名"橙兰香"。有说千里香就是八仙的，但从口感上来说差异明显。

茶的特征

[外形]紧结匀整　[色泽]棕褐油润
[汤色]橙黄偏暗　[香气]馥郁饱满
[滋味]醇和有韵　[叶底]乌褐油润

（识）千里香偏中足火，干茶细闻香气很正，是那种火进入到茶叶中，不分彼此，交融交织的香。

（泡）可以使用盖碗或者造型高而圆润的紫砂壶冲泡，置茶量为主泡器的1/4~1/3，水温95~100℃，下投法冲泡，无需洗茶。第一泡到第五泡均可以2~10秒出汤，之后增加浸泡时间，可以泡8泡。

（品）第一泡茶叶的香靠火气发散，火香散发后，从第二泡开始，茶汤香气异常饱满，甚至有偾张感。独特的丰沛感，茶汤顺滑无比，汤感微涩但迅速回甘。

春兰

产地：福建省武夷山风景区一带。

春兰是1979年秋季，从福建茶科所茶树品种园采收的安溪铁观音自然杂交后代中，经系统选育而成的无性系乌龙茶新品种，因茶汤香气类似春兰而得名。

茶的特征

[外形]紧结匀整　[色泽]深褐乌润

[汤色]橙黄通透　[香气]细腻悠久

[滋味]醇和有韵　[叶底]乌褐油润

识 春兰干茶深褐乌润，品种香气倒不十分明显。亦有见偏轻火的，干茶香气为花香。

泡 可以使用盖碗或者造型高而圆润的紫砂壶冲泡，置茶量为主泡器的1/4~1/3，水温95~100℃，下投法冲泡，无需洗茶。第一泡到第五泡均可以2~10秒出汤，之后增加浸泡时间，可以泡8泡。

品 春兰的茶汤香气不算高扬，但是别有细腻悠长之感，兰花香明显，后面还留存似有似无的观音韵，7泡以后明显转淡。

银凤凰

产地：福建省武夷山风景区一带。

岩茶银凤凰，是市面上少见的品种。据说是从广东潮州凤凰山单丛引种的，却呈现出和凤凰单丛完全不一样的风格。在茶科所的培育编号为121。

茶的特征

[外形]紧结匀整　[色泽]棕褐油润

[汤色]橙黄明亮　[香气]芬芳细腻

[滋味]醇厚绵长　[叶底]乌褐油润

识 银凤凰干茶紧致，呈棕褐色，火香和茶香交融。

泡 可以使用盖碗或者造型高而圆润的紫砂壶冲泡，置茶量为主泡器的1/4~1/3，水温95~100℃，下投法冲泡，无需洗茶。第一泡到第五泡均可以2~10秒出汤，之后增加浸泡时间，可以泡8泡。

品 银凤凰冲泡后，汤色橙黄，闻起来芬芳细腻，汤底醇厚，喉韵顺滑绵长。最令人印象深刻的是，银凤凰的香气是一种类似于水仙花的香。

金凤凰(金钱叶)

产地：福建省武夷山风景区一带。

金凤凰据说是因为茶叶鲜叶椭中带圆，迎着日光，如同凤凰尾羽上的圆斑，故而得名。是现代培育的小品种，由凤凰水仙培育而成，整体风格追求绵柔醇厚，适口甜美。

茶的特征

[**外形**] 紧结匀整

[**色泽**] 棕褐油润

[**汤色**] 金黄凝重　[**香气**] 甜香交织

[**滋味**] 绵柔醇厚　[**叶底**] 棕红油亮

△主泡器的 1/4~1/3　§95~100℃

第一泡 2~10秒

（识）金凤凰干茶闻起来味道十分诱人，是一种深沉浓郁的香气，很难用类似的味道去描述。轻嗅是岩茶特有的火香，再闻又好像是某种花香，继续闻又变成了花园里混合的香味。

（泡）可以使用盖碗或者造型高而圆润的紫砂壶冲泡，置茶量为主泡器的1/4~1/3，水温95~100℃，下投法冲泡，无需洗茶。第一泡到第五泡均可以2~10秒出汤，之后增加浸泡时间，可以泡8泡。

（品）冲泡后，茶汤色泽金黄，略微凝重，仿佛金色的琥珀。活泼的花香与甜美的熟果香相伴，还有蜜香和焦糖香混于其中。口感绵滑，爽口怡人。喉韵明显，感觉舒服。水透香柔，绵密回旋。茶气充盈，体感明显。

岩茶的"火功"

岩茶焙火的程度，人们通常说"轻火、中火和足火"，都是指对毛茶的烘焙。轻火一般时间较短，主要是为了"走水"，也叫"走水焙"，可以更好地保留茶叶品种本身的香气。中火是为了茶香和茶汤的平衡，大部分的品种都使用中火。足火是为了让茶叶陈化保存时不变质，或者是为了满足某些地方对浓郁口感的需求。足火茶要么是低端茶，强行用火提升香气和汤感，要么是真正的好茶，足火慢炖，做透做稳。

金柳条

产地：福建省武夷山风景区一带。

岩茶金柳条具体得名原因不知，但其叶片狭长俊秀，似柳叶，由此推论出其得名的说法较为可信。金柳条本身应是元明时期由茶树种类中的江南变种——楮叶种茶树引种繁殖的。

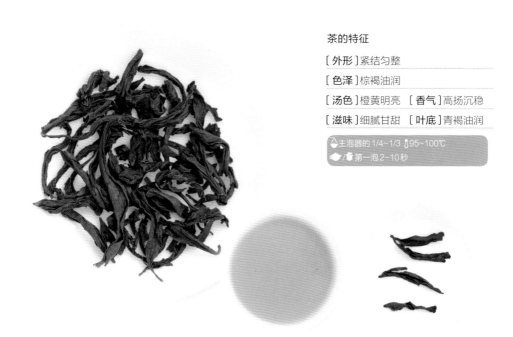

茶的特征

[外形]紧结匀整

[色泽]棕褐油润

[汤色]橙黄明亮　[香气]高扬沉稳

[滋味]细腻甘甜　[叶底]青褐油润

主泡器的1/4~1/3　95~100℃

第一泡2~10秒

识 金柳条外形虽然俊秀，却并不显得柔弱，干茶闻起来是正常的武夷岩茶气息，茶香并不浓郁，火香交融，不是过分突出。

泡 可以使用盖碗或者造型高而圆润的紫砂壶冲泡，置茶量为主泡器的1/4~1/3，水温95~100℃，下投法冲泡，无需洗茶。第一泡到第五泡均可以2~10秒出汤，之后增加浸泡时间，可以泡7~8泡。

品 金柳条的茶汤香气很好。这个"好"，不是浓郁，而是飘忽却有根基，高扬中带着质感，茶香、火香中带有山野气，有林间树木之风。冲泡几遍，茶叶内质稳定，汤感非常细腻，自然的甘甜中还带有微微奶香。

岩茶的返青与复焙

岩茶在保存过程中，因外界环境的不确定性，会吸收空气中的水分，使得茶叶中生出青味，这就是返青。又或者茶叶焙火不透，到了一定时间后，茶叶中的水汽返在茶表面，也会出现返青的情况。所以很多时候，到了一定保存时限，要对岩茶复焙。少量的岩茶可以自己在家复焙，使用干净无异味的电饭煲，把茶叶放入，按下加热键，自动跳起后拔下电源开关，不开盖自然放凉后就可以了。

吴三地老丛水仙

产地： 福建省武夷山洋庄乡吴三地一带。

吴三地是福建省武夷山市洋庄乡的一个自然村，地处武夷山市西北部，在武夷山自然保护区腹地。村庄所在地约为海拔1200米处，自然环境非常优越，无污染，自成一个小气候环境。吴三地家家种茶制茶，现保存有2000多棵百年以上的老丛水仙，所以吴三地水仙是非常有名的。吴三地水仙在现今属于武夷岩茶。

茶的特征

[外形] 壮实，不匀整

[色泽] 黑褐带红　[汤色] 橙红透亮

[香气] 清雅下沉　[滋味] 稠厚微涩

[叶底] 柔软厚实

🫖 主泡器的1/4~1/3　🌡100℃
☕/⏱ 第一泡2~10秒

识　吴三地水仙干茶壮实，黑褐色中隐隐带红，条索大小不一，匀整度略差，干茶细闻有湿润木材、苔藓等味道，热闻有浅浅的雨林混合坚果般的香气。

泡　可以使用盖碗或者造型高而圆润的紫砂壶冲泡，置茶量为主泡器的1/4~1/3，水温100℃，下投法冲泡，无需洗茶。第一泡到第五泡均可以2~10秒出汤，之后增加浸泡时间，可以泡8泡。

品　整体感觉没有武夷水仙活泼和上行，是沉郁下行的。茶汤橙红透亮。焙火香气、苔藓气息、丛林树木般的气息、粽叶般的气息等复合交织。茶汤稠糯，有轻微涩感和清凉感。

吴三地水仙和武夷水仙

吴三地水仙的生长环境海拔一般比武夷水仙要高得多，所以其茶汤的厚重油润感甚至要好于武夷水仙。武夷水仙一般偏花香，特别是兰花香，高扬活泼，明显持久；而吴三地水仙的老丛，都是自然生长，当地人从不剪枝打理，树干上着生其他植物，如苔藓，故而吴三地水仙的苔藓味和木质味非常明显，整体带着香气都是往下走的。

梅占（高脚乌龙）

产地：福建省武夷山风景区一带。

梅占本为闽南品种，传有"梅占百花魁"之美誉。近代从安溪县移植武夷山正岩区后，加之本土传统工艺制作，让这"外山茶"焕然一新——既有岩骨花香，又带有闽南乌龙的香气馥郁的本性。

茶的特征

[外形] 紧结弯曲

[色泽] 乌黑匀整，色泽泛绿

[汤色] 金黄清澈　　[香气] 花香持久

[滋味] 鲜爽　　　　[叶底] 匀净，显红边

识 梅占干茶条索乌黑匀整，色泽泛绿，闻有微微焦糖味，条索紧结弯曲。

泡 最宜使用白瓷盖碗，也可以使用紫砂壶冲泡。水温100℃左右，置茶量为主泡器的1/4~1/3，第一泡冲泡5~10秒，可以泡7泡。

品 冲泡后，香气持久，火气不大。汤色金黄清澈，入口鲜爽，有花香味。叶底匀净，显红边。

玉麒麟

产地：福建省武夷山风景区一带。

玉麒麟是原产武夷山九龙窠的名丛，茶树形状仿若麒麟，故名。玉麒麟是岩茶小品种茶，其香味特殊，茶汤中有多种香气混合，回味悠长。

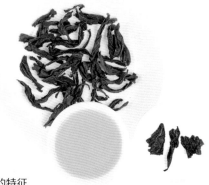

茶的特征

[外形] 肥壮匀整

[色泽] 绿褐鲜润

[汤色] 橙红通透　　[香气] 沉实悠长

[滋味] 醇和有韵　　[叶底] 棕红油亮

识 玉麒麟干茶匀整，茶形漂亮，较为肥壮。

泡 可以使用盖碗或者造型高而圆润的紫砂壶冲泡，置茶量为主泡器的1/4~1/3，水温95~100℃，下投法冲泡，无需洗茶。第一泡到第五泡均可以2~10秒出汤，之后增加浸泡时间，可以泡8泡。

品 茶汤有果香，叶底有淡淡的乳香。多种香气混合，沉实悠长，甚至带有一丝丝刚烈。

岩茶白牡丹

产地：福建省武夷山风景区一带。

武夷白牡丹是武夷岩茶的奇种，产量稀少，远不如白茶白牡丹那般知名。白牡丹原产于马头岩，在武夷山已有近百年的栽培历史，但种植面积和产量都不大。

茶的特征

[外形] 紧结匀整　[色泽] 青褐

[汤色] 金黄带红　[香气] 隐忍

[滋味] 轻柔饱满　[叶底] 棕红油亮

（识）白牡丹茶干茶条索紧结，呈青褐色，有少量蜷曲形状。发酵很轻，甚至感觉不像乌龙茶。细闻香气淡雅，似兰若梅。

（泡）可以使用盖碗或者造型高而圆润的紫砂壶冲泡，置茶量为主泡器的1/4~1/3，水温95~100℃，下投法冲泡，无需洗茶。第一泡到第五泡均可以2~10秒出汤，之后增加浸泡时间，可以泡8泡。

（品）白牡丹茶汤金黄，汤质虽说不上厚重，却有饱满的感觉。香气是隐隐的木香，雍容但不争，华贵却隐忍，确实和牡丹花的香气比较像。

白鸡冠

产地（原产地）：福建省武夷山大王峰下止止庵道观白蛇洞。

白鸡冠是道家养生茶代表之一，相传是宋代著名道教大师——止止庵住持白玉蟾发现并培育的。白鸡冠茶树叶偏白绿，边缘锯齿如鸡冠，又为白玉蟾培育，故得此名。

茶的特征

[外形] 如蟾皮，有霜　[色泽] 黄绿间褐

[汤色] 淡黄清澈　[香气] 鲜活花香

[滋味] 甘甜鲜爽　[叶底] 乳白带绿，红边

（识）白鸡冠是传统岩茶中轻焙火的品种。干茶色泽黄绿间褐，如蟾皮，有霜，有淡淡的玉米清甜味。

（泡）直接煮茶品饮，气韵表现更为明显，也可使用紫砂壶冲泡。水温100℃，置茶量约为茶壶的1/3，沿边冲泡，第一泡2~5秒出汤。

（品）冲泡后，茶汤淡黄，清澈纯净。香气鲜活，如蛟龙翻腾，由海升空，翻转反复。甘甜鲜爽，和水仙类似，而香气次第绽放，每泡之中皆有花香，持久不绝。叶底油润有光，乳白带绿，边缘有红。

水金龟

产地（原产地）：福建省牛栏坑杜葛寨峰下的半崖上。

水金龟在武夷山"四大名丛"中排名第二，没有大红袍那么出名，没有铁罗汉那么神秘，没有白鸡冠那么与众不同，却是个人最喜欢的岩茶。水金龟因茶树枝条交错、茶叶浓密且闪光模样，宛如金色之龟的龟背而得名。

茶的特征

[**外形**] 紧结弯曲

[**色泽**] 绿褐油润，带宝色

[**汤色**] 橙黄清澈　[**香气**] 悠长清远

[**滋味**] 润滑爽口　[**叶底**] 绿润软亮

主泡器的3/5　98~100℃　第一泡2~5秒

识 水金龟干茶绿褐带宝色，条索紧结弯曲，匀整，稍显瘦弱；闻之有轻微焙火焦香。

泡 最宜使用白瓷盖碗冲泡，水温98~100℃，置茶量约为盖碗的3/5。第一泡出汤时间为2~5秒。

品 茶汤汤色橙黄，清澈艳丽，微有杂质。香气内质蕴含腊梅花香，持久多变。茶汤显厚，回甘迅速而明显。岩韵显。叶底绿润软亮，红边带朱砂色，边缘有破碎，弹性显。特别需要指出的是，水金龟的香不是一般的兰花香，而更像是腊梅花香，其他的名丛还有板栗香等，但是冷而香的只有水金龟。它的香是"有魂"的，缥缈、冷而顽强的，就像大雪压着的腊梅花，从雪的疏松的孔隙中散发冷冽的香气，闻时不是昏昏然，而是清醒并且在心间萦绕不散的。

"不可思议"的水金龟

水金龟原茶树本来长于天心岩杜葛寨下，属天心寺所有。一日大雨倾盆，致使峰顶茶园边缘崩塌，茶树被大水冲至牛栏坑半崖石凹处。兰谷岩业主遂于该处凿石设阶，砌筑石围，壅土以蓄之。天心寺和兰谷岩磊石寺为争此茶，诉讼多次，耗资千金。最后经公堂判定，认为茶树非被人盗窃，系天然造成，已属天意，所以判归兰谷岩所有。水金龟本就声名显赫，又因此案而威名远播，一位名士曾慨叹并题字"不可思议"，石刻于山崖之侧以记之。

铁罗汉

产地： 福建省武夷山。

铁罗汉是"四大名丛"中最早出现的名丛，但是从传统上来说排在"四大名丛"第四位。茶客对铁罗汉有特殊的感情，其一是因为这个茶的来历传说和佛教有些渊源；其二是它特殊的"药香"。在东南亚一带，很多老茶客都倍加推崇铁罗汉，其名甚至在大红袍之上。

茶的特征

[外形] 壮结匀整

[色泽] 乌褐带霜　　[汤色] 黄蜜带橙

[香气] 浓郁强劲　　[滋味] 回甘迅速

[叶底] 绿润软亮，叶缘朱红

主泡器的1/4　100℃　第一泡2秒

（识）铁罗汉干茶褐色呈蛤蟆背，带老霜，条索紧结弯曲，匀整，显瘦弱；闻之有比较浓烈的焙火焦香。

（泡）适宜使用白瓷盖碗、紫砂壶或潮汕朱泥壶冲泡，置茶量约为主泡器的1/4，水温100℃，高冲低斟，第一泡冲泡2秒左右。

（品）茶汤黄蜜色带橙，微有浑浊。香气浓郁强劲，味道独特，特别是前三泡，第五泡后转弱。茶汤厚重，回甘迅速。岩韵强劲，内涵厚重，冷杯有花香，带明显火气。叶底绿润软亮。红边明显带朱砂色块。边缘破碎少。

祥兴铁罗汉

我国香港祥兴茶庄是一家百年老店，于19世纪初由黄宋祺先生在福建厦门创立，1952年移居香港发展，至今已传至第四代。现址位于上环皇后大道西74号，也有超过半个世纪的历史。祥兴经营的都是中国名茶、锡兰红茶、特纯咖啡等精优产品，货真价实、信誉卓著。祥兴品牌的名茶铁罗汉风行东南亚各地，香港旅游协会曾将其做品牌推介。

半天夭

产地：福建省武夷山。

半天夭原产武夷山三花峰之第三峰绝顶崖上，有说法为武夷第五大名丛。最早叫作"半天鹞"。传说中，一只小鹞子被鹰追击，躲逃不过，落地化为茶树；也有叫"半天腰"的，表明茶树生长于半山腰的位置。

茶的特征

[外形] 条索紧实　[色泽] 深褐有霜

[汤色] 橙黄清澈　[香气] 鲜明馥郁

[滋味] 爽醇清甜　[叶底] 绿而柔韧

识 半天夭干茶深褐有霜，带有复合的果香，如烤杏仁、熟板栗、苦咖啡等，香味精致、细腻、莹润，也有梨、香草与奶油般的温和芬芳。

泡 最宜使用白瓷盖碗冲泡，水温95℃左右，置茶量约为主泡器的1/4，高冲低斟，第一泡泡2~10秒。

品 茶汤橙黄亮纯，明澈香扬，带着明显的花果香。口感力度与顺滑和谐无瑕，茶汤内质丰富、滋味爽醇，香气鲜明馥郁，回甘清甜持久。但不算耐泡，第五泡后水味明显，内质已薄。叶底绿而柔韧，边缘或有红边或红色斑块，略有香气。

一枝香

产地：福建省武夷山风景区一带。

一枝香是岩茶小品种茶，香气高扬，干茶和茶汤香气都比较明显，故而得名。虽然一枝香香气浓郁，但是茶汤苦味很重，茶人第一次喝可能不会喜欢。但若逐渐适应了茶的苦味，就会爱上这一枝独秀的味道。

茶的特征

[外形] 匀整纤细　[色泽] 棕褐油润

[汤色] 淡黄清澈　[香气] 高扬激烈

[滋味] 苦味较重　[叶底] 棕红油亮

识 一枝香干茶匀整，茶形漂亮，条索蜷曲，色泽褐润，从茶条看比水仙显得纤细一些。干茶很香，有焦香混合淡奶油味道。

泡 用盖碗或者造型高而圆润的紫砂壶冲泡，置茶量为主泡器的1/3~1/4，水温95~100℃，下投法冲泡，无需洗茶。第一泡到第五泡均以2~10秒出汤，之后增加浸泡时间，可泡7~8泡。

品 一枝香苦味较重，尤其是前三泡，苦味明显。到第四、第五泡的时候，苦味减轻很多，茶汤也比较漂亮，刺激、烈性还在，但是已经多了一种舒服的绵柔。香气上有高扬激烈的花香，且又多了一种隐忍。

铁观音

产地：福建省泉州市安溪县。

铁观音是中国十大名茶之一，声誉显赫。铁观音既是茶叶名，又是茶树品种名，因为身骨沉重如铁，形美内蕴似观音而得名，因产自安溪县，也常被称为"安溪铁观音"。铁观音制作严谨，有一种独特的综合感受，被形象地称为"观音韵"。这种韵味欲说难述，除了香，还有骨。传统的铁观音，揉捏成颗粒，粒粒紧结，冲泡后扬扬花香下是隐隐内蕴，方能七泡而有余香。所以，香为骨之扬，骨为香之根。

茶的特征

[外形] 条索卷曲，壮结沉重

[色泽] 鲜润，砂绿显，红点明

[汤色] 清亮通透　[香气] 馥郁持久

[滋味] 醇厚甘鲜　[叶底] 肥厚明亮

主泡器的 1/5~1/4　95℃　　第一泡 10 秒

铁观音的不同工艺对比

特征	正炒	消青	消正	消酸	拖酸
色泽	干茶绿中发乌，沉稳润泽	干茶显乌绿，色泽鲜活度普遍较高，视觉观感较好			干茶显青绿，色泽鲜活度普遍较高
香气	幽香持久，香气正且稳重	香气高扬、清晰	香气接近正炒风格	叶底在初期带有酸香	叶底酸味明显，且令人不快
口感	醇和，观音韵明显，每泡差别不大	汤色清亮、通透，香气初扬然而似乎有勉为其难之感，其根不稳，水质对老茶客来说显得单薄			口感一般，存放时间越长，口感越差

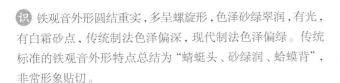

识 铁观音外形圆结重实，多呈螺旋形，色泽砂绿翠润，有光，有白霜砂点，传统制法色泽偏深，现代制法色泽偏绿。传统标准的铁观音外形特点总结为"蜻蜓头、砂绿润、蛤蟆背"，非常形象贴切。

泡 建议使用陶瓷盖碗或者紫砂壶冲泡。紫砂壶注意壶型的选择，应能使铁观音在壶内自由翻转。水温95℃左右，置茶量为主泡器的1/5~1/4。可以高冲，第一泡为10秒左右，以后每泡增加5秒浸泡时间，可冲泡7~9泡。

品 冲泡后，香气馥郁回旋，有多种复合花香，汤色绿中带黄，清亮通透，滋味醇厚鲜甜，观音韵明显。耐冲泡，第七泡仍有余香。叶底肥厚，柔软持嫩，边缘下垂。传统铁观音"绿叶红镶边"明显。

传统摇青工艺，叶片匀称，红点明显。

漳平水仙

产地：福建省漳平市。

漳平水仙的最佳产区为海拔1365米的山峰——石牛岽，崖峰峭壁，终年云雾缭绕，山顶至今还遗存着几十棵郁郁葱葱的水仙茶母本树。其中最大的一棵高达7.35米，这棵罕见的水仙茶古树被专家称为水仙茶母本活化石，被当地群众誉为"仙茶"。水仙茶是传统乌龙茶中唯一的紧压茶小方砖，工艺独一无二，内用纸包，更是独特。

茶的特征

[外形]方形紧压茶

[色泽]青、褐、黄三色

[汤色]金黄明亮　[香气]清高悠长

[滋味]醇厚滑爽　[叶底]黄亮显红边

主泡器的1/5　100℃　第一泡20秒

识 漳平水仙外形为小四方砖，一般来说，以中焙火的品质为佳。色泽为青、褐、黄三色，

泡 冲泡最宜使用盖碗，紫砂壶也可，应选用高的器型。置茶量为主泡器的1/5，水温100℃左右，第一泡冲泡20秒，以便茶叶充分润泽。之后每泡时间减少，直到转淡后再增加浸泡时间。不宜闷泡，以减少涩度。

品 冲泡后，有独特的花香味（兰花香、桂花香）。茶汤金黄明亮、晶莹剔透。滋味醇厚滑爽、甘中透香，回甘迅速。

漳平水仙的包装纸

漳平水仙非常独特，要使用木模压制，然后用纸包装，带纸烘焙。这个用纸是有讲究的，应该使用传统造纸，然后用面粉糊当作胶水粘贴封口。漳平传统造纸以藤、麻为主，使用捞纸法，色泽一般偏黄，透气性好，但是又很绵密，非常适宜包装漳平水仙。现代使用的纸张色泽发白，是茶叶专用滤纸，使用尖头电烙铁加热封口，虽然更加卫生环保，但却少了很多传统手工的韵味。

永春佛手

产地：福建省泉州市永春县一带。

永春是福建泉州的一个县，然而其知名度远远不如在西南方与它遥遥相对的安溪县。虽然两个县都是产茶大县，而且都在晋江上游，但是安溪铁观音更出名。佛手是茶树品种，叶片最大可似手掌，香味类似于清供中常用的佛手香气，故名。武夷岩茶佛手也是从永春引种。永春旧名"桃源"，可见其生态之好。

茶的特征

[外形]球形团卷

[色泽]砂绿乌润　[汤色]金黄微碧

[香气]清新带有乳香

[滋味]顺滑平和　[叶底]绿叶红镶边

主泡器的 1/4~1/3　95~100℃

第一泡5~10秒

识 永春佛手干茶团卷，北方人形容为形似蜻蜓头，南方人形容为形似海蛎干，都很贴切，以自己生活地域认知物品为比拟。颗粒重实，落入盖碗，叮咚清脆有声。色泽砂绿乌润，细看有红纹，细闻有花香、乳香甚至苔藓味道交织。

泡 可以使用盖碗或者造型高而圆润的紫砂壶、潮州手拉壶冲泡，置茶量为主泡器的1/4~1/3，水温95~100℃，下投法冲泡，无需洗茶。第一泡5~10秒出汤，第二至五泡均可以2~5秒出汤，之后增加浸泡时间，可以泡9泡。

品 永春佛手汤色金黄明亮，带有青碧。香气高扬细腻，前几泡花香中略带乳香，后几泡佛手香气明显。汤感柔和，适口性好，顺滑香甜。

福建大田高山茶

产地：福建省三明市大田县。

大田属山多田少地貌，有"九山、半水、半分田"之称。20平方千米的茶园分布其间，在云雾缭绕中处处皆有好茶出产。

茶的特征

[外形] 半包揉形，蜷曲紧结

[色泽] 黄绿滋润

[汤色] 黄亮　　　[香气] 馥郁绵长

[滋味] 顺滑厚重　　[叶底] 黄亮完整

主泡器的1/4　100℃　第一泡10秒

（识）大田高山乌龙，外形和色泽近似台湾乌龙，呈半包揉形，蜷曲紧结，色泽黄绿滋润。

（泡）可以使用盖碗或者紫砂壶冲泡，水温100℃左右，温器烫盏，置茶量约为主泡器的1/4，第一泡冲泡10秒。

（品）冲泡后，高山茶特有的香气馥郁绵长。茶汤黄亮，茶雾氤氲，凝结明显。口感顺滑厚重，回味悠长。叶底黄亮完整。

高山茶园生态灭虫

大田高山茶农为了确保茶叶无药物残留，在茶园内不喷洒农药，那么如何减少茶树的病虫害呢？主要依靠太阳能杀虫灯及每10米安装一块杀虫黄片。太阳能杀虫灯将太阳能转化为电能供给诱虫灯，在夜晚将害虫引诱过来将其杀灭。依托先进理念和科技投入，大田高山茶园已经打造成为高山生态茶基地。

福建油切黑乌龙

产地：福建省南部茶区。

黑乌龙不是一种茶树品种，而是利用荔枝木炭或者电烤箱等传统或者现代的工艺使乌龙茶表面略微炭化，变得乌黑发亮，而提升茶多酚的含量。这款茶特别适用于降脂轻体。

茶的特征

[外形] 球形带梗，颗粒紧结

[色泽] 乌润　　　[汤色] 深红

[香气] 炭焙香气明显

[滋味] 醇厚　　　[叶底] 乌绿润泽

主泡器的 1/8~1/7　90℃

第一泡1分钟

（识）黑乌龙一般球形带梗，色泽乌润，焙火熏制，颗粒紧结。

（泡）黑乌龙对冲泡器皿要求不高。为了尽可能保持茶多酚的含量，建议使用90℃左右水温，置茶量为主泡器的1/8~1/7，第一泡冲泡1分钟。

（品）冲泡后，汤色深红，炭焙香气明显，口感醇厚香浓，回甘生津。叶底乌绿润泽。

"油切"的含义

黑乌龙茶在日本非常流行，日语中"油切"的意思是脂肪被"切断"。"切"在日文中是动词的名词化，最早出现在日本健康食品中，指该种食品能减少脂肪吸收。黑乌龙茶能够有效抑制肠胃对油脂的吸收，对控制体重有一定作用。

诏安八仙

产地： 福建省漳州市诏安县秀篆镇一带。

诏安八仙原产于八仙座山。1965年春，诏安县茶叶收购站技术员郑兆钦在当时的秀篆公社茶园普查时，在八仙座山里荒废的茶园中发现有性茶树的变异株，当即移回20株，植于秀篆茶站的品种园里，并筛选出优异的单株。1969年，茶株被移至八仙座山下汀洋村茶场进行短穗扦插育苗，成功育成无性系乌龙茶新品种，命名为"汀洋大叶黄柑"（八仙茶曾用名）。

茶的特征

[外形] 弯曲成条

[色泽] 青褐

[汤色] 金黄明亮　[香气] 高扬直接

[滋味] 浓厚甘爽　[叶底] 红边鲜明

主泡器的1/4~1/3　95~100℃

第一泡5秒

识 诏安八仙大部分干茶条索状，亦有见球形的。按照品级和加工不同，色泽从青褐间黄到青褐带墨绿均有，亦有棕褐的成品茶。

泡 使用盖碗或者造型高而圆润的紫砂壶、潮州手拉壶冲泡，置茶量为主泡器的1/4~1/3，水温95~100℃，下投法冲泡，无需洗茶，无需刮沫。第一泡5秒出汤，第二至五泡均可以2~5秒出汤，之后增加浸泡时间，可以泡9泡。

品 茶汤颜色按照品级和加工，从金黄明亮，到橙亮清澈，到深黄带桔均有。香气高扬直接，有类似桂花的香气。茶汤有苦感且较为明显，但是回甘很快，生津好。

乌龙茶中的茶皂苷

冲泡乌龙茶，特别是第一泡，茶汤表面边缘处容易聚集明显浮沫。不少茶书上讲冲泡乌龙茶都要刮去浮沫，福建、广东两省特别是潮汕人喝工夫茶都要刮去浮沫。产生这种白沫的物质叫作皂苷。因为茶叶边缘破碎，造成一部分皂苷逸出，其实皂苷可以减少茶汤对胃部的刺激，还有调节血糖的功效。

平和白芽奇兰

产地：福建省漳州市平和县一带。

白芽奇兰的原产地平和本土的茶树制茶，都呈现兰香一脉的特色，故曰"奇兰"，又分早奇兰、晚奇兰、竹叶奇兰、金边奇兰等小品种。而芽梢呈白绿色的奇兰，就被定名为"白芽奇兰"。平和是琯溪蜜柚的原产地，果树和茶树共生的美景，确实养眼、养心。

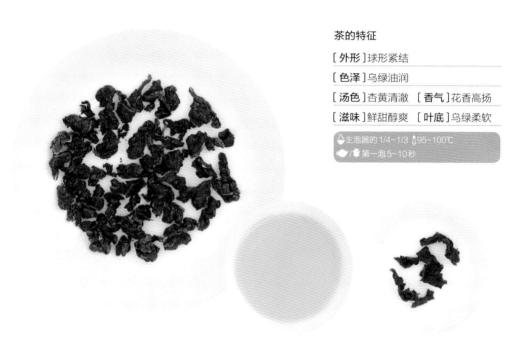

茶的特征

[外形]球形紧结

[色泽]乌绿油润

[汤色]杏黄清澈　[香气]花香高扬

[滋味]鲜甜醇爽　[叶底]乌绿柔软

主泡器的1/4~1/3　95~100℃

第一泡5~10秒

识 白芽奇兰干茶球形，蜻蜓头颗粒分明，色泽乌绿油润，干香清新迷人。

泡 可以使用盖碗或者造型高而圆润的紫砂壶、潮州手拉壶冲泡，置茶量为主泡器的1/4~1/3，水温95~100℃，下投法冲泡，无需洗茶，无需刮沫。第一泡5~10秒出汤，第二至五泡均可以5~10秒出汤，之后增加浸泡时间，可以泡9泡。

品 白芽奇兰冲泡后有活泼的兰香，香气是有根的。汤水融合度很好，汤质非常稳定，第九泡后才会转淡，尾水的颜色仍是明亮的黄，有甜润微酸的气息。

白芽奇兰曾用于拼配铁观音

白芽奇兰以前一直作为色种，拼配在铁观音之中，有特殊而持久的兰花般的香气，让观音韵充满奇妙的层次感。它的定名时间也比较晚，有说是1981年的，但比较稳妥的时间是1990年后。白芽奇兰的知名度远逊于铁观音，虽然后期也略受台湾茶轻发酵工艺影响，但是基本工艺还是坚持传统技术，所以相较清香型铁观音，白芽奇兰反而更受欢迎。

漳州一枝春

产地： 福建省漳州市一带。

20世纪50年代后，漳州茶厂生产了以"芝山"为品牌的一系列茶品以及"华表"牌铁观音等。老漳州人编了一句顺口溜："乘风飞马大前门，流香色种一枝春"，前半句是三个香烟的品牌，后半句是漳州茶厂的三个茶叶品种。

茶的特征

[**外形**] 卷曲紧结

[**色泽**] 墨绿发乌

[**汤色**] 深黄通透　[**香气**] 优雅高扬

[**滋味**] 浓厚回甘　[**叶底**] 棕褐间绿

主泡器的 1/4~1/3　100℃

/ 第一泡 5~10 秒

识　一枝春选用闽南高山乌龙制成，形状如海蛎干，墨绿发乌。

泡　可以使用盖碗或者造型高而圆润的紫砂壶、潮州手拉壶冲泡，置茶量为主泡器的 1/4~1/3，水温 100℃，下投法冲泡，无需洗茶，无需刮沫。第一泡 5~10 秒出汤，第二至五泡均可以 5~10 秒出汤，之后增加浸泡时间，可以泡 7 泡。

品　一枝春香气优雅，茶汤深黄，汤感厚重。叶底有的火工较重，发深褐色，也间杂有墨绿色叶片。

漳州茶厂的变迁

1954年，漳州（安溪）茶厂在漳州官园建立。1956年，更名为福建省茶叶公司漳州茶厂，承担龙溪地区、龙岩地区乌龙茶收购、加工、内外销售任务。那时，有山、有茶，还有一群好茶人，天时地利人和，注定了漳州茶厂的声名鹊起和无限风光。1969年，漳州茶厂在小坑头建设新厂（即如今的漳州茶厂），1971年搬迁，至今仍在正常生产。

漳州色种

产地：福建省漳州市一带。

漳州色种，也是漳州茶厂的传统产品，一般是由除铁观音外的各色茶青拼配而成的，让茶的口感层次更丰富。一级色种"S201"获省优产品和首届中国食品博览会银奖及福建省食品工业协会"武夷奖"。

茶的特征

[外形] 卷曲紧结

[色泽] 红褐油润

[汤色] 深黄厚重　　[香气] 清爽高扬

[滋味] 醇厚回甘　　[叶底] 棕褐肥壮

☁主泡器的 1/4~1/3　🌡100℃

🍵第一泡 5~10秒

🔵识　漳州色种选用闽南高山乌龙制成，形状为球形，茶梗明显，色泽红褐。

🔵泡　可以使用盖碗或者造型高而圆润的紫砂壶、潮州手拉壶冲泡，置茶量为主泡器的 1/4~1/3，水温100℃，下投法冲泡，无需洗茶，无需刮沫。第一泡5~10秒出汤，第二至五泡均可以5~10秒出汤，之后增加浸泡时间，可以泡6~7泡。

🔵品　漳州色种香气高扬，茶汤深黄，汤感厚重，火气较重。

"色种"本为"各色小品种"

20世纪50年代开始，国家商检部门为了方便识别、分类评级，将安溪乌龙茶分为铁观音、色种及乌龙三个品类。色种成员众多，包括黄金桂（黄旦）、毛蟹、本山、梅占、大叶乌龙、奇兰等50多个品种。其实在色种概念出来之前，安溪茶树的各类品种就已经被用来拼配乌龙茶，进行出口贸易，包括铁观音本身，也有各种色种的拼配。

漳州流香

产地：福建省漳州市一带。

漳州流香，也是漳州茶厂的传统产品，选用闽南乌龙茶以武夷岩茶的工艺制成。纸质的外包装纸有印红色花纹的，称之为"红流香"；印有棕黑色花纹的，称之为"黑流香"。红流香品级更高，老漳州人说"流香"，一般是指红流香。

茶的特征

[**外形**]条索紧结

[**色泽**]红褐油润　[**汤色**]红橙通透

[**香气**]火香浓郁　[**滋味**]醇厚回甘

[**叶底**]棕褐肥壮

主泡器的 1/4~1/3　100℃

第一泡5秒

识　漳州流香按照武夷岩茶工艺加工，烘焙较重，色泽红褐，火香明显。

泡　可以使用盖碗或者造型高而圆润的紫砂壶、潮州手拉壶冲泡，置茶量为主泡器的1/4~1/3，水温100℃，下投法冲泡，无需洗茶，无需刮沫。第一泡5秒出汤，第二至五泡均可以2~5秒出汤，之后增加浸泡时间，可以泡7泡。

品　漳州流香应该是老茶客爱在饭后饮用的，味道浓郁，火香气比较大，有厚重力量感，甚有消脂解腻、和胃暖胃的感受。

漳州茶厂

"乘风飞马大前门,流香色种一枝春"。30年前,这句关于烟和茶的顺口溜的下半句,道出福建漳州茶厂在不少老漳州人心中的分量。流香、色种、一枝春正是漳州茶厂生产的产品。漳州茶厂一度声名鹊起,风光无限,不过漳州茶厂在2000年左右也曾遭遇经营危机,后来改变经营思路,终于慢慢恢复。2018年,在世界茶联合会第十二届国际名茶评比中,漳州茶厂的红牡丹、特级白芽奇兰、特级黄旦、流香、一枝春均荣获金奖。

传统纸包茶的"家乡味"

漳州茶厂的老产品仍旧使用传统手工纸包装。这种用牛皮纸包装的老茶不仅保持着传统的工艺、优良的品质和实惠的价格,更留住了一种特别的漳州乃至整个闽南语文化地区的家乡味道。漳州茶厂的整个包装过程必须是用纯手工技艺:用小秤称量,50克茶叶装一包;牛皮纸里面内衬一张略小一圈的白竹纸。白竹纸可以吸附茶叶的清香,所以用来做内层包装材料,外面裹一张印着老式花纹和茶种名称的牛皮纸,可以隔绝少量湿气和异味。包成一个长方体纸包后,以糨糊封口。一般熟练工人可以1分钟包两包。

宋种凤凰单丛

产地：广东省潮州市凤凰山。

凤凰山区乌岽山海拔1391米，所产的凤凰单丛是乌龙茶品种中的佼佼者。据传南宋末年，宋帝兵败南逃，路经乌岽山时口渴，侍从采摘一种"树叶"烹煮，饮之止渴生津，遂称之为"宋种"，亦即现在的凤凰单丛。此后，"宋种"在当地广为栽植，现在乌岽山上生长几百年的茶树随处可见。其中最大的一株"宋种"后代"大叶香"，分支较多，仍在产茶。

茶的特征

[**外形**]条索间片间条

[**色泽**]黑褐色或黄褐色

[**汤色**]金黄明亮 [**香气**]舒展

[**滋味**]浓醇 [**叶底**]红边显

主泡器的1/2 100℃ 第一泡2~3秒

识 宋种凤凰单丛成茶条索间片间条，呈黑褐色或黄褐色，略显瘦弱。

泡 最宜使用白瓷盖碗，也可以使用潮汕红泥壶冲泡。水温100℃，置茶量约为主泡器的1/2，第一泡2~3秒出汤。

品 冲泡后，香气舒展，仿佛是开了几日的栀子花混合红薯干的味道，每泡之间略有差异。茶汤滋味浓醇，汤色金黄明亮，耐冲泡。叶底红边显。

"丛"还是"枞"？

现代概念的单丛茶，是原有"单株采制"的延伸，有单株采制的，也有单丛品系、单丛品种采制的。现代单丛茶产品，分"凤凰单丛"和"岭头单丛"两个品类。单丛茶树也有小型乔木，特别是老树，故而当地为了区别灌木茶丛，以"木"为偏旁，造了一个"枞"字。2004年8月，潮州市政府下文通知，所有单丛茶包装、宣传、营销一律采用"丛"字，"枞"字不再用于销售包装等处。

绿茶　白茶　黄茶　青茶（乌龙茶）　红茶　黑茶　普洱茶　花茶　非茶之茶

凤凰单丛蜜兰香

产地：广东省潮州市凤凰山一带。

蜜兰香单丛是凤凰单丛十大花蜜香型珍贵名丛之一，是凤凰水仙群体中的杰出单株。蜜兰香种植面积较大，从凤凰镇逐步推广到饶平、梅州。市面上所见蜜兰香价格差异较大，这与其产地海拔及采摘时间因素有关。

茶的特征

[外形]细长挺直

[色泽]乌褐有霜　[汤色]黏糯金黄

[香气]兰香高扬　[滋味]醇厚回甘

[叶底]青褐软亮，红边明显

主泡器的1/3~1/2　100℃
第一泡5秒

（识）蜜兰香干茶条索紧结、挺直，但比岩茶类显得纤细柔美。色泽乌褐较润，略带白霜，细闻有蜜香。

（泡）可以使用盖碗或者造型高而圆润的紫砂壶、潮州手拉壶冲泡，置茶量为主泡器的1/3~1/2，水温100℃，下投法冲泡，无需洗茶，无需刮沫。第一泡5秒出汤，之后每泡增加5~10秒出汤，可以泡8泡。

（品）冲泡后，茶汤呈琥珀色，明亮，胶质感、黏糯感明显。杯盖有兰花香，喝完口腔甘芳四溢。叶底青褐软亮，红边明显。

凤凰单丛十六大香型

凤凰单丛有十六大香型、200多个品种，包括：黄枝香型,71个品种；芝兰香型,38个品种；玉兰香型,4个品种；蜜兰香型,5个品种；杏仁香型,6个品种；姜花香型,4个品种；肉桂香型,4个品种；桂花香型,9个品种；夜来香型,4个品种；茉莉香型,2个品种；柚花香型,4个品种；橙花香型,1个品种；杨梅香型,2个品种；附子香型,4个品种；黄茶香型,4个品种；其他香型,47个品种。

凤凰单丛通天香

产地： 广东省潮州市凤凰山。

凤凰单丛通天香是十大香型之一，原种系从乌岽山凤凰水仙群体品种的自然杂交后代中单株筛选而成。有性繁殖植株，小乔木型，中叶类，中芽种。因其茶叶有突出的姜母花香味，冲泡时，香气冲天，满屋皆香而喻为通天香。

茶的特征

[外形] 条索紧结细长

[色泽] 黑褐油润　[汤色] 金黄清澈

[香气] 馥郁持久　[滋味] 浓醇爽口

[叶底] 黄绿柔软

主泡器的 1/3~1/2　95~100℃

第一泡 10 秒

（识）通天香干茶条索紧结细长，可见较为明显的叶片主脉，黑褐油润，有淡淡花香。

（泡）可以使用白瓷盖碗或者潮汕红泥小壶冲泡，置茶量为主泡器的1/3~1/2，水温95~100℃，第一泡冲泡10秒左右。

（品）冲泡后，香气馥郁持久，汤色金黄清澈，滋味浓醇爽口，回味甘滑，较耐冲泡。叶底黄绿柔软，可见明显红色色块。

凤凰铁观音

凤凰单丛目前出现了以铁观音的做法做出的"凤凰铁观音"，味道清新爽口，无涩味，回甘强，性价比更高。其实除了凤凰单丛，很多传统名茶都在追求变化。例如，乌龙茶树制成的红茶、红茶制成的茯砖等。单纯地说，这种变化是好还是坏意义不大，关键看市场的前期引导和后期的接纳程度。总之，茶叶的发展将越来越多元，这需要茶人们不断地提高品鉴的水平。

凤凰单丛夜来香

产地：广东省潮州市凤凰山。

凤凰单丛夜来香原产于乌岽狮头脚，是凤凰单丛十大香型之一，是凤凰单丛中花蜜香型珍贵名丛之一，已有300多年栽培历史，因成茶有自然的夜来香花香味而得名。如果说桂枝香是娇俏的少女，那么通天香是对未来满怀憧憬的少妇，而夜来香则是女人四十的深沉知性。

茶的特征

[外形] 条索紧结细直

[色泽] 褐色油润　[汤色] 金黄明亮

[香气] 浓郁沉静　[滋味] 甘醇鲜爽

[叶底] 柔嫩匀整

主泡器的1/3~1/2　95~100℃

第一泡5秒

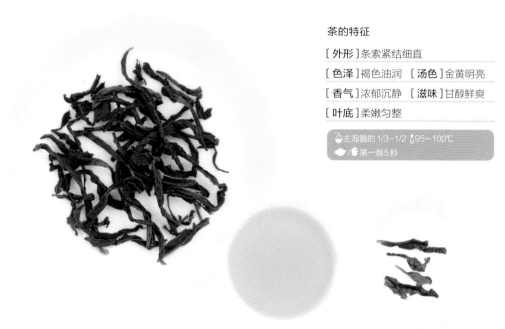

识 夜来香条索紧结细直，褐色油润。

泡 可以使用白瓷盖碗或者潮汕红泥小壶冲泡，置茶量为主泡器的1/3~1/2，水温95~100℃，第一泡冲泡5秒左右。

品 冲泡后，汤色金黄明亮，夜来花香气浓郁沉静，滋味甘醇鲜爽，是单丛中耐冲泡的品种。夜来香的茶汤非常干净，基本没有细碎叶渣。

凤凰单丛冰茶

凤凰单丛近几年出现了保留鲜叶特征、去除烘焙工序的冰茶。在饮用前最好全程放入冰箱冷藏，否则会严重影响茶叶品质。冰茶香气高扬，色淡味郁，耐冲耐泡，冲泡多次仍然香味四溢，具有独特的天然花香。漳平水仙茶也有类似工艺。

凤凰八仙

产地： 广东省潮州市凤凰山一带。

凤凰八仙是1898年在凤凰乌岽山李仔坪下厝村从单株母树"大乌叶"上选取插穗，用长枝无性繁殖法扦插成活，再分别栽种于不同自然地理条件的茶园里，长大后都保持原母树的优良性状，而香气上各具特色。因为初期选育的茶种树只有8棵，其各自特异的香气犹如"八仙过海，各显神通"，遂命名为"八仙"。

茶的特征

[**外形**]细长微曲

[**色泽**]墨绿有霜　[**汤色**]金黄通透

[**香气**]层次丰富　[**滋味**]醇厚甘爽

[**叶底**]绿中带红

△主泡器的 1/3~1/2　100℃

第一泡5秒

识 凤凰八仙干茶条索微卷，细长均匀，根据焙火不同，色泽多见墨绿带乌，也有灰褐泛红的。干茶香气比其他茶品明显。

泡 可以使用盖碗或者造型高而圆润的紫砂壶、潮州手拉壶冲泡。置茶量为主泡器的1/3~1/2，水温100℃，下投法冲泡，无需洗茶，无需刮沫。第一泡5秒出汤，之后每泡增加5~10秒出汤，可以泡8泡。

品 凤凰八仙茶确实值得"望文生义"。为什么这么说？八仙茶外形俊秀，柔美挺拔，风姿如吕洞宾；干茶色泽深重，如看遍世情的铁拐李；耐高温冲泡，水温高茶香更佳，大肚能容如汉钟离；香气多变，第一泡有花香，第二泡变为果香，水蜜桃、莲雾、梨子等香气次第升起，缤纷如蓝采和的花篮；茶汤清苦，苦而能化，也耐冲泡，老而弥坚如张果老；香气雅正，广雅如曹国舅；叶底柔润有光，暗香仍不时涌起，素雅温婉如何仙姑；喝完之后，神思回味，清音不绝，如韩湘子紫金箫曲余韵。

锯朵仔

产地：广东省潮州市凤凰山。

锯朵仔是凤凰单丛茶之一，因叶齿小、深、利，形似小铁锯而得名；但是采摘时间短，如果叶片长大，就比较老了，不能叫锯朵仔，只能叫锯朵。该茶树生长于凤凰山海拔约1100米的乌岽管区湖厝村村北茶园，树龄300多年（另说400多年）。

茶的特征

[外形]紧结纤细　[色泽]灰褐发乌

[汤色]金黄明亮　[香气]高扬持久

[滋味]醇厚甘爽　[叶底]绿中带红

识　锯朵仔成茶条索细紧，匀整度高，比一般单丛稍小。色泽灰褐油润，带有花香。

泡　可以使用盖碗或者造型高而圆润的紫砂壶、潮州手拉壶冲泡。置茶量为主泡器的1/3~1/2，水温100℃，下投法冲泡，无需洗茶，无需刮沫。第一泡5秒出汤，之后每泡增加5~10秒出汤，可以泡8泡。

品　茶汤以杏仁香为主，高香浓烈，馥郁悠长，挂杯前段以花蜜香为主，后段有淡淡奶香和草药香，留香持久。汤色油黄绵稠，色泽明亮，入口顺滑，微显涩，回甘香醇。

老仙翁

产地：广东省潮州市凤凰山。

老仙翁是有性繁殖而来，是从乌岽山水仙群体品种的自然杂交后代中单株筛选而成，原产自乌岽山李仔坪太子洞旁。因树龄均在100~400年，成茶香气高，滋味好，被命名为老仙翁。老仙翁老丛已有扦插或嫁接繁殖，在乌岽高山地带栽培。

茶的特征

[外形]紧直纤细　[色泽]灰褐发乌

[汤色]金黄明亮　[香气]清高细锐

[滋味]醇厚甘爽　[叶底]绿中带红

识　老仙翁成茶条索细紧，匀整度高，色泽灰褐油润，带有花香。

泡　可以使用盖碗或者造型高而圆润的紫砂壶、潮州手拉壶冲泡。置茶量为主泡器的1/3~1/2，水温100℃，下投法冲泡，无需洗茶，无需刮沫。第一泡5秒出汤，之后每泡增加5~10秒出汤，可以泡15泡。

品　茶汤的香气清高细锐，类似栀子花混合柚子花的香气。汤色金黄明亮，油质感和胶质感明显，滋味醇厚爽口。老丛韵深长，持久耐泡，好的老仙翁可以泡20泡以上。

鸭屎香

产地：广东省潮州市凤凰山。

鸭屎香是凤凰单丛茶之一，母树生长在海拔900米的潮州凤凰山凤溪管区下坪坑头村，树龄不到百年。鸭屎香从乌岽山引进，种在"鸭屎土"（其实是黄壤土，但含有矿物质的白垩）茶园。

茶的特征

[外形] 紧直肥壮　　[色泽] 黑褐油润
[汤色] 橙黄明亮　　[香气] 高扬持久
[滋味] 醇厚甘爽　　[叶底] 绿中带红

（识）鸭屎香茶叶形状比其他茶种肥硕，色泽黑褐。闻起来有高扬清新的花香。

（泡）可以使用盖碗或者造型高而圆润的紫砂壶、潮州手拉壶冲泡。置茶量为主泡器的1/3~1/2，水温100℃，下投法冲泡，无需洗茶，无需刮沫。第一泡5秒出汤，之后每泡增加5~10秒出汤，可以泡12泡。

（品）茶汤比其他的凤凰单丛要显得清淡，花香沁人。入口甘洌，高扬的香气充满整个口腔，之后是微苦，随即苦后化甘，回甘强。兰花般的香气之中还兼有一种高山野韵。

凹富后

产地：广东省潮州市凤凰山。

凹富后是凤凰水仙"有性系"培育种系之一，因为生长在叫"塌堀后"的地方，也叫"塌堀后"，也有叫"凹堀后"的。属于黄枝香型，黄枝香本来是栀子花香的俗写，所以也叫塌堀后黄枝香或者塌堀后黄栀香。

茶的特征

[外形] 紧直卷曲　　[色泽] 青褐油润
[汤色] 淡黄清浅　　[香气] 花香浓郁
[滋味] 醇厚甜顺　　[叶底] 青褐柔软

（识）凹富后干茶条索紧结，尚挺直，色泽青褐，略有白霜，整体匀度较好。干茶闻起来有甜香，并有淡淡的清凉气息。

（泡）使用盖碗或者造型高而圆润的紫砂壶、潮州手拉壶冲泡。置茶量为主泡器的1/3~1/2，水温100℃，下投法冲泡，无需洗茶，无需刮沫。第一泡5秒出汤，之后每泡增加5~10秒出汤，可以泡12泡。

（品）茶汤浅金黄，明亮通透，栀子花香明显。茶汤入口甜滑，滋味浓强，饮后口有余香，回甘生津。

老单丛

产地: 广东省潮州市。

老单丛不是一个品种,而是陈放的单丛。单丛大约在5年后产生一个感官变化,香气、口感、色泽都有改变,但是如果是口感发生一个分水岭般的变化,有人认可的陈化味道出现,至少要陈放20年以上。因此,这里所说的老单丛特指陈放20年以上的。当然,30年陈的老单丛滋味更加美妙,不过市面上的量非常少。

茶的特征

[外形] 偶见细碎

[色泽] 灰褐乌润　　[汤色] 橙红油润

[香气] 陈香浓郁　　[滋味] 浓厚醇润

[叶底] 绿褐带乌

主泡器的 1/5~1/4　100℃

第一泡半分钟

（识）老单丛干茶的色泽会从绿褐到棕褐再到乌褐,也见白霜,逐渐油润。细闻有干果香和轻微焙火气。

（泡）最宜使用潮州手拉壶冲泡,置茶量为主泡器的1/5~1/4,水温100℃,下投法冲泡,无需洗茶,无需刮沫。可以置茶后加盖不加水,用滚水浇淋壶身,之后开盖,借助壶身渗透进入的热气,逼散老单丛表面陈味,之后低冲低斟,定点冲泡。第一泡半分钟出汤,之后第二至十泡可10~20秒出汤,再之后增加浸泡时间,可以泡15泡。

（品）老单丛的香气近似果蜜香,但是随之转为陈香,也有参香乃至药香的出现。茶汤表面如油如胶,异常顺滑醇厚,穿透力强。

173

岭头单丛

产地： 广东省潮州市饶平县岭头村。

岭头单丛发源于饶平县浮滨镇岭头村海拔1032米的双髻娘山，于1961年从野生水仙茶中选育而成，2002年被审定为国家茶树良种。岭头单丛为小乔木型大叶种茶，因其叶色浅黄绿间红，迎光时发白，又名"白叶单丛"，现在也叫"赤叶单丛"。

茶的特征

[**外形**] 细长秀美

[**色泽**] 棕褐闪绿　[**汤色**] 橙红明亮

[**香气**] 高扬浓郁　[**滋味**] 蜜韵温润

[**叶底**] 黄绿间红，红边明亮

主泡器的1/3~1/2　100℃

第一泡5秒

识 岭头单丛外形条索弯曲，纤细柔美，色泽棕褐，但是细看底色是乌绿的，俗称"鳝鱼色"。

泡 可以使用盖碗或者造型高而圆润的紫砂壶、潮州手拉壶冲泡，置茶量为主泡器的1/3~1/2，水温100℃，下投法冲泡，无需洗茶，无需刮沫。第一泡5秒出汤，之后每泡增加5~10秒出汤，可以泡10~12泡。

品 岭头单丛茶汤香高扬浓郁，有花香带蜜香。滋味中最为称道的就是"蜜韵"，浓醇甘甜；汤色橙红明亮、清澈。叶底黄绿色，红边明亮，但面积不大，俗称"朱边绿腹"。

饶平县的产茶史

康熙年间的《潮州府志》记载："潮地茶佳者罕至，今凤山茶佳，亦云待诏山茶，亦名黄茶。"待诏山位于饶平县，当地人称为大质山，这里所说的黄茶，不是如今所说的黄茶，而是指类似于发酵、烘焙后茶叶毛茶发黄，更贴近乌龙茶的茶。大质山的石古坪村产茶历史应该在300~400年，岭头村的单丛就要年轻很多。

墨兰香

产地: 广东省潮州市凤凰山。

墨兰香凤凰单丛产自潮州海拔600米的凤凰乌岽茶园。此地山泉清澈,植被茂密,雾多露重,自然环境十分优越。乌岽山的土壤是由火山喷发形成的,故土壤类型多样,土层深厚,有机质含量丰富。这样得天独厚的地理环境,对茶树的生长非常有利。

茶的特征

[外形] 肥壮匀整

[色泽] 乌褐油润　[汤色] 橙黄明亮

[香气] 高扬浓郁　[滋味] 醇厚甘爽

[叶底] 青褐柔软

主泡器的 1/3~1/2　100℃
第一泡5秒

识 墨兰香干茶色泽乌润,外形肥壮,条索紧实匀整,细闻有花香混合荞麦香气,又夹淡淡话梅香。

泡 可以使用盖碗或者造型高而圆润的紫砂壶、潮州手拉壶冲泡,置茶量为主泡器的1/3~1/2,水温100℃,下投法冲泡,无需洗茶,无需刮沫。第一泡5秒出汤,之后每泡增加5~10秒出汤,可以泡15泡。

品 墨兰香茶汤橙黄明亮,有明显胶质感。香气高扬,十分近似墨兰花香,层次丰富,每泡之间均有变幻。茶汤适口性好,舌面留香持久,口感尚甜。

台湾乌龙

台湾大禹岭茶

产地： 台湾省花莲市合欢山大禹岭。

大禹岭在台湾省中央山脉主脉鞍部，南北介于合欢山、毕禄山之间，东西介于梨山、关原之间，为立雾溪和大甲溪两水系之流域的分水岭。大禹岭茶是高山茶，茶园基本分布在海拔2300~2600米的高山上，品质最好的为冬茶。

茶的特征

[**外形**] 紧实匀整，呈半球形

[**色泽**] 乌润有油光

[**汤色**] 蜜绿厚重　[**香气**] 隐忍持久

[**滋味**] 顺滑饱满　[**叶底**] 张大厚肥

主泡器的 1/4　95℃　第一泡半分钟

识 大禹岭干茶显得非常重实，乌润有油光，呈半球形。

泡 最宜使用白瓷盖碗，也可以使用高温紫砂壶冲泡。胎质致密的不易吸收香气。置茶量约为主泡器的 1/4，水温95℃左右，第一泡冲泡半分钟，之后每泡减少时间，转淡后再延长浸泡时间。

品 冲泡后，茶汤蜜绿厚重。香气隐忍，带有非常明显的高山韵味；香气似幽兰，而带暖春花意。滋味顺滑饱满，虽有苦感，旋即消散。叶底叶片张大厚肥，叶缘锯齿清晰稍钝，闻之微有暗香。

三招鉴别台湾茶

要想鉴别台湾茶，首先你一定要选对正宗的台湾高山茶。台湾茶的特性是生长在海拔千尺的高山之上，加上本地的生产加工工艺，成就它醇厚甘润，或带果香或带奶香的独特韵味，并且海拔越高，品质越优越。台湾茶一般不去梗，汤色蜜绿，也就是蜂蜜水的色泽加点绿色那种感觉；如果你看到的台湾茶很漂亮，尤其干茶异常饱满且无梗，茶汤中苦涩味比较重的，十有八九是假的。

阿里山珠露茶

产地：台湾省嘉义县阿里山茶区。

阿里山珠露是主要产于嘉义县竹崎乡石棹茶区的高山乌龙茶品牌，常用来指我国台湾省阿里山所产球形茶。如果不是铁观音这样的品种茶，或者包种茶，阿里山当地茶人一般称"阿里山高山茶"。

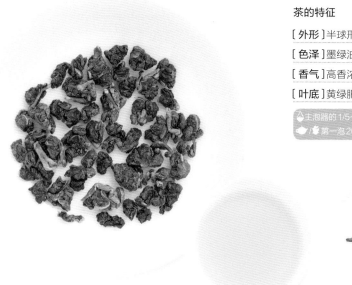

茶的特征

[外形] 半球形茶

[色泽] 墨绿油润　[汤色] 蜜绿通透

[香气] 高香浓郁　[滋味] 清香醇和

[叶底] 黄绿肥壮

主泡器的 1/5~1/4　95℃

第一泡 20~30 秒

识 阿里山高山茶基本都属乌龙茶种，以软枝乌龙居多。阿里山珠露干茶颗粒玲珑，半球状而带茶梗，色泽暗绿，微有白霜，干香隐隐。

泡 可以使用盖碗、潮州手拉壶、宜兴紫砂壶、台湾岩泥壶、瓷质壶冲泡，置茶量为主泡器的 1/5~1/4，水温 95℃，下投法冲泡，无需洗茶。沿边缘低冲注水，第一泡 20~30 秒出汤，之后第二至六泡可 10~20 秒出汤，再之后增加浸泡时间，可以泡 10 泡。

品 冲泡后，茶汤蜜绿带黄，清澈通透；香气淡雅，绵绵不断，不张扬的幽香如幽兰般沛然四至。入口，茶汤丰厚，水体饱满欲涨，香气充盈而走。爽然下咽，舒爽回甘，香气往返。细观叶底，柔软绿润，红边宛然。

阿里山常见茶品种

市面上比较知名和认可度较高的阿里山茶品种有：熟香阿里山乌龙，火工较重，散发焦香，茶汤橙黄，口感醇厚带有浓郁的蜜味；阿里山蜜香乌龙，采摘小绿叶蝉噬咬过的茶叶制成，带有淡淡的奶香甜味和花果蜜香；阿里山炭焙乌龙，发酵程度略高，并加以炭焙，不过没有熟香乌龙茶火工高，茶汤蜜绿色，口感温润，甘醇淡雅；阿里山高山茶老茶，陈化 20 年以上，茶汤颜色蜜绿带有琥珀黄，香气沉稳，滋味顺滑；另外还有阿里山金萱。

台湾省乌龙茶和传统乌龙茶

首先，传统乌龙茶是一个茶类，而我国台湾省乌龙茶特指使用乌龙茶树制作的半发酵茶。其他半发酵茶只能单独命名。其次，台湾省乌龙茶的发酵程度一般都比传统乌龙制法要低，尤其是近几年，发酵程度一般在25%以下，发酵程度70%以上的已经很少了。最后，台湾省乌龙茶一般都是中、轻焙火，传统乌龙是重焙火。所以，台湾省乌龙茶香气清雅，汤色蜜绿，而传统乌龙茶香气浓烈，汤色橙红。无所谓单纯的好坏，只是追求不同。一般来说，台湾省乌龙茶的内质要逊色于传统乌龙，口感则更适合女性和年轻茶客饮用。

台湾省乌龙茶的基本源流

我国台湾省茶叶大概是从云南传入湖南，继而传向广东，然后往闽南、闽北，再从闽北传入台湾省。但是乌龙树种是清嘉庆年间（约1810年），福建茶商柯朝将茶籽试植新北市，获得成功。台湾省植茶就此传播开来，所以台湾省乌龙茶的种植历史大约为200年。清咸丰年间（约1822年），林凤池自福建引入青心乌龙茶苗，种植于冻顶山，相传为冻顶乌龙茶之起源。光绪年间（1875~1908年），张乃妙先生自安溪引入铁观音茶苗，种植于木栅樟湖山，相传为木栅铁观音之起源。

台湾省七大茶区

如今，台湾省成为非常重要的中国茶产地之一，所出产的茶也十分优越。我国台湾省的茶区可以分成七块，见下表：

我国台湾省七大茶区

茶区	海拔高度	主产品牌
杉林溪茶区	550~1900米	杉林溪、龙凤峡、狮头湖等
仁爱茶区	1200~1900米	叠峰、眉溪、雾社等
阿里山茶区	700~1700米	阿里山、梅山、顶湖等
梨山茶区	1800~2650米	大禹岭、福寿山、梨山等
玉山茶区	900~1700米	七彩湖、信义、神木等
南部茶区	500~2600米	天池、摩天岭、桃源等
北部茶区	1400~1900米	上巴陵、下巴陵等

台湾省四大乌龙茶种

1.青心乌龙，也叫软枝乌龙，来源于闽北建瓯御茶园遗留的矮脚乌龙，台湾省阿里山茶、冻顶乌龙皆属此种。有一些广告中说青心乌龙是从安溪引进的，这个说法恐有误区。

2.红心乌龙，也叫硬枝乌龙，来源于安溪铁观音纯种。红水观音、石门观音、木栅观音都是这个树种。

3.青心大冇，白毫乌龙的当家品种。

4.金萱，台茶12号。台农8号和硬枝乌龙的杂交后裔，以近似于奶香味的特点而知名。

台湾东方美人

产地： 台湾省新竹县和苗栗县一带。

东方美人在台湾省被称为"白毫乌龙"，但是它的发酵度明显偏高，更像红茶，叶底也是红色，完全不像传统的乌龙，叶底上只是斑块或者边缘条带呈红色。据说一百多年前，英国维多利亚女王品饮到此茶，感到美妙无比，因其来自东方，故称其为"东方美人"。东方美人是台湾省的特有茶，近几年声誉日隆。

茶的特征

[**外形**] 蜷曲柔美，白毫明显

[**色泽**] 鲜亮，绿、褐、红、黄相间

[**汤色**] 鲜艳明亮　[**香气**] 果香蜜香

[**滋味**] 清甜芬芳　[**叶底**] 色泽偏红

主泡器的1/4　85℃　第一泡5~10秒

识　东方美人干茶蜷曲柔美，颜色斑斓如九寨沟的秋天，绿、褐、红、黄杂彩缤纷。

泡　适宜使用白瓷盖碗或瓷壶冲泡。置茶量约为主泡器的1/4，水温85℃左右，第一泡5~10秒出汤。

品　冲泡后，茶汤色泽非常漂亮，深如琥珀，透明温润。入口顺滑，香气蜜意很浓，红薯干般的味道也很突出。叶底干净整齐，色泽偏红。

偶然制成的"膨风茶"

东方美人也称"膨风（椪风）茶"，它的来历与小绿叶蝉有关。小绿叶蝉小如针尖，但是会使茶树幼叶及嫩芽的色泽变成黄绿色，影响茶叶成品外观。茶山防治小绿叶蝉曾经是一项很严峻的工作。某次茶农将被小绿叶蝉侵害过的茶叶制成了成品茶，却散发出迷人的蜜香，一时身价大涨。茶农奔走相告，大部分人都不相信，闽南语说吹牛为"膨风"，这茶就落下了"膨风（椪风）茶"的名声。

台湾四季春

产地：台湾省南投县名间乡。

四季春茶抗寒性高，香气明显，一年可以采摘七八次，所以取名"四季春"。较清香的四季春茶在每年的新年过后出现，这个季节产的俗称"不知春"。冬至前后是四季春采茶的最好季节，四季春茶的香味是栀子花香，香气怡人。冬片、不知春茶产季的四季春具有明显的冷香。四季春因为产量相对较大，也是台湾茶中性价比较高的一款茶。

茶的特征

[外形]颗粒紧结　[色泽]褐黑间绿

[汤色]黄绿明亮　[香气]花香高扬

[滋味]顺滑饱满，舌面微苦轻涩

[叶底]叶片柔韧，边缘有红斑

主泡器的1/4　90℃　第一泡20秒

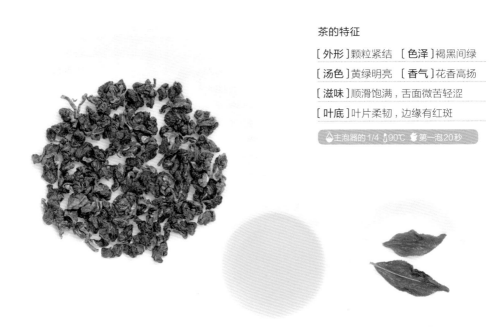

识 四季春茶外形颗粒紧结，褐黑间绿。

泡 最适宜使用白瓷盖碗冲泡，置茶量为主泡器的1/4，水温90℃左右，第一泡冲泡20秒。

品 冲泡后，汤色黄绿明亮，花香高扬，杯底留香明显。滋味顺滑饱满，舌面微苦轻涩，茶韵协调平衡，略显单薄；叶底叶片柔韧，边缘有红斑。

如何鉴别四季春

首先，四季春不耐冲泡，一般5泡之后，香气迅速转弱，茶汤显得单薄。其次，四季春不是青心乌龙茶种。四季春叶底叶片发圆，而青心乌龙的叶片发尖。最后，要细细品饮"山林气"。四季春比高山乌龙少的是那种说不明白的"山野气"，尤其是相对杉林溪茶而言，缺乏那种森林间冷寂的、如同斑驳光影的清韵。

木栅铁观音（正枞）

产地：台湾省台北市木栅茶区。

木栅只有300多米的海拔，并不是很高，但地属东照山坡，气候温和，加上山形环抱，能聚拢水汽，带来更多雨水和雾气滋润，以及砾石红壤的肥沃和透气性，使得茶青品质比起高海拔茶区的也毫不逊色。

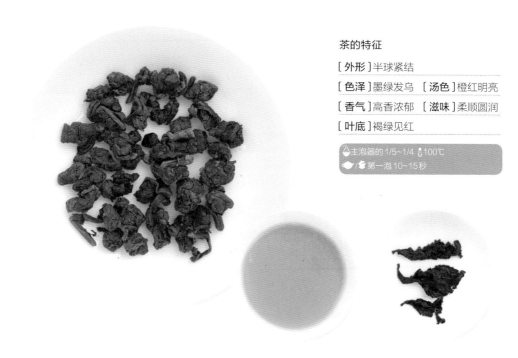

茶的特征

［外形］半球紧结

［色泽］墨绿发乌　　［汤色］橙红明亮

［香气］高香浓郁　　［滋味］柔顺圆润

［叶底］褐绿见红

主泡器的1/5~1/4　100℃
第一泡10~15秒

识 木栅铁观音干茶圆结成颗粒形，也有略散如蜻蜓头的，色泽乌褐，带有茶梗，茶梗较大陆铁观音短粗。

泡 可以使用盖碗、潮州手拉壶、紫砂壶、岩泥壶、瓷质壶冲泡。置茶量为主泡器的1/5~1/4，水温100℃，下投法冲泡，无需洗茶。沿边缘低冲注水，第一泡10~15秒出汤，之后第二至六泡可20~30秒出汤，再之后增加浸泡时间，可以泡9泡。

品 木栅铁观音冲泡后，汤色橙红明亮。焙火香中伴有甜香和熟果香。滋味醇厚，入口微有苦感，迅速转化，茶汤顺滑甘爽，香气入汤，回甘生津。叶底褐绿，有红边或红色块，柔软肥壮。

木栅铁观音源于福建

我国台湾省茶师张乃妙先生于光绪年间，去往福建安溪引进传统铁观音树种，在木栅樟湖地区进行栽培，此地土质与气候环境与原产地相近，后成为我国台湾省重要的铁观音产区。木栅铁观音用铁观音茶种，配合高度发酵、重度焙火的工艺，让茶中芳香物质转化，火香与茶香结合，形成非凡风味。张乃妙先生终身致力于对木栅铁观音的开创和传授。

红水乌龙(红水观音)

产地: 台湾省南投县一带茶区。

红水乌龙大概可以追溯到清末。那时我国台湾省乌龙茶采用武夷岩茶制法: 重度发酵, 轻火至中火焙火, 成茶水色偏深, 橙红明亮, 故有"红水乌龙"之名。红水乌龙的发酵程度一般在70%以上, 但又没有达到红茶的发酵程度, 有时被称为"强发酵乌龙茶"。

茶的特征

[外形] 球形紧实

[色泽] 乌绿油润　　[汤色] 金黄带红

[香气] 高香浓郁　　[滋味] 醇厚甘润

[叶底] 黄绿红边

主泡器的 1/4~1/3　100℃

第一泡5秒

识　红水乌龙绝大部分由青心乌龙制作, 也有少量由红心乌龙制作。干茶球形带梗, 色泽乌绿。细闻有花蜜香和淡淡的火香。

泡　可以使用盖碗、潮州手拉壶、宜兴紫砂壶、台湾岩泥壶、瓷质壶冲泡, 置茶量为主泡器的1/4~1/3, 水温100℃, 下投法冲泡, 无需洗茶。沿边缘低冲注水, 第一泡5秒出汤, 之后第二至六泡可5~15秒出汤, 再之后增加浸泡时间, 可以泡9泡。

品　红水乌龙冲泡后茶汤金黄, 偏琥珀色, 如果是陈年的红水乌龙, 茶汤逐渐转向红艳。带熟果香或浓花香, 滋味醇厚甘润, 喉韵回甘十足, 带明显焙火韵味。

文山包种

产地：台湾省台北市、新北市一带茶区。

文山是我国台湾省台北的一个地区，包括台北市文山、南港，新北市的新店、坪林、石碇、深坑、汐止等茶区。石碇地区有号称"台湾省千岛湖"的翡翠水库，当地尤其注重环保，不施用农药，这两地的文山包种品质尤佳。

茶的特征

[外形]条索弯曲　[色泽]青碧发乌

[汤色]蜜绿清浅　[香气]高香悠扬

[滋味]甘甜润泽　[叶底]碧绿肥壮

主泡器的1/5~1/4　90~95℃

第一泡10秒

识 文山包种茶为条索形，色泽青碧发乌，干香清新。

泡 可以使用盖碗、潮州手拉壶、瓷质壶冲泡。置茶量为主泡器的1/5~1/4，水温90~95℃，下投法冲泡，无需洗茶。沿边缘低冲注水，第一泡10秒出汤，之后可增加浸泡时间10~20秒，可以泡9泡。

品 文山包种冲泡后茶汤金黄透绿，但比一般台湾省高山茶要略浅。散发飘逸的自然花香，茶汤甘甜润泽，适口性好。但对老茶友来说，稍显淡薄。

北文山、南冻顶

包种茶是一种包装方式，而不是某树品种。在清光绪年间，安溪县某农仿武夷茶的制造法，将进贡的茶叶，每四两装成一包，每包用福建所产的毛边纸二张，内外相衬包成长方形的四方包，包外再盖上茶名称及行号印章，据说光绪皇帝将此茶赐封为"包种"。台湾省的包种茶按外形分为两类，一类是条形种茶，以文山包种为代表；另一类半球形包种茶，以冻顶乌龙为代表

冻顶乌龙

产地：台湾省南投县鹿谷乡茶区。

冻顶乌龙茶在台湾省高山茶中极负盛名，主产于南投鹿谷乡冻顶山茶区，主要以青心乌龙品种制成。采取一心二叶或一心三叶，传统发酵程度偏轻，为30%~40%。根据发酵程度，它应是包种茶。

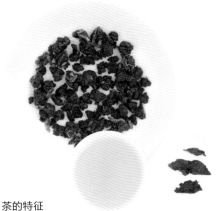

茶的特征

[外形] 半球形茶　[色泽] 墨绿油润

[汤色] 金黄明亮　[香气] 高香浓郁

[滋味] 醇厚甘润　[叶底] 黄绿见红

识 冻顶乌龙属于偏轻发酵茶品，干茶成半球状，色泽墨绿，带有茶梗，根部呈现金黄色。

泡 可以使用盖碗、潮州手拉壶、宜兴紫砂壶、台湾岩泥壶、瓷质壶冲泡，置茶量为主泡器的1/5~1/4，水温100℃，下投法冲泡，无需洗茶。沿边缘低冲注水，第一泡40秒出汤，之后每泡增加5~10秒浸泡时间，可以泡9泡。

品 冲泡后，茶汤金黄，香气浓郁，带坚果香交织桂花香，滋味醇厚甘润，喉韵回甘十足。

台湾杉林溪茶

产地：台湾省南投县杉林溪。

杉林溪高山茶茶区海拔1500米以上，终年云雾笼罩，土壤肥沃，所产杉林溪高山茶表现出高山独特之茶色，尤其具有明显的杉木香气。杉林溪茶区一年中在春、秋、冬季各采收一次，以龙凤峡最具代表性。

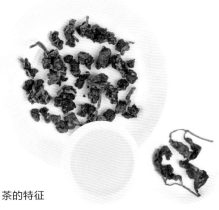

茶的特征

[外形] 呈半球形

[色泽] 绿而乌润

[汤色] 蜜绿通透　[香气] 清扬优雅

[滋味] 甘醇美妙　[叶底] 肥壮绿润

识 杉林溪茶色泽绿而乌润，呈半球形，干茶即能闻到安然而静幽的冷香，浓郁中透着一丝丝杉木的清香。

泡 最宜使用白瓷盖碗冲泡。水温100℃，第一泡冲泡半分钟左右。

品 茶汤蜜绿可爱，通透清澈、胶质丰厚，如凝固的绿色琥珀。树木之香喷薄而出，如同微风拂过高山杉林，喉韵美妙，绵绵不绝。叶底肥壮，色泽绿润。

梨山（福寿山）茶

产地: 台湾省台中县梨山。

梨山茶园是高山高冷茶园，海拔在2000米以上。梨山茶有三季: 春茶五月下旬、六月上旬采摘; 秋茶八月上旬采摘; 冬茶十月下旬采摘。梨山茶以福寿山茶厂的品质最佳，因此市面上也称之为"福寿山茶"。

茶的特征

[外形] 紧结肥壮		[色泽] 暗沉有光	
[汤色] 黄中透绿		[香气] 幽静浓郁	
[滋味] 甘醇爽滑		[叶底] 肥壮柔软	

（识）梨山茶外形颗粒紧结，暗沉有光，也有小粒，当是单片叶所揉。

（泡）最宜使用白瓷盖碗冲泡。置茶量为主泡器的1/5~1/4，水温95~100℃，第一泡冲泡30~45秒出汤。

（品）汤色正黄中透着蜜绿。水质略涩，香气优雅，是高山上果树林里月夜般的冷香。不过水质偏薄，如果延长浸泡时间，并不会像一些茶友所说的绝无涩感，还是会有涩感，不过苦感甚少。叶底肥壮，柔软明亮。

台湾太峰茶

产地: 台湾省台东县太麻里乡与金峰乡交界的金针山。

太峰茶产地金针山的海拔在800~1300米，云雾缭绕，日夜温差大，土壤肥沃。茶农担心破坏土质，坚决不使用化肥，全部采用甘蔗渣当作有机肥，故而茶叶种出来后别有一种甘甜香郁。

茶的特征

[外形] 呈球状，显见茶梗	[色泽] 嫩绿伴有墨绿	
[汤色] 金黄清澈	[香气] 浓郁	
[滋味] 味甘质顺	[叶底] 肥润黄绿	

（识）太峰茶干茶呈球状，嫩绿伴有墨绿，色泽油润，显见茶梗。

（泡）最适宜使用白瓷盖碗冲泡。置茶量为主泡器的1/5~1/4，水温95℃左右，第一泡冲泡时间不超过半分钟，以后每泡可以10~15秒出汤。

（品）冲泡后汤色清澈透明，呈现明亮的金黄色。香气浓郁，喝起来味甘质顺，但相比杉林溪等韵味略差。叶底肥润黄绿，边缘有红。

台湾金萱

产地：台湾省南投县、嘉义县等一带茶区。

金萱为茶树品种名称，是台湾省茶叶改良场经过四十多年的培育，将硬枝红心和台农8号杂交培育的第一代，20世纪80年代成功培育出的排列第十二号的新品种，命名为"台茶12号"；因其试验所的代号为2027，故成茶俗称"27仔"。

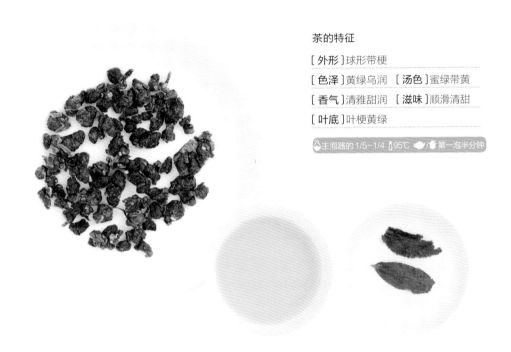

茶的特征

[外形]球形带梗

[色泽]黄绿乌润　[汤色]蜜绿带黄

[香气]清雅甜润　[滋味]顺滑清甜

[叶底]叶梗黄绿

主泡器的1/5~1/4　95℃　第一泡半分钟

识 台湾省金萱乌龙的发酵程度一般偏轻，为20%~25%。干茶紧结，一般为半球形。色泽黄绿，细闻有淡淡花香。

泡 可以使用盖碗、潮州手拉壶、宜兴紫砂壶、台湾岩泥壶、瓷质壶冲泡，置茶量为主泡器的1/5~1/4，水温95℃，下投法冲泡，无需洗茶。沿边缘低冲注水，第一泡半分钟出汤，第二至六泡可10~20秒出汤，再之后增加浸泡时间，可以泡9泡。

品 金萱冲泡后，主要以花果香为主，认真嗅闻，会有果香与细微的奶香，类似于奶糖的感觉。茶汤滑润清甜，杯底奶香较为明显。

"金萱"名自慈孝心

金萱由台湾省茶叶之父吴振铎培育而成，为了纪念他的祖母，他将此茶以其祖母之闺名命名为"金萱茶"。金萱树型横张，叶厚呈椭圆形，叶色浓绿富光泽，幼苗绿中带紫，密生茸毛，适制包种茶及乌龙茶。目前，金萱的种植面积在台湾省占第二，仅次于青心乌龙，海拔1600米以下的茶区多有种植。

红茶

红茶的分类

我国红茶的主产地有云南省、福建省、四川省、安徽省、广东省、台湾省和河南省等地。根据成茶特点和制作方法的不同，我国红茶可分为小种红茶、工夫红茶和红碎茶三类。

小种红茶、工夫红茶和红碎茶

小种红茶为数量稀少、品种特殊之意，特指闽红中的正山小种和外山小种，这个"山"也是武夷山；工夫红茶制作起来相当麻烦、很费工夫，比如祁红、滇红曲香就是工夫红茶；红碎茶在国际上是CTC红茶（CTC为Crush Tear Curl的简称，意为将茶叶撕裂、揉捻加工成颗粒状碎茶，以便于冲泡时茶汁渗出），茶叶成碎末状，适宜制成袋泡茶或者冲泡后过滤加奶加糖饮用。人们常说的四大红茶是：正山小种、祁门红茶、印度阿萨姆红茶和斯里兰卡红茶。

"工夫"还是"功夫"？

在中国喝茶，人们经常碰到"功夫茶"，也经常听说"工夫茶"，二者是一回事，还是有区别？其实，没有功夫茶，只有工夫茶。虽然红茶品级中有"XX工夫"，但如果只说工夫茶，基本是指潮汕地区的一种泡茶技法。之所以叫工夫茶，是因为这种泡茶的方式极为讲究，很花费工夫和精力。另外，在潮汕话中，"功夫"和"工夫"其实发音不同，不能混用。

中国红茶的海外传播

中国是红茶的发源地，但是在早期，中国红茶内销量并不算大。与之相对应的是，因为中国红茶在国际上享有良好声誉，所以红茶是很重要的外销茶品。

红茶为什么不翻译成"Red Tea"

"红茶"按照英文直接翻译，应该是"Red Tea"，但是在英文里，红茶却被翻译成"Black Tea"，从英文直译过来就是"黑茶"。为什么中文的"红茶"会变成了英文的"黑茶"呢？比较通用的说法是17世纪英国从福建进口茶叶时，武夷红茶茶色浓深，故被称为"黑茶"。还有一种说法是西方人相对注重茶叶的颜色，因此称之为"Black"，而中国人相对注重茶汤的颜色，因此称之为"红"。那么翻译成"Red Tea"外国人能否理解呢？实际上，英文中有"Red Tea"，但是是指一种非茶植物浸泡出的红色汤水。

清饮红茶与红碎茶

按照史料记载，福建省在16世纪初就已经发明了红茶制法。19世纪30年代，中国小种红茶的制作技术传入印度和斯里兰卡。19世纪70年代，印度为了配合英国等西方国家品饮红茶加奶的习惯，创造了红碎茶的制作方式，使得红碎茶成为西方红茶的主流，也使得中国红茶价格下跌。在中国，红茶主要还是清饮，这样更能感受红茶本身醇美的香气和味道。红茶是一种发酵茶，通过发酵降低了茶多酚的含量，因此也就减少了苦涩之感，茶汤更加甘甜，香气充满蜂蜜味道，色泽也格外喜庆诱人。

云南古树红茶

产地：云南省各茶区。

云南古树红茶也是目前市面上比较流行的红茶品种，其实大的品类仍然是滇红，只是特别强调使用"古树"为茶青原材料。古树相比青壮年茶树来说，滋味尚甜，确实比较适合用以体现红茶的焦糖感。古树红茶根据干燥方式不同，又分为烘干（传统滇红常见工艺）和晒干（称为"古树晒红"）。

茶的特征

[外形] 较为粗壮，略有蜷曲

[色泽] 乌润发褐　[汤色] 橙黄通透

[香气] 果蜜气息，兼具山野之气

[滋味] 醇厚饱满　[叶底] 粗大柔韧

🫖 主泡器的 1/5~1/4　🌡 95~100℃
☕ 第一泡 2~10秒

(识) 古树红茶选取的茶青均为百年以上的古树鲜叶，通常略显肥大，但毫毛稀少，故而色泽不以金红为主。

(泡) 可以使用盖碗、瓷壶冲泡，水温95~100℃，下投法定点冲泡。置茶量为主泡器的1/5~1/4，每泡浸润2~10秒出汤，可泡6泡。

(品) 古树红茶冲泡后汤色比较淡，橙黄通透。香气没有滇红那样高扬有穿透性，但是较为细腻，表现为果蜜气息，混合山间野韵。滋味中甘甜度上升，蔗糖感明显。

喝好茶不要执着于"古树"

茶叶的味道有一定的来源，鲜来自氨基酸，苦来自茶碱类，涩来自茶多酚类，香来自芳香醇类，甜来自糖类。市场上对古树茶的口感评价是甘甜。茶树虽然长寿，但它的青壮期也就几十年，大部分过了70岁的茶树，力量就衰弱了，根系深扎但是根的力量也在减弱，茶鲜叶累积多酚类物质、茶碱类物质的量都在减少，反而突出了层次感和甘甜的感觉。

祁门工夫

产地：安徽省黄山市祁门县。

祁门工夫是早期中国红茶的代表茶种，与印度的大吉岭茶和斯里兰卡的乌瓦茶并称为"世界三大高香红茶"。祁门制茶历史悠久，但是在清光绪元年才参照福建小种红茶的制作方法创制了祁门红。祁门红一出世即得到了广泛的认可，英国市场上一度出现了"非祁门红不买"的状况。

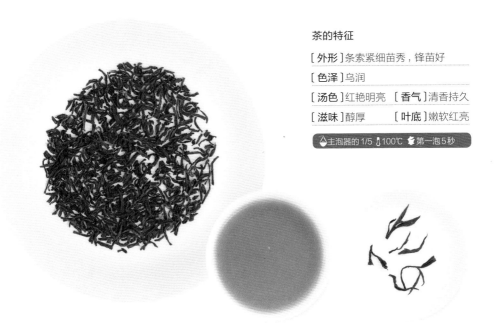

茶的特征

[外形]条索紧细苗秀，锋苗好

[色泽]乌润

[汤色]红艳明亮　[香气]清香持久

[滋味]醇厚　[叶底]嫩软红亮

主泡器的 1/5　100℃　第一泡 5 秒

识 祁门工夫红茶外形条索紧细苗秀，金毫不多，色泽乌润；冲泡后香气清香持久，似果香又似兰花香，国际茶市上把这种香气称为"祁门香"，可见香气非常独特。

泡 最宜使用白瓷盖碗冲泡，水温100℃左右，置茶量约为主泡器的1/5，第一泡5秒出汤。

品 冲泡后，汤色红艳明亮，口感鲜醇醇厚，叶底嫩软红亮。

介于红绿茶之间的"安茶"

祁门是个产茶的好地方，这里自然条件优越，加之当地茶树的主体品种——槠叶种内含物丰富，酶活性高，很适合工夫红茶的制造。然而，这里不仅出产红茶，还出产安茶。实际上，很多清代小说里提到的"六安茶""安茶"指的就是祁门安茶，而不是现代的六安瓜片。安茶在当地俗称"软枝"，创制于明永乐十八年（1420年）前后。

正山小种

产地: 福建省武夷山，原产地则是崇安县桐木关。

"正山"就是正宗武夷山，"小种"指其稀少珍贵。正山小种应该是带有烟气的，被称为"烟熏正山小种"，现代也有不带烟气的。但是从滋味醇和角度来说，烟小种更胜一筹。正山小种的产茶区是武夷山桐木村及桐木村周边海拔600~1200米的茶园，使用传统采茶群体品种制作。之后要使用当地所产松木熏焙，形成正山小种红茶特有的一股浓醇的松脂香和桂圆干香，两三泡后具桂圆汤味。

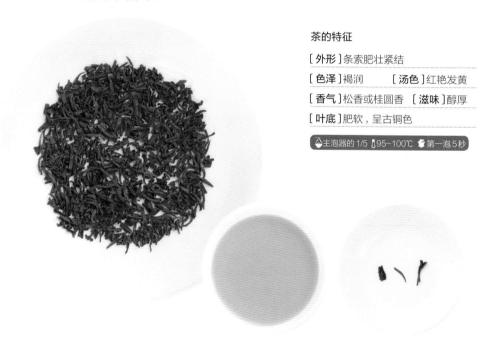

茶的特征

[外形] 条索肥壮紧结

[色泽] 褐润　　　[汤色] 红艳发黄

[香气] 松香或桂圆香　[滋味] 醇厚

[叶底] 肥软，呈古铜色

主泡器的 1/5　95~100℃　第一泡5秒

正山小种特指烟小种。如果人们认为正山小种的特征之一是特殊的桂圆香，那么一定有烟熏的过程，特别是如果有后续陈放，无论是有意还是无意的陈放，烟熏还要符合传统工艺，即不仅仅是萎凋烟熏一遍，还要再精制烟熏一遍。如果没有松烟和红茶本身发酵的花果香交融的话，不太可能产生真正的桂圆香，而只有一般红茶的花果香。其实骏眉系红茶采用的还是正山小种的工艺，只是进一步分等定级采摘标准，略微降低了酶促氧化程度，而又增加了一些水湿发酵的程度，让茶汤保持醇和而又让香气层次婉转高扬，柔和细腻，形成一系列针对中国高端消费市场的茶叶产品，并大获成功。但若泡茶汤的"根基感"，且能真正代表武夷传统红茶水准，并且口碑在国际市场上可以屹立不倒的，唯有传统工艺烟熏正山小种。

识 正山小种的外形不张扬，条索肥壮紧结，色泽褐润中带着点点金芒，细看有如铁观音般的砂点。干茶的香气为特殊的松脂香和桂圆干香。

泡 最宜使用白瓷盖碗冲泡，水温95~100℃，置茶量约为主泡器的1/5，第一泡5秒出汤。

品 冲泡后，汤色红艳发黄，通透明亮，胶质感强。滋味醇厚，甘滑爽口，不苦不涩，回甘持久，口感极其迷人。叶底肥软，呈古铜色。正山小种还具有耐储藏的特点，在常温条件下，3~5年甚至更长的时间内，不仅能保持品质不变，滋味也更加醇厚，松香味也更为浓郁。

正山小种的创制由来

正山小种红茶是世界上最早出现的红茶，至今已有400多年的历史。产自江西入闽的关口——桐木关（武夷山市星村镇桐木关）。据传，明代有一支军队占驻茶厂，不仅让待制的茶叶无法及时烘干，还和衣睡在茶青上，致使茶青被压揉。茶农为挽回损失，就近采伐松木，加温烘干茶叶，本想低价卖出成茶，结果一品尝，发现茶叶多出一种令人舒畅的松香味，茶汤口感也极好，由此产生正山小种红茶。

金骏眉

产地：福建省武夷山。

金骏眉创制于2005年，是著名茶人江元勋综合北京等地茶友意见，邀请著名制茶师梁骏德制作的顶级高档红茶。使用传统正山小种工艺，精选武夷山保护区内海拔1400~1800米的高山茶树嫩芽制作，每500克需要芽头60000余个。因其十分珍贵，故名"金"；因为是梁骏德师傅制作，故取"骏"字；因为成茶如眉形，十分细嫩，故为"眉"字，即成"金骏眉"。

茶的特征

[外形] 条索紧秀细嫩

[色泽] 金、黄、黑相间

[汤色] 金黄透亮　[香气] 复合交织

[滋味] 鲜活甘爽　[叶底] 俊秀亮丽

主泡器的1/5　80~90℃
第一泡10~20秒

识 真正的金骏眉干茶并不全是金毫，而是金、黄、黑相间，条索紧秀细嫩。

泡 最适宜使用白瓷盖碗，也可以使用红茶玻璃泡茶器冲泡，水温80~90℃，第一泡冲泡10~20秒。

品 冲泡后，汤色金黄，稠浓有胶质感。香气复合，花香、蜜香、薯干香等交织。滋味鲜活甘爽，喉韵悠长。叶底芽尖明显，俊秀亮丽。较耐泡，可冲泡8次。

如何识别正宗的金骏眉

金骏眉仿冒品很多，真正的金骏眉产量十分有限，价格也十分昂贵。金骏眉的主要辨别点：干茶色泽，不是金毫特别明显，而是黄、黑、金相间；茶汤香气，不是薯干香，而是层次丰富的偏花蜜类香气；汤感鲜活细腻，但不算浓强。

银骏眉

产地：福建省武夷山。

银骏眉和金骏眉创制历史相同，等级在金骏眉之下，每500克应该有30 000个以上的芽头，茶叶原料的茶区海拔有所降低，为1200~1600米；仍然使用无烟正山小种工艺，谷雨前采摘制作。金骏眉、银骏眉是红茶中的后起之秀，市场表现不俗。

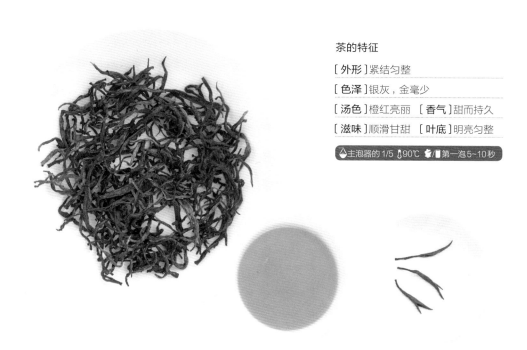

茶的特征

[外形]紧结匀整

[色泽]银灰，金毫少

[汤色]橙红亮丽　[香气]甜而持久

[滋味]顺滑甘甜　[叶底]明亮匀整

主泡器的 1/5　90℃　第一泡5~10秒

（识）银骏眉条索并没有特别挺拔俊秀之感，金毫少，色呈银灰，或金黄带红。

（泡）最宜使用白瓷盖碗，也可以使用玻璃红茶泡茶器冲泡，水温90℃左右，第一泡冲泡5~10秒。

（品）冲泡后，汤色橙红亮丽，香气甜而持久，茶汤顺滑，口味甘甜。叶底明亮匀整，部分叶片呈现暗绿。

骏眉分级标准

一般来说，金骏眉使用单芽制作，没有叶片，银骏眉使用一芽一叶制作，铜骏眉使用一芽二叶制作，铁骏眉使用较粗的芽叶制作。后来因为市场混乱、分级太多，铜骏眉改名为小赤甘，铁骏眉改名为大赤甘。

铜骏眉（赤甘）

产地：福建省武夷山桐木关一带。

茶农们常把铜骏眉叫作赤甘，又根据叶子的张开程度，分为小赤甘（叶子未张开）和大赤甘（叶子较大或者已经张开）。也有说铜骏眉特指小赤甘的。还有一种说法，有一篇比较著名的《骏眉令》说骏眉茶系列的金、银、铜三者是依照茶叶采摘时间早晚来划分的，此说法存疑。

茶的特征

[外形]紧直微曲

[色泽]乌黑发润　[汤色]橙黄带红

[香气]花果之香　[滋味]醇滑清甜

[叶底]润泽软嫩

🫖主泡器的 1/5~1/4　🌡90~95℃

🍵第一泡 2~5 秒

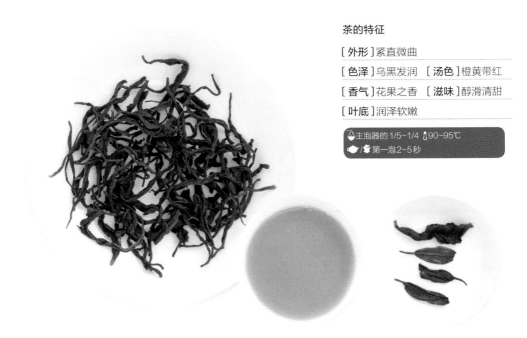

识 铜骏眉外形相较金骏眉和银骏眉而言要大一些，色泽乌润，基本没有金毫。细闻有淡淡的稻草般的香气混合甜香。

泡 可以使用盖碗、瓷壶冲泡，水温90~95℃，下投法定点冲泡。置茶量为主泡器的1/5~1/4，每泡浸润2~5秒出汤，可泡5泡。

品 冲泡后，汤色不是特别浓郁，橙黄微带红色。香气转化为花果香，汤感清甜顺滑。一般第四泡后明显转淡，可以按照个人喜好延长浸泡时间。

"明前茶制骏眉"之谬

《骏眉令》说金银铜骏眉是依照茶叶采摘时间早晚来划分的。其中金骏眉是明前茶，银骏眉是谷雨茶，铜骏眉是立夏茶。还有说骏眉系采摘的都是海拔在1200~1500米的茶叶。但这个说法是矛盾的，即使桐木关海拔从1000米起，它的茶叶萌芽都在清明之后，是不太可能有明前茶的。

红香螺

产地：安徽省黄山市祁门县。

红香螺是祁门红茶精制化的产品，可以称得上是祁门红茶特种茶。由安徽省农科院茶叶研究所于1996~1998年期间，采用"安徽1号"和"祁门种"为原料，加以精细采摘与严格加工相结合研制而成。

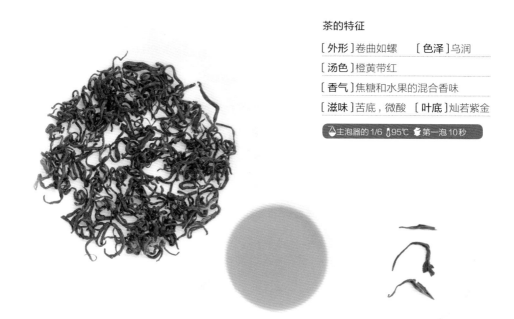

茶的特征

[外形]卷曲如螺　　　[色泽]乌润

[汤色]橙黄带红

[香气]焦糖和水果的混合香味

[滋味]苦底，微酸　[叶底]灿若紫金

🫖主泡器的1/6 💧95℃ ⏱第一泡10秒

识 红香螺干茶卷曲如螺，基本上都是弯曲的金毫，细嫩而惹人怜爱。干茶香气不如祁门红那般浓郁，但是细闻有桂圆和其他果子混合的香气。

泡 使用白瓷盖碗冲泡，水温95℃左右，置茶量约为主泡器的1/6，第一泡冲泡10秒。也可以将茶放入茶漏里，用100℃开水浇淋，即可饮用。

品 冲泡后，汤色橙黄带红，干净而明亮。祁门香不明显，但是有不错的焦糖和水果的混合香味。水质柔和，微微的苦底和淡淡的酸，较不耐泡。叶底非常漂亮，都是"情窦初开"的金芽，灿若紫金。

祁门红茶的基本树种

祁门红茶的基本茶树品种为槠叶种。槠叶种茶树的茶青有独特的香气，并且花香明显，是黄山地区的国家级茶树良种。红香螺采用清明前鲜叶纯手工制成，与祁门工夫红茶相比，红香螺的采摘标准更为严格，均挑取标准的一芽一叶或一芽两叶，特级红香螺的金芽含量可达60%。

坦洋工夫

产地： 福建省福安市坦洋村。

坦洋工夫是福建省三大工夫红茶之一，使用优质坦洋菜茶制作，大约在清朝咸丰年间创制，是早期的重要出口产品。1881~1936年的50余年间，坦洋工夫每年均出口上万担，运销荷兰、英国、日本等20多个国家与地区，一度作为英国皇室的指定用茶，每年收外汇茶银百余万元。当时民谚云："国家大兴，茶换黄金，船泊龙凤桥，白银用斗量。"就是指坦洋工夫装船出口的盛景。

茶的特征

[外形] 条索细长完整，纤细有毫

[色泽] 金芒闪烁　[汤色] 红艳明亮

[香气] 优雅迷人　[滋味] 略带薯香

[叶底] 细嫩，柔软红亮

主泡器的 1/6　95℃　第一泡 10~15 秒

（识）坦洋工夫外形条索细长完整，纤细有毫，金芒闪烁，匀净精致。

（泡）最宜使用白瓷盖碗冲泡，水温95℃左右，置茶量约为主泡器的1/6，第一泡冲泡10~15秒。

（品）冲泡后，茶汤红艳明亮，香气优雅迷人，滋味甘爽，略带薯香。叶底柔软红亮，细嫩。

坦洋工夫的兴衰史

坦洋工夫从创制之初就开始外销，声名远播。但在中国本土反而声望不显，特别是20世纪70年代后外销开始下降，加上绿茶受到市场追捧，坦洋茶区很多茶厂推行"由红改绿"，坦洋工夫一度沉寂。

金丝藏香

产地: 福建省福安市。

金丝藏香可以说是坦洋工夫里的奇种,产自福建省福安市坦洋村。金丝藏香虽然隶属于坦洋工夫,但是品质更为优异,优异到可以"自立门户"。

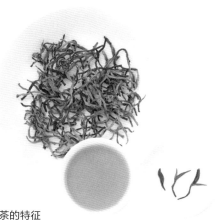

茶的特征

[外形]条索修长略弯曲,金毫满布

[色泽]偶见褐黑,光泽油润

[汤色]深而略暗　[香气]浓郁

[滋味]甜合醇爽　[叶底]轻细柔嫩

识 金丝藏香干茶金毫几乎满布,偶见褐黑,光泽油润。条索匀整修长,略为弯曲,带明显焦糖香。

泡 最宜使用白瓷盖碗冲泡,水温90~95℃,置茶量约为主泡器的1/6,第一泡冲泡10~15秒。

品 冲泡后,汤色深而略暗,有质感,香气浓郁,但是每泡之间比较均衡。叶底轻细柔嫩,油润光泽。

金毛猴

产地: 福建省南平市。

金毛猴是政和工夫中的精致化品种。政和的茶园主要分布在海拔1200~1500米之间的森林带缓坡之上,水汽充沛,云雾弥漫,非常适宜茶树的生长。

茶的特征

[外形]金毫浓密,略带蜷曲

[色泽]褐润　[汤色]黄中带橙红

[香气]沉稳细腻　[滋味]顺滑,稠和厚重

[叶底]柔软鲜亮,红中带绿

识 干茶褐润略带蜷曲,金毫浓密披覆,根根清晰,倒真像金丝猴毛。

泡 最宜使用白瓷盖碗冲泡,水温100℃左右,置茶量约为主泡器的1/6,第一泡冲泡5~10秒。

品 冲泡后,似野玫瑰花和紫罗兰的混合香气,茶汤带着特有的甜,很顺滑,内质稠和厚重。汤色是黄中带着橙红。等待后续的茶汤时,闻一闻冷杯的香气,依然有着沉稳细腻的暗香。叶底弹性佳,红中隐隐带绿。

滇红工夫

产地：滇南、滇西两个自然区，主产地是凤庆和临沧。

滇红工夫采用大叶茶制作，产区平均海拔在1000米以上，成茶内质浓厚，香高味浓，是中国红茶里独树一帜的品种。《顺宁县志》记载："1938年，东南各省茶区接近战区，产制不易，中茶公司遵奉部命，积极开发西南茶区，以维持华茶在国际上现有市场，于1939年3月8日正式成立顺宁茶厂（今凤庆茶厂）……" 1938年秋，为开辟新茶区，冯绍裘被派往云南调查茶叶产销情况，以求扩大茶源，增加出口，他亲自创制了滇红工夫。

茶的特征

[外形]条索紧细，金毫显露

[色泽]金黄灿亮

[汤色]红浓艳亮　[香气]鲜郁高长

[滋味]浓厚鲜爽　[叶底]匀净舒展

主泡器的1/5　95~100℃

第一泡2~5秒

识 外观上，滇红条索紧细，金毫很多，尤其是滇红金芽；色泽上，滇红的金毫有的亮若黄金，有的灿若秋菊。

泡 宜用白瓷盖碗、白瓷壶或者紫砂壶冲泡，水温95~100℃，置茶量约为主泡器的1/5，第一泡冲泡2~5秒。

品 冲泡后，有蜜香、花香和些许木香，而且香气高扬，经久不散。若盛在白瓷盏里，橘黄温暖；盛在玻璃杯中，深沉红浓。叶底匀净舒展，色泽红黄均匀。入口内质丰富，仿佛会有黏稠的感觉，饱满而顺滑。

滇红之父冯绍裘

冯绍裘先生寻遍云南各大茶区，亲自动手试制了少量红茶，潜心研究，一代名茶就此横空出世。冯绍裘不仅创制了滇红工夫，还培养了一大批云南茶叶专家。1939~1940年，在云南省茶叶公司的指导下，先后创办了顺宁（凤庆）实验茶厂、佛海（勐海）茶厂、宜良茶厂、复兴茶厂和康藏茶厂。他们的厂长都是从顺宁茶厂技术员中调任的。

月光金枝

产地：云南省西双版纳傣族自治州。

月光金枝是近年来滇红茶里的一个新品种，据说创制该茶时使用的是景迈山茶树，由云南七彩云南集团下的庆沣祥茶叶公司于2003年创制。

茶的特征

[外形]条索肥壮	[色泽]乌青油润
[汤色]金黄油润	[香气]淡雅
[滋味]醇厚，回味绵长	[叶底]柔润红亮

（识）月光金枝干茶条索肥壮，色泽乌青油润，见有金毫。干茶香气浓郁。

（泡）使用紫砂壶和白瓷壶均可冲泡，水温100℃，置茶量约为主泡器的1/5，第一泡即泡即出汤。

（品）冲泡后，汤色金黄油润，明亮剔透。香气淡雅，但有山野之气，口感醇厚，回味绵长，稍显苦涩。

白琳工夫

产地：福建省福鼎市白琳镇。

兴起于19世纪50年代前后的白琳工夫，原用普通茶叶制作，后来改为精选福鼎大白茶的嫩芽制作，形成了自己的独特风格，成为福建三大工夫红茶之一。

茶的特征

[外形]条索细长弯曲，带金毫	[色泽]乌润
[汤色]橙黄带橘	[香气]鲜醇有毫香
[滋味]清鲜甜和	[叶底]柔嫩红亮

（识）白琳工夫干茶带有淡淡的花香，色泽乌润，比较不同的是金毫。其他红茶的金毫多是金亮如黄金丝，白琳工夫的金毫带了橙色，是玫瑰金般的色彩。

（泡）最宜使用白瓷盖碗冲泡，水温90℃左右，置茶量约为主泡器的1/5，第一泡冲泡2~5秒。

（品）冲泡后，茶汤橙黄带橘色，如果在白瓷茶盏里，茶汤与杯壁结合产生的金圈，也是橘红色。叶底柔嫩，红色泛橙，闻之香气依然强劲。

宜红工夫

产地：湖北省宜昌市、恩施市，湖南省湘西等地。

宜红工夫全称"宜昌工夫红茶"，曾经是我国主要工夫红茶品种之一，但是一直命运多舛。宜红问世于19世纪中叶，当时汉口被列为通商口岸，英国大量收购红茶，宜昌成为红茶的转运站，宜红因此得名。宜红茶曾一度创下占全国红茶出口量40%的辉煌业绩，畅销欧洲、北美洲等地区。

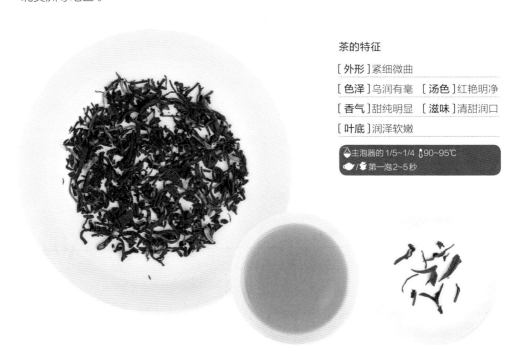

茶的特征

[外形] 紧细微曲

[色泽] 乌润有毫　[汤色] 红艳明净

[香气] 甜纯明显　[滋味] 清甜润口

[叶底] 润泽软嫩

主泡器的1/5~1/4　90~95℃

第一泡2~5秒

识 宜红工夫干茶条索色泽乌润紧细，也有金毫，但占比不多。干茶略带薯香。

泡 可以使用盖碗、瓷壶冲泡，水温90~95℃，下投法定点冲泡。置茶量为主泡器的1/5~1/4。每泡浸润2~5秒出汤，可泡6泡。

品 冲泡后，汤色红亮，香气明显，带有花蜜香混合焦糖香。入口润感足，清甜适口。整体比较平衡，是中规中矩的工夫红茶，可是特点不够明显。

宜红名自宜昌码头

宜兴的红茶一般叫宜兴红茶或者阳羡红茶，不简称为宜红。除了宜昌、恩施等地，湖南省湘西石门、慈利、桑植、大庸等县市，靠近恩施所产的工夫茶，采取宜红同等工艺所产的红茶，都称宜红，不叫湖红，最多叫小名"湘红"。那么恩施红茶为什么也叫宜红呢？历史上对凡经宜昌这个码头转运汉口的红茶，习惯上统称宜昌红茶，而恩施红茶的外销也是要从宜昌码头出去的。

宁红工夫

产地：江西省九江市修水县。

宁红是我国最早生产的工夫红茶之一。修水在元、明、清时皆为宁州，故而所产的工夫红茶为宁红。在20世纪中叶，美国人威廉·乌克斯（Willam H·Ukers）写过一本《茶叶全书》，虽然对中国茶的认识不乏偏颇和错误，但是连他也承认："宁红外形美丽紧结，色黑，水色鲜红引人，在拼和茶中极有价值"，他又说："修水色泽：色泽乌润，可见红筋。"

茶的特征

[外形]条索细紧圆直

[色泽]乌润有毫　[汤色]红艳清澈

[香气]隐忍持久　[滋味]醇和爽甜

[叶底]红嫩多芽

主泡器的1/5　90~95℃　第一泡2~5秒

识 宁红工夫条索细紧圆直，锋苗显露，金毫茂盛，可见红筋，色泽乌润。

泡 可以使用紫砂壶或白瓷盖碗冲泡，水温90~95℃，置茶量约为主泡器的1/5，第一泡冲泡2~5秒。

品 冲泡后，香气隐忍持久，汤色红艳清澈，滋味醇和爽甜，叶底红嫩多芽。近年也有使用野生茶树制作的宁红，基本没有金毫，色泽乌黑，但是味道更佳。

宁红遗珍"龙须茶"

宁红中特有的一种龙须茶，它根根直条，色泽乌黑油润，底部用白棉线紧扎，通体再用五彩丝线络成网状。出口的优质宁红散茶每一箱约25千克，第一批宁红箱子中，用龙须茶盖一层面作彩头。龙须茶的冲泡宜用玻璃直筒杯冲泡，找到彩线头，抽掉花线后放入杯中，整个龙须茶便在茶汤基部成束下沉，芽叶朝上散开，宛若一朵鲜艳的菊花，若沉若浮，华丽明艳。

川红工夫

产地：四川省东南部茶区。

四川是天府之国，物产丰富。宜宾是一个具有3000多年茶叶生产历史的古老茶区，曾是茶马古道上的重要驿站。宜宾不仅出产绿茶、苦丁茶等，出产的川红工夫更是中国工夫红茶里的一朵奇葩。雅安是蒙顶御茶的产地，近年来也出产川红工夫，而且品质不俗。

茶的特征

[外形] 条索肥壮紧结，显金毫　[色泽] 乌黑油润

[汤色] 橙中带红　[香气] 浓郁，类玫瑰香

[滋味] 醇厚鲜爽　[叶底] 厚软红匀

（识）川红干茶最大的特点是金毫特别多，给人以金灿灿的感觉。条索紧结，乌黑油润。

（泡）可以使用白瓷壶或白瓷盖碗冲泡，水温90~95℃，置茶量为主泡器的1/6~1/5，第一泡冲泡2~5秒。

（品）冲泡后，香气浓郁，内质浓厚，堪比滇红。汤色虽不能称红艳，可是橙中带红，清澈明亮。叶底厚软红匀，粒粒如笋，饱满紧实。

红玉

产地：台湾省南投县鱼池乡。

红玉是缅甸大叶茶和台湾省本土野生茶的杂交后代，属大叶茶红茶，也是台湾省红茶的代表。红玉也叫"台茶18号"，英文名"Ruby"，是红宝石的意思。1999年正式定名，2003年更名为"红玉"。红玉最早创制于日月老茶厂，位于日月潭风景区所在的台湾省南投鱼池乡内。

茶的特征

[外形] 条索壮实　[色泽] 黑褐油润

[汤色] 宝石红　[香气] 如薄荷混合肉桂粉

[滋味] 醇和浓郁　[叶底] 红中隐绿

（识）红玉干茶条索壮实，黑褐油润。

（泡）冲泡红玉，可以使用白瓷壶或白瓷盖碗，先温壶，置茶量为主泡器的1/5~1/4，水温90~95℃，第一泡冲泡2秒左右，之后每次延长浸泡时间，可泡6泡。

（品）冲泡后，茶汤颜色非常漂亮，红浓如宝石。香气特别，有如薄荷混合肉桂粉的香气，俗称"台湾香"。叶底不是完全的红叶红底，还能看见隐隐的绿。

梅占红茶

产地：福建省北部茶区。

梅占本为闽南品种，原产福建省泉州市安溪县，有"梅占百花魁"之美誉，近代移植武夷山正岩区后，加之本土传统工艺制作，让这"外山茶"焕然一新——既有岩骨花香，又带有闽南乌龙香气馥郁的本性。梅占本是茶树名，因为叶片比一般乌龙茶要大，也称"大叶梅占"。梅占本身常用来做乌龙茶，但也适制红茶。

茶的特征

[外形] 条索匀整

[色泽] 乌润无毫　　[汤色] 金黄清澈

[香气] 花香蜜韵　　[滋味] 甘甜鲜爽

[叶底] 润泽红亮

主泡器的 1/5~1/4　90℃　　/　第一泡5秒

（识）梅占红茶干茶乌黑匀称，不见金毫，条索匀整。轻嗅干茶，有幽幽梅香。

（泡）可以使用白瓷盖碗、比较圆润的薄胎紫砂壶冲泡，注意如果使用紫砂壶不宜用新壶，新壶会减少香气。水温90℃，不洗茶。置茶量为主泡茶器的1/5~1/4。第一泡5秒出汤，以后看汤色增加时间，可泡6泡。

（品）冲泡后，香气细腻，具有很好的层次感。有类似花香、蜜香、果香、杏仁香等味道。汤色金黄清澈，入口鲜爽。香高韵长，每泡之间均有变化。

一树梅占制"百"茶

梅占茶树可以制作乌龙茶梅占、梅占红茶，还可以制成绿茶，叫作"白毛猴"，是烘青名茶；梅占还曾用于制作过金骏眉。在有些茶友的印象中，绿茶用绿茶类的树生产，红茶用红茶类的树生产。其实绿茶、白茶、红茶等的区分，只是制作工艺的不同，当然还有原产地的差异，除此之外，主要考虑这种茶树对应茶类的适制性。

紫鹃红茶

产地： 云南省西双版纳傣族自治州勐海县。

紫鹃茶是云南茶科所通过不断强化自然界紫色变异的茶树，而最终培植出的新的小乔木型茶种属大叶茶，品质优良。紫鹃茶可以做到全叶皆紫，而且娟秀挺隽，故而得名。紫鹃茶目前有炒青、晒青、烘青、红茶等不同成茶品种。

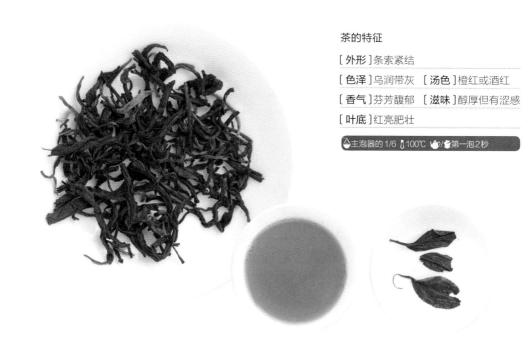

茶的特征

[外形] 条索紧结

[色泽] 乌润带灰　[汤色] 橙红或酒红

[香气] 芬芳馥郁　[滋味] 醇厚但有涩感

[叶底] 红亮肥壮

主泡器的 1/6　100℃　第一泡2秒

识 紫鹃红茶干茶条索紧结，色泽乌润带灰，少有金毫。

泡 使用玻璃茶壶或者白瓷盖碗冲泡，水温100℃左右，置茶量约为主泡器的1/6，第一泡冲泡2秒左右。

品 冲泡后，汤色橙红或如红酒般的酒红色，通透纯净。香气芬芳馥郁，味道醇厚，但有涩感，这和茶中花青素含量丰富而呈现涩味是有关系的。叶底肥壮，红亮而带有古铜色。

严格意义上的紫色茶

茶圣陆羽曾言："茶者，紫者上，绿者次。"即茶叶中带紫者皆为上品。顾渚紫笋一直以来盛名不衰。这种茶叶中的"紫"，是生长的茶树尤其是芽叶出现了部分紫色的变异。但是紫鹃的形成并不完全依靠自然之力，而是人工不断强化的结果，它的紫很纯粹，是严格意义上的紫色茶。

九曲红梅

产地：浙江省杭州市西湖区周浦乡的湖埠、上堡、大岭等地。

九曲红梅简称"九曲红"，是红茶中的珍品，以湖埠大坞山所产品质最佳。大坞山靠近千岛湖，虽然海拔只有500多米，但是气候湿润，沙质土肥力很大，适宜茶树生长和品质的形成。九曲红梅据传出自武夷山的九曲溪，随闽北浙南一带农民北迁，成茶色红香清如红梅，故而得名。

茶的特征

[**外形**] 蜷曲拧折

[**色泽**] 乌润　[**汤色**] 黄红明亮

[**香气**] 沉郁　[**滋味**] 顺滑甜甘

[**叶底**] 红艳成朵

识 九曲红梅干茶蜷曲拧折，如蚯蚓走泥之痕，乌褐无毫，偶有金色。

泡 最宜使用白瓷盖碗冲泡，水温90~95℃，置茶量约为主泡器的1/6，第一泡冲泡2秒左右。

品 冲泡后，茶汤黄红明艳，香气沉郁，顺滑甜甘。叶底红艳成朵。综合来看，九曲红梅有坦洋之风，且多深沉之味。红茶之中，其综合得分为高。

仙兰古红

产地：广东省韶关市区翁源县城。

仙兰古红是一款小众茶。仙兰是创始人罗发炎先生的店名。罗发炎先生从业20年，奔走于海南、福建、贵州等茶区，制茶经验丰富，极致追求红茶的色、香、味、回甜。最终，他在2008年对云南古树茶进行考察之后，以西双版纳所产古树茶青结合不同茶厂的传统工艺特点，制出仙兰古红。

茶的特征

[**外形**] 劲挺蜷曲

[**色泽**] 乌黑油润　[**汤色**] 橙中带红

[**香气**] 浓郁　　　[**滋味**] 甘甜持久

[**叶底**] 叶片肥壮，红中隐绿

识 仙兰古红干茶乌黑油润，劲挺蜷曲，带有白霜，偶见金毫。

泡 适宜使用紫砂壶冲泡，也可以使用厚瓷盖碗，水温100℃左右，置茶量约为主泡器的1/6，第一泡2~5秒出汤。

品 冲泡后汤色橙中带红，香气浓郁，有山林气带花蜜香。水路甘甜，回味持久。叶底红中带有隐绿，叶片肥壮。

顾渚红

产地：浙江省湖州市长兴县水口乡顾渚山。

顾渚红，顾名思义，是使用顾渚紫笋制成的红茶。10世纪时，顾渚山贡茶院的茶树在寒冷的天气里大片大片冻死，专供皇家饮用的贡茶"紫笋"很难在清明节前送到长安。宋代贡茶院因此从顾渚南移。宋太宗赵炅太平兴国二年（977年），福建北苑贡茶院开始建造。顾渚紫笋一直盛名不衰，进贡到明末。即使在今日，长兴一带水土依然毓秀，所产茶叶品质优异，长兴所产的白茶韵味也常优于安吉白茶。

茶的特征

[外形]细嫩匀整

[色泽]乌润显毫

[汤色]红艳明亮　[香气]清鲜高扬

[滋味]甘甜醇厚　[叶底]柔软红亮

🫖主泡器的1/5~1/4　🌡90~95℃

🍵/⏱第一泡5秒

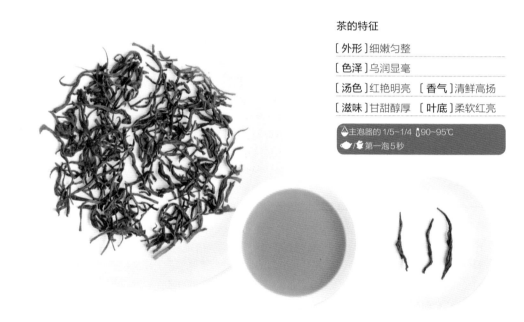

(识) 顾渚红外形细嫩匀整，色泽乌润，金毫显露，细闻有山野林间之气混合花果香。

(泡) 冲泡可以使用白瓷盖碗、比较圆润的薄胎紫砂壶，注意如果使用紫砂壶不宜用新壶，新壶会减少香气。水温90~95℃，不洗茶。置茶量为主泡茶器的1/5~1/4，第一泡5秒出汤，以后看汤色增加时间，可以泡5泡。

(品) 冲泡后，香气浓厚，但是又带有清鲜，仿若山林花果之感。汤色红艳明亮，滋味醇厚甘甜，叶底柔软红亮。

顾渚紫笋

茶圣陆羽辗转来到湖州长兴境内的顾渚山，采茶觅泉，评茶品水。一天，他走走停停间发现自己到了一处尚未来过的山林，询问当地樵夫，得知这是顾渚山一带，也叫作"桑苎坞"。他发现了生长期的野茶树，迎着阳光，这些茶树的嫩芽是紫色的。这是品质甚佳的好茶，生长于"阳崖阴林之中，紫者上，绿者次；笋者上，芽者次"。陆羽欣喜若狂，把这种茶命名为"顾渚紫笋"。

英红九号

产地：广东省英德市。

英德红茶始创于1959年，英德为亚热带季风气候茶区，茶叶品质优异。英德红茶本身是云南大叶茶和广东凤凰单丛的群体种的杂交后代，而英红九号是英德红茶和阿萨姆种的再杂交，品质更为优异，是英德红茶中的佼佼者。

茶的特征

[**外形**]均匀结实

[**色泽**]乌黑油润，金毫显露

[**汤色**]红浓明亮　[**香气**]浓郁高扬

[**滋味**]浓厚甜润　[**叶底**]柔软明亮

识 干茶金毫显露，色泽乌润，条形均匀结实，香气高锐。一般分为英红九号金毫（单芽）、英红九号银毫（一芽一叶）、英红九号特级（一芽二叶）、英红九号一级（一芽二三叶）。

泡 最宜使用白瓷盖碗冲泡。水温95~100℃，置茶量为主泡器的1/6~1/5，第一泡冲泡2秒左右。

品 冲泡后，汤色红浓明亮，通透清澈。而香气浓郁高扬，有美妙的花蜜香。叶底柔软明亮，叶片较大。

河红

产地：江西省上饶市铅山县河口镇一带。

铅（yán）山县所管辖的河口镇是江西四大古镇之一。铅山县位于江西省东北部，武夷山脉绵亘于县境南缘赣闽交界，自古以来盛产茶叶。河红的制作工艺与传统的正山小种基本是一致，只是烘焙后不再有加烟精制的环节。

茶的特征

[**外形**]紧细微曲　[**色泽**]乌润无毫

[**汤色**]橙红明净　[**香气**]清香带甜

[**滋味**]醇和鲜爽　[**叶底**]润泽红亮

识 河红茶色泽乌润，闻起来有高山韵香，略带花果香。

泡 可以使用盖碗、瓷壶冲泡，水温90~95℃，下投法定点冲泡。置茶量为主泡器的1/5~1/4。每泡浸润2~5秒出汤，可泡6泡。

品 冲泡后，汤色不算红浓，是橙中带红，清澈通透。有类似薄荷般的清香混合糖香、蜜香，滋味醇厚、甘甜爽滑，杯底留香持久。

古树晒红

产地：云南省各茶区。

古树晒红是市场上比较流行的新兴红茶产品，应该是从云南滇红中分化的产品，因为云南具备古树晒红的条件。市面上大多数红茶都是采用高温烘焙来进行干燥的，而古树晒红采用晒干的方式干燥。云南有很多大叶种古树，另外日晒充足，且有高超的传统红茶工艺，加上市场对纯生晒的白茶、生普洱的追捧，古树晒红便应运而生。

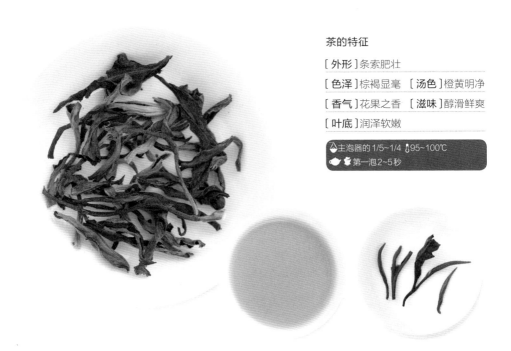

茶的特征

[外形] 条索肥壮

[色泽] 棕褐显毫　　[汤色] 橙黄明净

[香气] 花果之香　　[滋味] 醇滑鲜爽

[叶底] 润泽软嫩

主泡器的 1/5~1/4　95~100℃

第一泡 2~5 秒

识 外形相对较大，条索紧结，肥硕雄壮，身骨重实。色泽乌润，间有金毫，不同古树金毫比例不一。细闻有淡淡的饼干般的香气混合酸甜、草叶香气。

泡 可以使用盖碗、瓷壶冲泡，水温95~100℃，下投法定点冲泡。置茶量为主泡器的1/5~1/4，每泡浸润2~5秒出汤，可泡6泡。

品 古树晒红冲泡后汤色比较淡，橙黄通透。香气没有滇红那样高扬有穿透性，但是较为细腻，表现为果蜜气息，混合山间野韵。滋味醇厚鲜爽，叶底红匀嫩亮。

晒红对传统红茶"改良"有限

晒红对传统红茶"改良"很有限。若为改善外形，传统滇红满披金毫，更加讨喜；若为增加色泽，酶促氧化程度的高低，有时与"晒"没关系；若为提香气，烘干的红茶香气会更高扬直接；若为增加汤感的厚度，晒红的汤感也并不特别浓厚；若是为了后期陈放，红茶当然也可以陈放，并不是晒红的专利。

宁德野生红茶

产地：福建省宁德市。

宁德市隶属于福建省，别称闽东，地形以丘陵山地为主，沿海为小平原，属中亚热带海洋性季风气候。宁德作为茶乡，其中福安产坦洋工夫红茶；福鼎产白琳工夫红茶和甚为流行的福鼎白茶；霞浦不仅是产茶区，也是特别著名的风景名胜区。

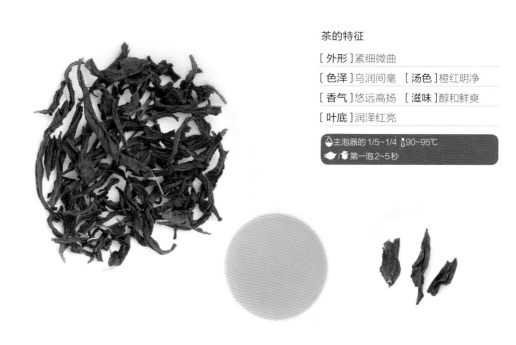

茶的特征

[外形] 紧细微曲

[色泽] 乌润间毫　　[汤色] 橙红明净

[香气] 悠远高扬　　[滋味] 醇和鲜爽

[叶底] 润泽红亮

主泡器的 1/5~1/4　90~95℃

第一泡 2~5秒

（识）宁德野生红茶，条索倒不肥大，也能看到金毫，但是比例很小。细闻有山野之气。

（泡）可以使用盖碗、瓷壶冲泡，水温90~95℃，下投法定点冲泡。置茶量为主泡器的1/5~1/4，每泡浸润2~5秒出汤，可泡6泡。

（品）宁德野生红茶，回味悠长，汤感直接而清晰，非常有张力。味道纯净，整体感觉自由活泼，野趣十足。

高山深处的野生茶

在宁德的产茶区，野生红茶是很难得的。野茶茶树生长在原始的草丛植被当中，无人管理，当然也不会使用农药、化肥，味道非常纯净，充满了山野的气息。野生茶的"野"不是粗野，而是不受束缚，人们在喝茶的时候也可以感受到其在山间无拘无束地生长的生命状态。

黑茶的流变与产区

　　黑茶是发酵茶，在发酵的过程中，大分子物质部分水解，从而使原本具有粗涩味的茶叶转变为醇厚柔和。黑茶使用的茶青大部分是粗老毛茶，这反而有利于茶叶发酵分解，也有利于后期陈化。正是这个特点，使得黑茶便于紧压、运输、存放，曾是早期重要的边销品种。

黑茶的常见品种

　　笔者个人认为黑茶是非常适宜现代生活的一类茶——可以削减食物油腻感，不挑泡茶手法，可闷可煮，还可以加奶、加料调饮。无论是居家、办公、出差、旅行，冲泡都很方便。常见的黑茶品种有湖南安化黑茶、四川雅安藏茶、湖北青砖茶、广西六堡茶、陕西茯茶、安徽古黟黑茶等。

　　人们所说的黑茶，都是生产之后出厂即可直接冲泡饮用的成品。普洱茶的生茶需要后发酵，出厂的时候其实是半成品；普洱熟茶虽已发酵完成，但限定必须使用云南大叶种原料，故而按照标准，普洱茶被单列为一类茶，不归入黑茶。

黑茶的古今流变

　　关于黑茶的历史，有人会追溯到唐朝后期的茶马互市。但是那时的黑茶，不一定是如今所说的黑茶。唐德宗贞元年间，据《封氏闻见录》载："往年回鹘入朝，大驱名马市茶而归。"有些观点认为这里的"茶"即是黑茶。

　　"黑茶"二字，最早见于明嘉靖三年御史陈讲奏疏："以商茶低伪，征悉黑茶。地产有限，仍第为上中二品，印烙篾上，书商名而考之。每十斤蒸晒一篾，运至茶司，官商对分，官茶易马，商茶给卖。"(《甘肃通志》)此茶系蒸后踩包之茶，具有发酵特征，应该是和如今的黑茶高度相似的。

黑茶的核心产区

    黑茶按地域分布，一般分成四大类：湖南黑茶、湖北老青茶、藏茶和滇桂黑茶，即黑茶主要产地有四川、广西、湖南、湖北等。四川产的品种有康砖、金尖、芽细等；广西产的主要是六堡茶；湖南的品种有茯砖、千两茶、天尖、贡尖、生尖等；湖北主要产青砖茶，原来供销内蒙古自治区和蒙古国及俄罗斯等，现在产量很少。此外还有安徽古黟黑茶（安茶）、陕西黑茶（茯茶）等。

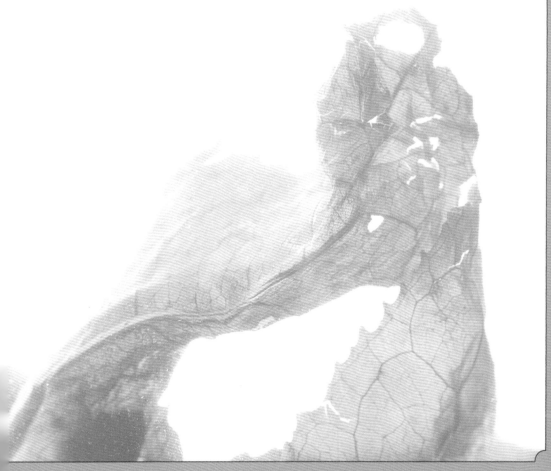

湖南千两茶

产地：湖南省益阳市安化县。

传统意义上的千两茶已经于20世纪50年代停产。因每卷茶叶合老秤一千两（37.25千克）而得名，又因为这一卷类似于一匹布，外面再用篾子编织包装，所以又称"花卷茶"。千两茶使用云台大叶茶制作，非常珍贵，是茶中的极品。在华人茶圈中享有至高的地位和声誉。1997年，白沙溪茶厂恢复生产千两茶，但工艺和传统工艺有所不同。

茶的特征

［外形］锯面整齐

［色泽］黑中带灰　［汤色］橙黄清澈

［香气］香高持久　［滋味］醇和绵爽

［叶底］黄褐嫩匀

主泡器的1/5　100℃　第一泡3分钟

（识）湖南千两茶茶胎非常紧结，一般使用小锯子锯下小块饮用。色泽黑中带灰，仿若铁块。

（泡）使用紫砂壶闷泡，水温100℃，需洗茶，第一泡闷泡3分钟出汤；也很适合煮饮。

（品）冲泡后，汤色橙黄清澈，香高持久，滋味醇和绵爽。叶底黄褐嫩匀。

茶心如铁，茶身馥郁

千两茶的制作需经过23道工艺处理，追求"胎实如铁"。曾有茶商将茶用水浸泡七年，茶心仍然不湿，这为茶的后期陈化提供了基础。千两茶加工成型后，还要置于晾架之上，经自然的日晒、夜露、风吹，不能雨淋，经过30~50天，进入长期陈化期。

湖南茯砖

产地：湖南省益阳市安化县。

湖南茯砖是非常优秀的黑茶品种，创制于1860年前后，最早是湖南安化县生产，运至陕西省泾阳县压制加工成砖；旧称"湖茶"，因在伏天加工故名"伏砖"，其香气和功效类似"土茯苓"，因而得到现在的名字"茯砖"。现在生产的茯砖一般要求接种益生菌，等"金花"出现后才可以出厂，因而现在买的茯砖不用陈放即可享受"金花"带来的惊喜。

茶的特征

[外形] 长方砖形

[色泽] 乌褐润泽　[汤色] 明亮厚重

[香气] 醇和　　　[滋味] 浓厚回甘

[叶底] 青褐光亮

主泡器的 1/5　100℃

第一泡40秒至2分钟

识 茯砖外形为紧压砖型，色泽乌褐润泽，茶面和内部均有金花。

泡 宜使用紫砂壶或玻璃壶冲泡。水温100℃，冲泡时间自行掌握，从40秒至2分钟不等。好的茯砖最后一遍可以煮饮，味道也非常不错。

品 冲泡后，汤色褐黄、黄红至红浓，明亮厚重。香气醇和，每一泡之间香气和味道皆有不同，味道甘甜厚重。叶底色泽青褐光亮，叶张略有弹性。

金花是茯砖醇化的标志

金花的多少是衡量茯砖质量的重要标准之一。金花除了有解肥腻、清血脂等保健作用外，还能让茶叶逐渐醇化，创造出茯砖迷人的风味。喝起来也很顺滑，基本没有苦涩，且有非常明显的糖香。金花在稍微粗老的茶青上更容易生长。但有观点认为，茯砖陈放30年，茶砖上的金花就已经完全死亡了，不过茶的口感还会有持续的变化。

广西六堡茶

产地： 广西壮族自治区梧州市苍梧县六堡镇。

六堡茶产自广西壮族自治区梧州市苍梧县六堡镇，现在广西其他地区多有生产。苍梧六堡茶，产制历史可追溯到1500多年前。清嘉庆年间以其特殊的槟榔香味而列为全国24个名茶之一。现代的树种是在200多年前从湖南江毕、道县，通过广西贺县（八步）传入境内，品种属槠叶种。2011年，原国家质检总局批准对"六堡茶"实施地理标志产品保护。

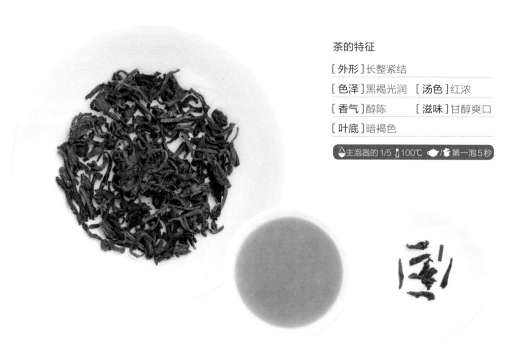

茶的特征

[外形] 长整紧结

[色泽] 黑褐光润　　[汤色] 红浓

[香气] 醇陈　　　　[滋味] 甘醇爽口

[叶底] 暗褐色

主泡器的 1/5　100℃　第一泡5秒

识 六堡茶干茶紧结，也有成块状的，色泽黑褐有光，陈年六堡茶亦有金花。

泡 使用紫砂壶或盖碗冲泡，置茶量约为主泡器的1/5，水温100℃，第一泡冲泡5秒左右。

品 冲泡后，汤色红浓，有特殊的槟榔或者松烟般的陈香味道，口感顺滑。叶底暗褐色，有弹性。

金花和霉菌的区别

金花是一种益生菌，不是霉菌。首先，从外形看，金花是小的球形，霉菌则粘连成片；其次，霉菌有菌丝痕迹，金花没有；再次，如果茶叶比较干燥，金花和茶叶是比较紧密的，而霉菌则一吹成雾；最后，如果开汤冲泡，有金花的茶香气正，味道醇和，而霉菌茶有刺鼻异味，茶汤麻舌、麻嗓等。

湖北青砖

产地：湖北省咸宁市赤壁市赵李桥镇。

湖北青砖看起来是湖北产的砖茶，但是对茶人来说，湖北青砖特指赵李桥镇所产青砖茶。历史上，赤壁叫作蒲圻，所以该茶也曾叫"蒲圻砖茶"；最初生产青砖的知名产地是羊楼洞村，所以青砖也叫"羊楼洞茶""羊楼洞砖"。近代赵李桥茶厂生产的青砖茶砖面印有"川"字商标，在少数民族地区边销茶里声誉很好，所以有的地方会把湖北青砖叫"川字茶"。

茶的特征

[外形] 长方体茶砖

[色泽] 整体青黑带褐

[汤色] 黄中显红　[香气] 复合丰富

[滋味] 柔和醇厚　[叶底] 黑褐柔软

⛄ 主泡器的 1/4~1/3　🌡 100℃

🍵 第一泡 10 秒

识 青砖整体闻起来陈香和草叶香交织，偏清鲜草气。

泡 最宜使用大壶煮，置茶量约为主泡器的1/10，可以清饮，可以加热牛奶。还可以使用紫砂壶冲泡，选择稍微扁一些的形状，水温100℃，下投法循环注水。置茶量为主泡器的1/4~1/3。第一泡10秒出汤，此后第二至五泡5~10秒出汤，之后增加浸泡时间，可以泡8~10泡。

品 香气特异，菌香、枣香、药香、粽叶香……多种香气融为一体，交织变化。汤感不如普洱类、六堡茶类厚重，但是柔软醇厚，顺滑生暖。

青砖茶的三级分类

青砖茶按压制方式分为洒面茶、二面茶和里茶三类。面茶较精细，里茶较粗放。一级茶用来洒面，让砖茶更美观，如果有模具压制图案、商标等也更清晰。一级茶以青梗为主，基部稍带红梗，色泽乌绿，俗称乌巅白梗红脚。二面茶这一层一般使用二级茶。二级茶以红梗为主，顶部稍带青梗。叶子成条，叶色乌绿微黄。里茶使用三级茶。三级茶为当年生红梗，叶面卷皱，叶色乌绿带花。

四川藏茶(康砖)

产地: 四川省雅安市。

四川藏茶是小叶种全发酵茶, 因为主要供应藏区, 故名"藏茶"。藏茶据传最早生产于唐朝, 曾有大茶、马茶、南路边茶、砖茶等多个名字。康砖是知名度最高的传统经典藏茶, 如今的藏茶是指在雅安以一芽三叶的茶树新梢或同等嫩度对夹叶或藏毛茶为原料, 采用南路边茶的核心制作工艺制成的黑茶。

茶的特征

[外形] 圆角长方体茶砖

[色泽] 棕褐　[汤色] 黄红

[香气] 纯正　[滋味] 醇和

[叶底] 粗老花暗

主泡器的 1/4~1/3　100℃

第一泡 5~10 秒

(识) 以康砖为例。康砖外形圆角长方, 色泽棕褐。藏茶也有棕叶包裹等特殊形制的, 一般选料等级较高。

(泡) 康砖以下级最好煮饮, 可以加牛奶或者酥油。康砖和康砖以上级可以冲泡, 水温100℃, 置茶量为主泡器的1/4~1/3, 浸泡5~10秒出汤。

(品) 冲泡后, 香气纯正, 汤色黄红, 滋味醇厚尚浓。叶底粗老, 略为花杂, 深褐有弹性。

藏茶的"两等六级"

从清代末年开始, 藏茶分为两等六级——上等称为细茶, 有毛尖、芽细、康砖, 下等称为粗茶, 有金尖、金玉和金仓(中华人民共和国成立后不再生产)。毛尖为顶级藏茶, 用1~2级茶青洒面, 3~5级茶青做里茶, 每砖0.1千克。康砖用3~5级茶青洒面, 里茶主要用作庄茶, 配以适量条茶(级外茶)和嫩茶梗春制而成, 茶砖规格4.7厘米×15.8厘米×9.2厘米, 重0.5千克。

广东广云贡饼

产地: 广东省广东茶叶进出口公司于云南省普洱市采制。

广云贡饼系出名门,又别开一枝。20世纪60年代左右,东南亚华侨对普洱茶的需求量很大,而当时只有广东茶叶进出口总公司有出口权,后经协调,该公司从云南调集了一部分普洱茶青,加上广东和广西茶青拼配而成了一款黑茶,主要用来出口。

茶的特征

[外形] 圆饼形

[色泽] 灰褐沉寂　[汤色] 橙黄略红

[香气] 粉香荷香　[滋味] 醇美

[叶底] 持嫩性、弹性好

主泡器的 1/4~1/3　100℃
第一泡 20~30秒

（识）广云贡饼干茶灰褐沉寂,挺隽有力。

（泡）老的广云贡饼最宜使用紫砂壶冲泡,水温100℃,置茶量为主泡器的1/4~1/3,需洗茶,第一泡冲泡20~30秒。

（品）冲泡后,茶汤迅速变成橙黄略红,通透明澈,仿若深藏千年的琥珀,温润内敛。茶气强劲,滋味醇美。叶底的持嫩性很好,弹性十足,仍能看出叶片的绿意,间或有红褐的转化。杯底香气是隐隐的粉香和荷香相交织的味道。

采于云南,成于广州

根据《地理标志产品普洱茶》中给出普洱茶的定义,广云贡饼并不属于普洱茶,制作方法虽然与云南普洱茶一脉相承,但是茶的气质又融汇了广东的天时、地利、人和等因素。不论标准如何变化,广云贡饼原叶来自云南,品质又很卓越,是老茶人心中的珍品。

安茶

产地： 安徽省黄山市祁门县一带。

安茶的茶种是六安软枝，产自安徽祁门，正规的称呼应该是"祁门安茶"，不过在当地，就叫作"徽青"。一般来说，做好的安茶当年是不喝的，通常陈放三年以上，因为经过陈化后，烘茶的火气退去，茶性变得温和。

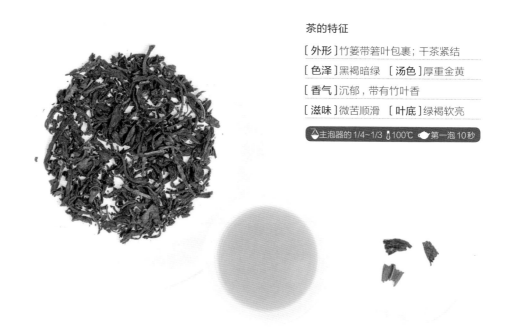

茶的特征

[**外形**] 竹篓带箬叶包裹；干茶紧结

[**色泽**] 黑褐暗绿　[**汤色**] 厚重金黄

[**香气**] 沉郁，带有竹叶香

[**滋味**] 微苦顺滑　[**叶底**] 绿褐软亮

🔺主泡器的 1/4~1/3　🌡100℃　◆第一泡 10 秒

识 安茶常见用椭圆形大孔小竹篓来装，竹篓中衬淡绿色箬竹叶。干茶本身紧结黑褐，带有暗绿色。

泡 宜使用潮汕老红泥壶或者较为致密的建水紫陶壶冲泡，也可以使用瓷壶、紫砂壶，水温100℃，下投法冲泡。置茶量为主泡器的1/4~1/3，第一泡10秒左右出汤，可以泡6泡。

品 安茶汤色厚重金黄，香气不算高扬，有沉郁之气。滋味微苦，不算浓郁，然而有特殊的味道，类似生普、茯砖混合竹叶的感觉。喉间有丝丝清凉之感。

煮饮"六安骨"

有关安茶一名的由来，据1933年《祁门之茶叶》载："红茶之外，尚有少数安茶之制造。此茶则概销于两广，制法与六安茶相仿佛，故名安茶。"泡饮老安茶时还要把同篓的箬竹叶撕成小片，加入几块共同泡饮，一般泡饮6·7遍，最后一遍煮饮。安茶的老梗陈化后，如果不舍得扔掉，也可以冲泡饮用，别有风味，更加浓厚沉郁，形象地叫"六安骨"。

古黟黑茶

产地：安徽省黄山市黟县一带。

黟县隶属于黄山市，位于安徽省南端，是古徽州六县之一，故也称"古黟"。黟县地形以山地丘陵为主，是全国重点产茶县、全国生态产茶县，产茶量巨大。但是除了祁红之外，茶叶基本为绿茶，虽然品质好，夏秋茶却无处可用，制成黑茶，则解决了这个问题。

茶的特征

[**外形**] 散茶粗壮带梗

[**色泽**] 乌黑带褐　[**汤色**] 金黄通透

[**香气**] 干姜草香　[**滋味**] 柔和醇厚

[**叶底**] 墨绿柔韧

⚖ 主泡器的 1/4　🌡100℃　🥄 第一泡15秒

识 制作工艺比较偏向于黑茶，和安化黑茶的工艺近似，可机器紧压，也可竹篓紧压后继续发酵，因此笔者觉得古黟黑茶还是单独作为黑茶的一种比较好。

泡 宜使用陶壶冲泡，水温100℃，下投法循环注水。置茶量约为主泡器的1/4，第一泡15秒出汤，第二、三泡10秒出汤，此后第四至七泡20秒出汤，可以泡6泡，之后可以煮饮一遍。

品 香气特异，带有干姜、混合青草、草药的香气，杯底有浓郁的果脯蜜饯般的香气且较为持久。汤感不如普洱类、六堡茶类厚重，但是柔软醇厚。

锡格子茶俗

黟县过年期间，家家户户都要请串门的人喝"锡格子茶"。这是一种组合，实际包含了多样东西：锡格，是锡制的食盒，通常是四个一摞，就像一提圆饭盒那样，最上面有盖子；子，就是鸡蛋，不过锡格子茶里的鸡蛋是煮好的茶叶蛋；茶，就是单独泡的当地的绿茶或者红茶，也指整个一套茶俗。

普洱茶

普洱茶的分类

根据GB/T22111-2008《地理标志产品普洱茶》的规定，普洱茶必须以地理标志保护范围内的云南大叶种晒青茶为原料，并在地理标志保护范围内采用特定的加工工艺制成。国家市场监督管理总局规定，普洱茶地理标志产品保护范围是：云南省昆明市、楚雄州、玉溪市、红河州、文山州、普洱市、西双版纳州、大理白族自治州、保山市、德宏州、临沧市等11个州市所属的639个乡镇。

普洱茶历史悠久

实际上云南产茶和制茶的历史十分悠久。唐朝樊绰《蛮书·云南管内物产第七》中载："茶出银生城界诸山，散收，无采造法。"到了宋朝，李石的《续博物志》说："茶出银生诸山，采无时……"明朝方以智著《物理小识》说："普洱茶蒸之成团，西蕃市之，最能化物。"这时已经明确有普洱茶的称呼了。清朝就更为明确，赵学敏在《本草纲目拾遗》中说："普洱茶出云南普洱府……"

六大核心产区

最大的茶区是西双版纳，古六大茶山都在那里，而勐海茶厂也是普洱茶生产的最著名的企业之一；其次有思茅茶区，思茅、镇沅、景谷等；然后有临沧茶区，双江、永德、临沧等地；再有德宏茶区内潞西等地；还有保山茶区，保山、腾冲；最后是大理茶区，皆产普洱，虽然区内茶叶主要制作滇绿，但是声名远播的下关茶厂坐落于此，它正是普洱茶生产的中坚力量。

普洱毛茶的等级

普洱茶的毛茶按照嫩度和条形的大小分为五等十级。一等一级、二级最细嫩,五等九级、十级最粗老。但在一级以上还有宫廷级,基本是芽头,比一级还细嫩;在十级之下还有黄片等,比十级还粗老。但是普洱茶并不是越细嫩越好,这和绿茶不同,普洱茶的后期陈放,如果过于细嫩,反而没有那么多物质去转化,失去了品饮价值。笔者最喜欢的毛茶等级是六级、七级、八级,这些茶存放几年都有不错的口感表现。

普洱生茶与熟茶

普洱茶按照大的加工方法的不同,分为生茶和熟茶。生茶就是鲜叶采摘以后,杀青、揉捻、毛茶干燥,即成生散茶。压成紧压茶后,为青砖、青沱、青饼。新生茶茶性刺激,但是留下了无限可能的后期转化空间。熟茶是20世纪70年代初由昆明茶厂发明的人工发酵方式制成的茶。增加了渥堆发酵的工艺,加工成紧压茶后,称熟饼、熟砖、熟沱。新生茶和新熟茶比较好区别,生茶色泽黄绿至墨绿,汤色黄亮,有青叶香气,叶底新鲜;熟茶色泽红褐,汤色红浓,有发酵气味,叶底红黑。那么放了几十年的生茶是不是就变成熟茶了呢?不是,因为它不是人工发酵的,只能称为"老生茶"。

普洱生茶

班章茶

产地：云南省西双版纳傣族自治州勐海县。

班章茶历来被尊为普洱茶中的王者。班章一般指"老班章"，老班章产区海拔在1600米以上，最高海拔达到1900米，属于亚热带高原季风气候，冬无严寒，夏无酷暑，一年只有旱湿雨季之分，雨量充沛，土地肥沃，有利于茶树的生长和养分的积累。

茶的特征

[外形] 条索粗壮　[色泽] 油亮

[汤色] 油亮浓厚　[香气] 霸道刚烈

[滋味] 厚重，回甘迅猛悠长

[叶底] 柔韧厚实，毫毛明显

主泡器的 1/5~1/4　95℃

第一泡 10~15秒

识 班章茶条索粗壮。

泡 适宜使用紫砂壶冲泡，水温95℃左右，第一泡冲泡10~15秒，后续几泡即泡即出汤，转淡后酌情增加浸泡时间。

品 冲泡后，茶气很强，霸道刚烈，口感十分饱满，味道分布均匀。茶汤非常厚重，生津快，回甘迅猛悠长，茶汤色泽油亮浓厚。叶底肥壮，柔韧厚实，毫毛明显。

老班章品质稍优于新班章

新班章、老班章的区别主要是两者的产区地理位置不同，两地隔着两个山头。老班章分布在布朗山乡政府北面，为哈尼族村寨，有较大面积古茶园；新班章的产区距离老班章的有7千米左右，是哈尼族村民从老寨迁出后新建的，有古茶园1380亩。老班章的茶质优于新班章的茶质，但差别不是很大。

思茅茶

产地：云南省普洱市。

思茅是我国曾经存在的一个城市名，即原云南省思茅市。传说诸葛亮至此，思念隆中茅草房，感叹世事变幻，流年虚度，故而为之命名为"思茅"。2007年，思茅市更名为普洱市，同时原思茅翠云区更名为普洱思茅区。

茶的特征

[外形]饼型周正紧结

[色泽]乌绿间黄　[汤色]黄亮

[香气]清香持久　[滋味]顺滑

[叶底]粗老，见有红梗红斑

⬧主泡器的1/5~1/4 🌡100℃
🍵第一泡20~30秒

识 这款茶为思茅生饼，茶青等级十级，规格357克。饼型周正、紧结，黄片掺杂。

泡 适宜使用紫砂壶冲泡，水温100℃左右，第一泡冲泡20~30秒，后续几泡即泡即出汤，转淡后酌情增加浸泡时间。

品 冲泡后，茶气较足，汤色黄亮，口感顺滑。叶底粗老，见有红梗红斑。

普洱茶的"内飞"

普洱茶和其他茶不同，在紧压茶内部，往往压进一片长方形纸片，被称为"内飞"。内飞如果要抽换，必须破坏茶体，所以成为普洱茶的一个重要防伪手段。内飞上一般都印制商标、厂名，不同时期的纸质、颜料颜色和油墨质量以及排版设计的不同，传递了很多年代信息。

南糯山茶

产地： 云南省西双版纳傣族自治州勐海县。

南糯山在勐海县东部，距县城约30千米，是西双版纳有名的茶叶产地，生长有一株树龄超过八百年的栽培型茶树王。南糯山是人工种植茶树的源头，也是现代普洱茶的发祥地。南糯山最佳产区为半坡老寨。

茶的特征

[外形] 条索紧结

[色泽] 棕褐　[汤色] 黄浓

[香气] 柔顺浓郁，带花果香

[滋味] 醇和　[叶底] 柔嫩，弹性好

主泡器的 1/5~1/4　95℃

第一泡15~30秒

（识） 南糯山茶色泽偏深，条索紧结。

（泡） 使用紫砂壶或白瓷盖碗冲泡，水温95℃左右，第一泡冲泡15~30秒出汤。

（品） 冲泡后，汤色黄浓，滋味醇和，各方面都比较平衡，香气显但说不上高扬。叶底弹性好，柔嫩。

普洱茶树分类

普洱茶依照茶树的进化形态分为四种。1.野生型野生茶，是现代可饮用茶的祖先，但因尚未进化完全，并不适合饮用。2.栽培型野生茶，数百年前人们栽培的茶树，树种珍贵，制成的普洱茶可遇不可求。3.原始种茶园茶，使用茶子栽种而非扦插的茶树，也是非常好的普洱茶原料。4.改良种茶园茶，使乔木矮化便于管理的茶园，因为树龄较轻，成茶口感大多不如野生茶，但仍有不错的品质。

布朗茶

产地：云南省西双版纳傣族自治州勐海县。

布朗山在云南省西双版纳勐海县，是著名的普洱茶产区，创造了很多令人向往的好茶——班章、曼囡、老曼峨。这些都是名寨出产的茶，而没有固定寨子的茶园就统称为布朗茶。布朗族世代生活在布朗山，是国内较早栽培、制作和饮用茶叶的民族之一。

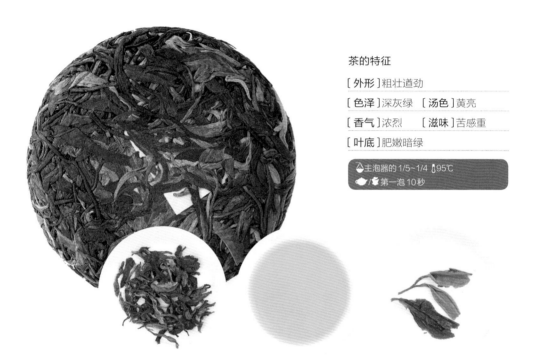

茶的特征

[外形] 粗壮遒劲

[色泽] 深灰绿　[汤色] 黄亮

[香气] 浓烈　　[滋味] 苦感重

[叶底] 肥嫩暗绿

主泡器的 1/5~1/4　95℃

第一泡 10 秒

识 布朗茶干茶粗壮遒劲，扭曲中绽放着生命的力量。

泡 使用紫砂壶或者白瓷盖碗冲泡。水温95℃左右，第一泡冲泡10秒左右。

品 冲泡后，出汤迅速，茶汤早已黄亮。入口是浓烈的茶气和淡淡的烟味，苦感也重，然而却迅速地化开，成为不可言喻的甘。满嘴生津，气冲会元。

拼配也出好茶

笔者个人并不认为拼配茶就不好，拼配是技术，是人力和自然相融合的技术。历史上很多普洱茶都是拼配的，也受到众人的追捧，如7542、7282等。由不同年份、不同等级的茶青拼配的，又能够保证品质相对一致的，即是好茶。

易武茶

产地： 云南省西双版纳傣族自治州勐腊县。

易武是勐腊县赫赫有名的茶山，没有受到第四世纪冰川移动的破坏，保留下来的山茶科植物较多，在原始森林中可以找到野生大茶树。早在公元220年，就有当地土著民族将易武野生茶树引为家种，从药用发展为商品。

茶的特征

[外形] 条索紧结，干香清扬

[色泽] 乌润　　[汤色] 黄亮通透

[香气] 纯正馥郁　[滋味] 醇和绵爽

[叶底] 柔嫩

主泡器的 1/5~1/4　95℃

第一泡 15秒

识 易武干茶条索紧结，干香清扬。

泡 适宜使用白瓷盖碗和紫砂壶冲泡，水温95℃左右，第一泡冲泡15秒左右，以后酌情增加浸泡时间。

品 冲泡后，汤色黄亮，通透厚重。香气活泼，类似脂粉香，亦有山野气，纯正馥郁。滋味醇和绵爽，顺滑。叶底柔嫩，冷香持久。

古六大茶山

云南茶叶（普洱茶）古六大茶山位于西双版纳傣族自治州内。针对历史资料对古六大茶山说法不一的情况，1957年，该地政府组织专业茶叶普查工作队，进行了实地普查，确定澜沧江内六大茶山：革登、倚邦、莽枝、蛮砖、曼撒（易武）、攸乐（基诺）；江外六大茶山：南糯、贺开、勐宋、景迈、布朗、巴达。

临沧勐库茶

产地: 云南省双江拉祜族佤族布朗族傣族自治县勐库镇。

一说到临沧，一提到勐库大叶种，那就是风格和品质的象征。勐库的地域非常广，面积475平方千米，地形崎岖，山高路远，生态环境独特而适宜大叶种茶树的生长，所以勐库不仅盛产普洱茶，也是滇红之乡。笔者感觉勐库茶整体上更接近30年前的传统普洱茶。

茶的特征

[外形] 肥壮厚实

[色泽] 墨绿油润 　[汤色] 明黄透亮

[香气] 馥郁刚劲 　[滋味] 醇厚回甘

[叶底] 匀嫩肥厚

主泡器的 1/5~1/4　95~100℃

第一泡 10~20秒

识 勐库茶条索肥壮厚实，茶毫显露，感觉上有野性，干茶香气直接，有山野之气。

泡 可以使用盖碗、瓷壶、紫砂壶、紫陶壶等冲泡。水温95~100℃，下投法定点冲泡。置茶量为主泡器的1/5~1/4。但是拆分的细碎程度影响出汤时间，如果拆得不是特别开，仍保留小块的紧压，第一泡因为茶需要浸润的时间，故而建议浸泡10~20秒，第二至八泡即泡即出汤，之后增加浸泡时间，一般生普可以泡12~15泡。

品 勐库茶汤色明黄透亮，黄色较其他产区深重，香气馥郁、刚劲。入口苦涩感适中但茶意猛烈，约5泡后，整个口腔内可感受到源源不断地回甘生津。两颊微涩，舌面回甘生津迅猛。约10泡后需适当延长出汤时间，茶叶耐泡度良好。叶底匀嫩肥厚，常见略微的红梗红边。

蛮砖茶

产地：云南省西双版纳傣族自治州勐腊县。

古蛮砖茶山今名曼庄，在易武、倚邦、革登、莽枝四座古茶山包围之中，与四座古山相距很近。蛮砖成名在易武茶之前，由于没有明显的过度采摘，蛮砖山的茶至今都品质上佳，产量也不错。

茶的特征

[外形] 条索肥壮

[色泽] 黄绿间杂　　[汤色] 金黄透亮

[香气] 香幽沉稳　　[滋味] 顺滑回甘缓

[叶底] 润泽黄绿

识 蛮砖茶条索肥壮，但不张扬，色泽黄绿间杂，茶梗的柔嫩度好。

泡 适宜使用白瓷盖碗和紫砂壶冲泡。水温95℃左右，第一泡冲泡20秒，之后即泡即出汤，第五泡以后酌情增加浸泡时间。

品 冲泡后，茶汤柔润，香幽而沉稳，略带淡淡梅子香，涩轻。口感顺滑，有胶质感，回甘缓而韵长。蛮砖茶最大的特点是茶汤金黄透亮，比一般普洱茶颜色偏深，但是非常通透。

昔归茶

产地：云南省临沧市。

昔归村属于山区，海拔750米，年平均气温21℃，适宜茶叶生长。昔归最有名的茶区是忙麓山，忙麓山是临沧大雪山向东延伸靠近澜沧江的一部分，背靠昔归山，向东延伸至澜沧江。

茶的特征

[外形] 条索匀称，叶片薄

[色泽] 墨绿　　[汤色] 通透纯净

[香气] 高扬浓郁　　[滋味] 浓厚醇醇

[叶底] 黄绿完整

识 昔归茶条索匀称，叶片薄，色泽墨绿，干茶微有香气。

泡 适宜使用白瓷盖碗和紫砂壶冲泡。水温95℃左右，第一泡冲泡10~20秒，之后即泡即出汤，转淡后酌情增加浸泡时间。

品 冲泡后，茶汤香气高扬，韵如兰花，汤色通透纯净。茶汤与班章茶的感觉类似，但霸气略逊，苦底明显，回味持久。水路格外细腻，涩感微而不显。

攸乐茶

产地：云南省西双版纳傣族自治州景洪市。

攸乐古茶山位于云南省景洪市辖区内，现名基诺山。东北与革登茶山为邻。攸乐山历来被列为古六大茶山之首，有很多树龄在三百年以上的古茶树。

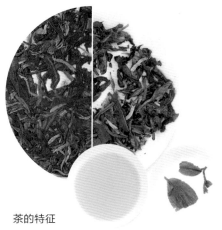

茶的特征

[**外形**] 饼型周正，少见白毫

[**色泽**] 乌润带绿　[**汤色**] 淡黄

[**香气**] 柔和轻扬　[**滋味**] 顺滑

[**叶底**] 黄绿，见有红色斑块

识 这款攸乐茶为规格250克生饼。饼型周正，色泽乌润带绿，少见白毫。

泡 适宜使用白瓷盖碗和紫砂壶冲泡，水温95℃左右，第一泡冲泡20秒，之后即泡即出汤，转淡后酌情增加浸泡时间。

品 冲泡后，汤色淡黄。香气幽，茶汤顺滑。叶底黄绿，见有红色斑块。

那卡茶

产地：云南省普洱市景谷傣族彝族自治县威远镇。

那卡村隶属景谷傣族彝族自治县威远镇。海拔1800米，年平均气温16℃，土质疏松，水量充沛，适合茶叶生长。因交通不便，全村没有工业污染，是茶区的新生力量。

茶的特征

[**外形**] 条索匀称，有白毫

[**色泽**] 乌绿带褐　[**汤色**] 黄亮浓稠

[**香气**] 自然丰沛　[**滋味**] 浓厚酽醇

[**叶底**] 黄绿完整

识 那卡茶色泽乌绿带褐，有白毫。

泡 适宜使用白瓷盖碗和紫砂壶冲泡。水温95℃左右，第一泡冲泡5~10秒，之后即泡即出汤，转淡后酌情增加浸泡时间。

品 冲泡后，汤色黄亮浓稠。香气自然丰沛，苦底重，化开慢，叶底黄绿。

滑竹梁子

产地：云南省西双版纳傣族自治州勐海县。

滑竹梁子是西双版纳的最高峰，山上盛产滑竹，因为竹节不明显，显得光滑，故而得名。该山大范围属于勐宋，海拔在1600~1800米。纬度非常适宜茶叶生长。山上生长的茶，就叫滑竹梁子茶。

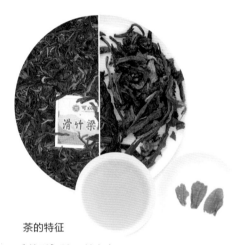

茶的特征

［外形］秀气，披白毫

［色泽］灰白发黑　［汤色］明黄透亮

［香气］温婉静幽　［滋味］厚重略涩

［叶底］柔软韧嫩

（识）滑竹梁子干茶外形秀气，虽然也是大叶种，可是并不一味的粗枝大叶。干茶的香气和茶汤的香气与景迈茶很像，温婉静幽。

（泡）最宜使用白瓷盖碗冲泡，水温90~95℃，第一泡冲泡15~30秒。

（品）茶汤绵长厚重，有阴柔之感。茶汤的颜色较同年份生普深，内质厚重，苦涩有度，回甘悠远绵长。叶底柔软韧嫩，隐约有山林气。

普洱大白毫

产地：云南省普洱市。

通过晒青法制作的绿茶，更易保存白毫。因为是大叶茶，不仅叶片肥大，白毫也较中小叶种繁密粗大，所以被称为"大白毫"，尤其特指普洱市景谷县所产。景谷大白毫有银针也有紧压茶，紧压茶内质更佳。

茶的特征

［外形］茶针粗壮，披白毫

［色泽］明亮　［汤色］黄亮通透

［香气］馥郁蜜意　［滋味］偏甜微腻

［叶底］嫩匀成朵

（识）大白毫茶针粗壮，白毫披覆全茶，干茶带有浓郁的香气。

（泡）适宜使用白瓷盖碗或紫砂壶冲泡，水温95~100℃，第一泡冲泡15~20秒。

（品）冲泡后，茶汤颜色较深，黄亮通透，水质偏甜，有微腻的感觉，更适合女性口感。香气充满蜜意，类似月光白，也仿若红茶，这是大白毫非常明显的特质。笔者将大白毫归在普洱茶中，因其有杀青工艺，不算白茶，多有轻微发酵，而又晒青或烘青干燥，是一种混合工艺的茶。

巴达山茶

产地：云南省西双版纳傣族自治州勐海县。

巴达古茶山拥有野生茶树群落和栽培型古茶园两大资源。野生茶树群落分布在海拔1760~2000米的贺松大黑山原始森林之中，为大理茶种。著名的树龄有1800年的野生型"茶树王"就生长在这个群落里。

茶的特征

[外形] 条索清晰

[色泽] 墨绿，油润显毫

[汤色] 明亮　[香气] 清新活泼

[滋味] 醇厚　[叶底] 柔软匀称

主泡器的1/5~1/4　95℃

第一泡20秒

识　巴达山茶最大的特点是淡雅，这个淡不是寡淡，而是绚烂至极而平淡。巴达山古树茶条索清晰，叶片比较肥壮。

泡　适宜使用白瓷盖碗和紫砂壶冲泡，水温95℃左右，第一泡冲泡20秒，之后即泡即出汤，第四泡以后酌情增加浸泡时间。

品　冲泡后，茶汤明亮，香气清新活泼。茶汤入口，浓稠厚重，苦涩感大，但回甘很快。耐泡程度略差。叶底干净。

以"烘"代"晒"品质差

很多不法茶商使用烘青茶青替代晒青茶青压制饼、砖、沱、团，这些茶不耐储存，香气浓郁且有烘烤过的味道，茶汤酸涩，两年以后就失去品饮价值。晒青茶色泽墨绿，略显油润。冲泡后汤色显蜜黄色，清澈透亮，滋味较厚，苦味较重，香气一般不明显。耐冲泡，叶底一般为较暗的绿色，部分叶底上会出现红斑，有点像乌龙茶那种，但不是在边上，通常靠近叶片主脉，这是鉴茶要点。

纳罕茶

产地： 云南省临沧市邦东乡。

纳罕属于邦东茶区，在邦东乡曼岗村，与昔归忙麓山相距不远，由于高海拔和小区域土壤、气候因素，纳罕茶具备香气高浓、回味甘甜持久的品质特征。

茶的特征

[外形] 紧细笔直，芽叶肥壮

[色泽] 墨绿油润　[汤色] 黄绿清亮

[香气] 浓郁悠扬　[滋味] 柔和爽滑

[叶底] 黄绿润泽

主泡器的 1/5~1/4　95℃

第一泡 15~20 秒

（识）纳罕茶干茶芽叶肥壮。

（泡）适宜使用白瓷盖碗和紫砂壶冲泡。水温95℃左右，需要洗茶，第一泡冲泡15~20秒，之后即泡即出汤，第五泡以后酌情增加浸泡时间。

（品）冲泡后，香气浓郁悠扬，有特殊的近似野生兰花般的香气。滋味厚、甜，回甘细腻悠长。

关于普洱茶的"冷知识"

1.云南省1976年才安排省内生产普洱沱茶和普洱砖茶，不可能有1976年以前的沱茶和砖茶。7581砖是指1975年确定配方。2.云南省早期是不具有出口权的，1970年以前，没有"云南省茶叶进出口公司"。3.1972年以前，云南省茶叶公司的全称是"中国茶叶公司云南省公司"，1972年之后，改称为"中国土产、畜产进出口总公司云南茶叶分公司"。

勐库冰岛

产地: 云南省双江拉祜族佤族布朗族傣族自治县勐库镇。

勐库冰岛(当地也称"丙岛")在古代已是著名的产茶村,以盛产冰岛大叶种茶而闻名。该地产茶历史悠久,有文字记载的时间为明朝(1485年前后),而无文字记载的传说更早。冰岛茶的来历有两种说法:一为当地土司"版纳古茶山引入"说,一为其他地方引入说。冰岛茶是非常优质的茶品。

茶的特征

[外形] 条索肥壮,带有白毫

[色泽] 深褐发乌　[汤色] 金黄明亮

[香气] 柔和持久　[滋味] 醇厚顺滑

[叶底] 粗壮,弹性好

主泡器的 1/5~1/4　95℃
第一泡 10~20秒

识 冰岛茶条索肥壮,带有白毫,色泽深褐。

泡 适宜使用紫砂壶冲泡,水温95℃左右,需要洗茶,第一泡冲泡10~20秒,之后即泡即出汤,第五泡以后酌情增加浸泡时间。

品 冲泡后,汤色黄亮,稠浓。滋味醇厚,顺滑,茶气强回甘好。叶底粗壮,弹性好。

勐库十八寨

勐库十八寨的古树茶自从冰岛茶火起来以后,开始进入市场。勐库十八寨以东西半山区分,西半山(十个寨子):冰岛、坝卡、懂过、大户赛、公弄、帮改、丙山、护东、大雪山、小户赛。东半山(八个寨子):忙蚌、坝糯、那焦、帮读、那赛、东来、忙那、城子。从市场情况来看,东半山整体细分产地产品不如西半山的出名。

235

勐库小户赛

产地: 云南省双江拉祜族佤族布朗族傣族自治县勐库镇小户赛。

小户赛位于勐库镇公弄村，有三个赛子：梁子赛、洼子赛、以赛。前两个赛子主要居住人群为拉祜族，以赛主要居住人群为汉族。小户赛古茶园是目前勐库地区面积最大、海拔最高、保存最完好、未被矮化过的少数古茶园之一。

茶的特征

[外形] 粗壮紧实

[色泽] 墨绿油润　[汤色] 金黄晶莹

[香气] 高扬蜜香　[滋味] 醇厚强劲

[叶底] 黄绿肥嫩

主泡器的 1/5~1/4　95~100℃

第一泡 10~20秒

（识）一般紧压茶饼，饼形周正。条索本身墨绿油润，闻起来有生普洱特有的草叶香气。

（泡）可以使用盖碗、瓷壶、紫砂壶等冲泡，水温95~100℃，下投法定点冲泡。置茶量为主泡器的1/5~1/4。拆分的细碎程度影响出汤时间，如果拆分得不是特别开，仍保留小块的紧压，第一泡因为茶需要浸润的时间，故而建议浸泡10~20秒，第二至八泡即泡即出汤，之后增加浸泡时间，一般生普可以泡12~15泡。

（品）小户赛生普新茶冲泡之后，茶汤明黄透亮，晶莹剔透而带有胶质感。香气有草叶香、花香、蜜糖香交织，而且中后段可以达到香蕴于水，茶汤入口顺滑，滋味略有苦涩，但数秒之后化为回甘生津，甜淳如淡蜂蜜水；整体感觉仍是浓强直接的，茶汤力量感强劲。

勐库东半山

产地：云南省双江拉祜族佤族布朗族傣族自治县勐库镇。

勐库镇的邦马山与马鞍山对峙，南勐河流经两山之间，勐库人习惯上以南勐河为界，将南勐河东边的山称为东半山，河西边的山称为西半山；即马鞍山在河东，叫东半山，邦马山在河西，叫西半山。东半山最大的寨子是坝糯，海拔在1900米之上，当地出产的藤条茶颇有盛名。

茶的特征

[外形] 粗壮紧实

[色泽] 墨绿油润　[汤色] 金黄明亮

[香气] 浓郁优雅　[滋味] 柔和甘爽

[叶底] 黄绿肥嫩

主泡器的 1/5~1/4　95~100℃

第一泡 10~20秒

识 一般紧压茶饼，饼形周正。条索本身墨绿油润，银毫闪现。干茶香气浓郁清新，闻起来有生普洱特有的草叶香气混合高山之气。

泡 可以使用盖碗、瓷壶、紫砂壶等冲泡，水温95~100℃，下投法定点冲泡。置茶量为主泡器的1/5~1/4。拆分的细碎程度影响出汤时间，如果拆分的不是特别开，仍保留小块的紧压，第一泡因为茶需要浸润的时间，故而建议浸泡10~20秒，第二至八泡即泡即出汤，一般生普可以泡12~15泡。

品 东半山的茶相比西半山的一些名寨茶，汤感内质没有那么浓强，虽然汤色也是金黄明亮，如果使用玻璃公杯也有挂杯感，但是缺少浓稠到如油似胶的感觉，香气上倒是活泼很多。茶汤中花香浓郁优雅，入口柔和爽滑。滋味上，苦的力度不够，不像冰岛的甜是苦甜交融，而是一开始就偏甜。气韵倒还不错，有山野气韵，回甘生津。

勐库大雪山

产地： 云南省双江拉祜族佤族布朗族傣族自治县勐库镇。

勐库大雪山即邦马大雪山，一般指西半山非特定村寨的茶。大雪山是勐库大叶种茶树的故乡，也是世界茶树中心起源地之一。著名的勐库千年野生古茶树群落就位于此，海拔2500米以上的地带现在仍是保存完好的原始森林，其中生长着成片的千年以上的野生古茶树。

茶的特征

[外形] 粗壮紧实

[色泽] 墨绿油润　　[汤色] 明黄透亮

[香气] 花草香交织　　[滋味] 醇厚有韵

[叶底] 黄绿肥嫩

主泡器的 1/5~1/4　95℃

第一泡20秒

识 一般紧压茶饼，饼形周正。条索本身墨绿油润，闻起来有生普洱特有的草叶香气混合高山森林野树之气。

泡 适宜使用白瓷盖碗和紫砂壶冲泡，水温95℃左右，需要洗茶，第一泡冲泡20秒，后续酌情增加浸泡时间。

品 新茶冲泡后，茶汤明黄透亮，草叶香、森林野香和兰香交织。茶汤微苦后回甘，沉雄而优雅。舌面甘韵与上颚中后段香气饱满，整体感觉醇润疏朗，韵长回味。

究竟源自哪座"大雪山"

在市面上常看到的勐库茶有直接印刷品名"勐库大雪山"的，而赫赫有名的冰岛也在勐库大雪山上，如果是冰岛茶，品名肯定优先印刷为"冰岛茶"。其实勐库不止一座"大雪山"。通常人们听到的"大雪山"，如果不指明具体地点，多指邦马大雪山。邦马大雪山除了冰岛之外，也有很多村寨，并且有不少古树茶。但是如果明确印了"临沧大雪山"，那么基本是指邦东大雪山。

勐库懂过

产地：云南省双江拉祜族佤族布朗族傣族自治县勐库镇。

懂过位于勐库茶山的西半山，海拔大约1750米。懂过是勐库最大的村寨，一共有4个村，其中懂过老寨也叫大寨，有2个自然村，一个叫以寨，一个叫外寨。以寨全是汉族，外寨为汉族、拉祜族合住。

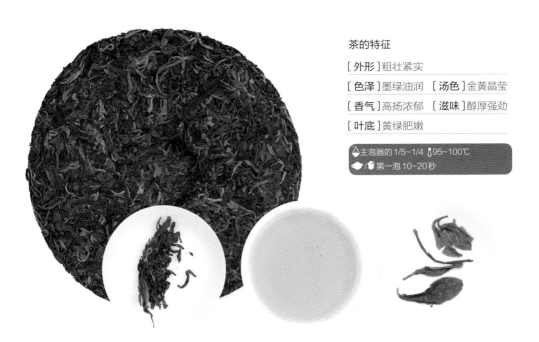

茶的特征

[外形]粗壮紧实

[色泽]墨绿油润　[汤色]金黄晶莹

[香气]高扬浓郁　[滋味]醇厚强劲

[叶底]黄绿肥嫩

主泡器的1/5~1/4　95~100℃

第一泡10~20秒

识 一般紧压茶饼，饼形周正。条索本身墨绿油润，白毫明显。懂过属于中大叶种混生茶树，条索略小。干茶闻起来有生普洱特有的草叶香气。

泡 可以使用盖碗、瓷壶、紫砂壶等冲泡，水温95~100℃，下投法定点冲泡。置茶量为主泡器的1/5~1/4。拆分的细碎程度影响出汤时间，如果拆分的不是特别开，仍保留小块的紧压，第一泡因为茶需要浸润的时间，故而建议浸泡10~20秒，第二至八泡即泡即出汤，之后增加浸泡时间。

品 冲泡后，一般前几泡比较淡，之后迅速转浓，香气高亢，苦涩均重，有奔放浓烈迅猛之感；但苦而能化，回甘生津也好。最后几泡衰减明显，余韵较淡。

懂过的"茶王树"

懂过这个地方，在清道光以前还没有汉人迁入，是一个纯粹的拉祜族聚居地，懂过保存很好的明代大茶树就是拉祜族人工栽植的。最大的一棵明代古茶树树围已超过160厘米，懂过人尊称为"茶王树"，其旁边还有七八棵树围已超过120厘米的古茶树，当地人称为"小茶王树"。

临沧马鞍山茶

产地：云南省临沧市镇康县忙丙乡。

马鞍山村隶属云南省临沧市镇康县忙丙乡，东邻永德，南邻帮海，西邻忙汞，北邻勐捧，海拔1450米，年平均气温17℃，茶叶为主要农产品。临沧马鞍山茶是镇康县的好茶代表，马鞍山村家家户户种茶，种茶、制茶、喝茶是村民从小到大的必修课。

茶的特征

[外形] 茶梗细长

[色泽] 乌绿　　　[汤色] 淡黄

[香气] 优雅悠长　　[滋味] 丰沛

[叶底] 干净，持嫩度好

主泡器的1/5~1/4　95℃

第一泡15~20秒

识 临沧马鞍山老树茶色泽乌绿，茶梗细长。

泡 使用紫砂壶或白瓷盖碗冲泡。水温95℃左右，第一泡冲泡15~20秒出汤。

品 冲泡后，汤色淡黄，清澈通透，香气优雅悠长。水质内蕴绵绵不绝，不过分张扬，但是丰沛的感觉持续而至。叶底持嫩度很好，干净漂亮。

马鞍山茶的制作

马鞍山茶制作方式简单传统，是把采摘回来的鲜叶，先在干净的竹茶笆上薄薄地抖开，晾1~2小时。然后把大铁锅洗干净，猛火烧热，倒进适量鲜叶，用木棍反复翻搅，至熟，捞出来放在簸箕里，趁烫边揉边抖，5~10分钟后再倒进热锅里反复翻搅。如此重复三次后，薄薄地均匀抖开，在阳光下暴晒至干至脆。如遇天阴下雨，就用大铁锅里的余热烤干。无论是阳光晒干还是余热烤干，茶叶都要先放置凉一凉，然后就可以放到瓦罐或塑料袋中密封储存。

革登茶

产地：云南省西双版纳傣族自治州勐腊县象明乡革登茶山。

革登古茶山处于倚邦茶山和莽枝茶山之间。"革登"是布朗语，意为"很高的地方"。革登茶山在六大茶山中面积最小，对外出产的茶品系列不多、产量也不大，但因离孔明山最近，并且有一棵特大的茶王树，因而在六大茶山中有其不可小觑的地位和深厚的影响。

茶的特征

[外形]条索不够紧结

[色泽]黑亮　　　[汤色]通透黄亮

[香气]淡而清香　[滋味]苦中带甜

[叶底]黄绿匀齐

🌢主泡器的1/5~1/4　🌡95℃

☕/🍵第一泡20秒

识 革登茶条索并不特别的肥厚，呈现了更多中小叶种茶树的特点，可是依然具有沉静寂寞之美。

泡 适宜使用白瓷盖碗和紫砂壶冲泡，水温95℃左右，第一泡冲泡20秒，之后即泡即出汤，以后酌情增加浸泡时间。

品 冲泡后，茶汤颜色通透黄亮，带着淡而清香的味道，仿佛初绽的新莲。叶底柔嫩，偶见杀青的焦斑和前发酵的红边。

革登"大白茶"

革登古茶山的茶树都是野生过度型的大中小叶种混生。因革登所产的茶叶芽头粗壮，满枝银茸，当地人们称革登为"大白茶"。干茶闻之，有淡淡花果香，开汤橙黄透亮，入口微苦，涩短，有独特的山野气息，茶气强烈，回甘生津快，甘香浓郁香气持久，汤质顺滑细腻。

莽枝

产地： 云南省西双版纳傣族自治州勐腊县莽枝茶山。

莽枝位于勐腊县象明乡，西接攸乐，北临革登，东依蛮砖。传说诸葛亮埋铜（莽）于此地，故取名莽枝。莽枝茶区海拔在1150~1450米之间，所产茶叶品质较好。

茶的特征

[外形] 紧实匀整　[色泽] 乌绿油润

[汤色] 橙黄明亮　[香气] 花蜜清香

[滋味] 丰富有韵　[叶底] 黄绿肥嫩

主泡器的 1/5~1/4　95~100℃

第一泡10~20秒

（识）莽枝外形匀整洁净，条索完整，以特殊香型著称。

（泡）可以使用盖碗、瓷壶、紫砂壶等冲泡，水温95~100℃，下投法定点冲泡。置茶量为主泡器的1/5~1/4。但是拆分的细碎程度影响出汤时间，如果拆分的不是特别开，仍保留小块的紧压，第一泡因为茶需要浸润的时间，故而建议浸泡10~20秒，第二至八泡即泡即出汤，之后增加浸泡时间，一般生普可以泡12~15泡。

（品）冲泡后，有沉稳的花蜜清香，入口苦涩稍重，回甘生津快，茶汤滋味丰富，层次感强，韵味悠长，饮完后满口留香，茶气足，耐泡。由于近年来茶园生态有所破坏，茶汤整体口感稍显粗糙。

莽枝茶园的前世今生

清康熙初年，莽枝茶山的牛滚塘已成为古六大茶山北部最重要的茶叶集散地。鼎盛时期，莽枝年产茶叶达万担（100万斤）之多。现在莽枝古茶山留下来的古茶园，分布于安乐村委会行政管辖之下的各个寨子，主要集中在秧林、红土坡、曼丫、江西湾、口夺等地。

千家寨茶

产地： 云南省普洱市镇沅县九甲镇一带。

千家寨位于云南省西南部普洱市东北部的镇沅县九甲乡和平村原始森林，属哀牢山系。海拔1800~2000米，雨量充分，云雾缭绕，有万亩野生茶树林。其中有两株树龄分别为2500年、2700年的野生古茶树王。

茶的特征

〔外形〕粗壮匀整　〔色泽〕乌润有毫
〔汤色〕金黄有胶质感
〔香气〕清冽浓郁　〔滋味〕苦重涩轻
〔叶底〕黄绿肥壮

- 主泡器的1/5~1/4　95℃
- 第一泡20秒

识 一般紧压茶饼，饼形周正。条索粗壮匀整、色泽乌润，白毫间杂。干茶闻起来有生普洱特有的草叶香气，香气明显。

泡 适宜使用白瓷盖碗和紫砂壶冲泡，水温95℃左右，需要洗茶，第一泡冲泡20秒，以后酌情增加。

品 香气浓郁，汤感入口苦味明显，但涩味较轻，口感绵柔，回甘迅速，生津感强，口腔的感觉持久。

镇沅县的千家寨

千家寨这个地名在中国有很多。在普洱茶里，通常指云南景谷金竹山千家寨或者镇沅县千家寨。这两个千家寨茶的特点明显不同。镇沅县的千家寨，得名与起义军扎营有关：清咸丰同治年间，在太平天国的影响和鼓舞下，哀牢山彝族农民领袖李文学联合各族农民5000余人，誓师起义，在哀牢山安营扎寨反抗清军，因而得名"千家寨"。

易武麻黑

产地: 云南省西双版纳傣族自治州勐腊县易武乡麻黑村。

麻黑村是易武七村八寨之一，位于易武乡东北边，属汉民村寨，是易武茶的核心山头，在市场上来说追捧者众多。麻黑村也是易武的交通要道，海拔1200米以上，环境适宜茶树生长，茶叶品质稳定，是易武茶区的典型代表。麻黑村的茶园面积不小，有2700亩古茶园，5100多亩新式茶园。不过，麻黑古树也有矮化过的，不全是高大的茶树。

茶的特征

[外形] 紧结挺秀

[色泽] 乌绿油润　[汤色] 浓黄饱满

[香气] 柔和高扬　[滋味] 柔滑细腻

[叶底] 黄绿肥壮

主泡器的 1/5~1/4　95~100℃

第一泡5~10秒

识 一般紧压茶饼，饼形周正。条索本身乌绿油润，白毫明显。干茶闻起来有生普洱特有的草叶香气，香气明显。

泡 可以使用盖碗、瓷壶、紫砂壶等冲泡，水温95~100℃，下投法定点冲泡。置茶量为主泡器的1/5~1/4。拆分的细碎程度影响出汤时间，故而第一泡建议浸泡5~10秒，第二至八泡即泡即出汤，之后增加浸泡时间，一般生普可以泡12~15泡。

品 易武茶区整体表现阴柔，但是麻黑的特点比较明显：既有果蜜之香，又有山野之气。汤色较一般易武茶黄重，浓郁饱满。香气柔和高扬，口感微涩微苦，细腻与刚烈平衡感好，且较耐冲泡。

易武弯弓

产地：云南省西双版纳傣族自治州勐腊县易武乡弯弓茶园。

弯弓也是市面上的符号性普洱茶之一，属于易武七村八寨之一。弯弓得名于弯弓河，曾有大寨聚居，可惜后来由于多次火灾（亦有说因为瘴疠）毁损。现在市面上既有弯弓茶，也有丁家寨的茶，还有叫作丁家寨弯弓的茶。笔者一般认为弯弓就是丁家寨（瑶寨）弯弓，丁家寨（汉寨）的茶园名字是一扇磨和香椿林。

茶的特征

[外形]紧结匀整

[色泽]褐绿乌润　[汤色]金黄明亮

[香气]高扬纯正　[滋味]醇和回甘

[叶底]黄绿柔韧

🝆主泡器的 1/5~1/4　🌡95~100℃

🍵第一泡5~10秒

㊙ 一般紧压茶饼，饼形周正。条索紧结，匀整、色泽乌润，白毫明显，通常茶梗细长明显。干茶闻起来有生普洱特有的草叶香气，香气明显。

㊙ 可以使用盖碗、瓷壶、紫砂壶等冲泡，水温95~100℃，下投法定点冲泡。置茶量为主泡器的1/5~1/4。拆分的细碎程度影响出汤时间，如果拆分的不是特别开，仍保留小块的紧压，第一泡因为茶需要浸润的时间，故而建议浸泡5~10秒，第二至八泡即泡即出汤，之后增加浸泡时间，一般生普可以泡12~15泡。

㊙ 冲泡后，香气高扬纯正，韵味明显。汤色金黄明亮，入口醇和柔滑，回甘快速，有蜜意微凉之感，且比较持久。

易武刮风寨

产地：云南省西双版纳傣族自治州勐腊县易武乡刮风寨。

刮风寨属于易武山区，海拔1200米，年平均气温17℃，适宜种植粮食等农作物。刮风寨林木茂盛，高大茶树一般都混生在丛林之中。市面上有很多名头比较响亮的小众茶，比如薄荷塘、冷水河、易武茶王树等普洱茶，茶树分布海拔不同，但其实都属于刮风寨范畴。

茶的特征

[外形] 紧结挺俊

[色泽] 乌亮泛绿　　[汤色] 金黄明亮

[香气] 甜润高扬　　[滋味] 柔和醇滑

[叶底] 肥壮柔韧

♠主泡器的1/5~1/4　♨95℃

♣/🍵第一泡15~25秒

（识）一般紧压茶饼，饼形周正。条索紧结，匀整、色泽发乌泛绿，白毫明显。香气极高。

（品）宜使用白瓷盖碗或球形紫砂壶冲泡，水温95℃左右，洗茶，第一泡冲泡15~25秒。

（泡）刮风寨的茶香气极为活泼，整体还是花香为主。香气蕴于水中，呈现甜润感，略有蜜香。整体顺滑柔和，但是内劲很足，苦涩轻，口腔内生津持久。

与刮风寨的初识

笔者第一次喝到刮风寨是2006年在腾冲，当时还不知道刮风寨这款茶，被当地朋友嗤笑了。印象深的不是被鄙视，而是冲泡时的那种香气非常直接，不是浓郁但是扩散迅速。

易武七村八寨

　　易武是普洱茶源头地区，著名的普洱茶古六大茶山之一。易武人视茶为"上通天神，下接地府"的灵性之物，当地还形成了多姿多彩的民族饮茶习俗和茶文化，以易武正山"七村八寨"最具特色。七村为：麻黑村、高山村、落水洞村、曼秀村、三合社村、易比村、张家湾村；八寨是指刮风寨、丁家寨（瑶族）、丁家寨（汉族）、旧庙寨、倮德寨、大寨、曼撒寨、新寨。有的说法是将张家湾与曼撒对调，即七村中有曼撒村，八寨中有张家湾寨。

易武"瑞贡天朝"匾额

　　易武有一块"瑞贡天朝"匾额。据说这块匾是清代道光皇帝品尝易武普洱茶之后，亲书"瑞贡天朝"四字赐予易武车顺号茶庄，并加封茶庄主人车顺来为"例贡进士"；钦命头品顶戴赴云南呈宣，由云南布政使司布政使捷勇巴图鲁监制成长七尺三寸二分，宽一尺八寸，厚一寸五分的"瑞贡天朝"金字大匾。这个记载未见于正史和官方文书中，而且道光一朝加封过十位"巴图鲁"，即满清"英雄勇士"之称号，未查到"捷勇"这一加封，只有"劲勇""励勇"等，这个可能与所查史料有遗漏且史料记载不详细有关。但是"巴图鲁"加封的一定是武将，让武将监制匾额并且亲赴一个茶庄赐匾，行一文官之事，此事实属反常，不知具体用意。笔者倒觉得用茶的品质说话即好，不必非要寻找一个高大上的渊源。

真假"刮风寨"

　　刮风寨茶火了之后，市面上多出了很多刮风寨茶，其总量是远远大于实际产量的。混充刮风寨的茶，通常品质也不差，常见的是尚勇茶和江城茶。尚勇茶其实就源自刮风寨茶树，只不过那是20世纪80年代矮化的古树茶。江城茶香气其实不错，陈化的话滋味甚为醇滑饱满，但是和刮风寨的口感相比，确实差异较大。市场是偏爱古树茶的，为什么呢？因为大部分人的口感是被绿茶"培养"出来的，惯于用绿茶的口感标准去衡量普洱茶，那肯定是古树茶柔和、平衡、顺滑、香气层次丰富；台地茶（释义见本书第15页）内容物含量高，但是是符合普洱茶的评价标准的。事实上，从陈化的样本来看，台地茶的陈化往往好于古树茶。人们现在所知的陈化了30年以上的被市场认可的老茶，大部分是台地茶。

易武落水洞

产地： 云南省西双版纳傣族自治州勐腊县易武乡落水洞村。

落水洞在行政区划分上实际是属于麻黑的，但是从茶叶名号角度而言，它和麻黑同属于易武七村八寨的优秀茶产地。落水洞是一个汉族村，四周环山，海拔约1400米，年平均气温17℃，温热多雨，土层深厚且有机物质含量高。易武落水洞向来以香扬水柔闻名于世。

茶的特征

[外形] 细挺柔美

[色泽] 灰黑带绿　　[汤色] 金黄明亮

[香气] 花香明显　　[滋味] 细腻顺滑

[叶底] 黄绿肥壮

主泡器的 1/5~1/4　95~100℃

第一泡 10~20秒

识　一般紧压茶饼，饼形周正。条索紧结匀整，色泽乌润，白毫明显。干茶香气明显。

泡　可以使用盖碗、瓷壶、紫砂壶等冲泡，水温95~100℃，下投法定点冲泡。置茶量为主泡器的1/5~1/4。拆分的细碎程度影响出汤时间，如果拆分的不是特别开，仍保留小块的紧压，第一泡因为茶需要浸润的时间，故而建议浸泡10~20秒，第二至八泡即泡即出汤，之后增加浸泡时间，一般生普可以泡12~15泡。

品　冲泡以后，汤色金黄透亮，口感柔软，香气层次丰富多变，但整体呈现花香系，茶气不算刚烈，属阴柔持久一脉。

易武曼撒

产地：云南省西双版纳傣族自治州勐腊县易武乡曼撒村。

曼撒也经常写作"曼洒""慢撒"，是易武的一个村。曼撒海拔740米，年平均气温18℃，年降水量1700毫米，适宜农作物和茶树生长。曼撒茶山是古六大茶山之一，清代前期是易武地区的茶叶集散中心，是滇藏茶马古道的源头。

茶的特征

[外形]粗壮紧实

[色泽]墨绿油润　[汤色]淡黄晶莹

[香气]高扬蜜香　[滋味]醇厚强劲

[叶底]黄绿肥嫩

🏺主泡器的1/5~1/4　🌡95~100℃

🍵第一泡10~20秒

（识）一般紧压茶饼，饼形周正。条索本身墨绿油润，银毫闪现。干茶香气浓郁清新，闻起来有生普洱特有的草叶香气混合高山之气。

（泡）可以使用盖碗、瓷壶、紫砂壶等冲泡，水温95~100℃，下投法定点冲泡。置茶量为主泡器的1/5~1/4。拆分的细碎程度影响出汤时间，如果拆分的不是特别开，仍保留小块的紧压，第一泡因为茶需要浸润的时间，故而建议浸泡5~10秒，第二至八泡即泡即出汤，之后增加浸泡时间，一般生普可以泡12~15泡。

（品）曼撒的茶香扬水柔，有梅子香混合蜜香、兰香、草叶香等。山野气息和苦感都比较明显，但有意思的是，茶汤的甘甜度也比较明显，苦甜交织交融，柔和顺滑，回甘生津。不过耐泡度不是特别突出。

布朗曼新竜

产地： 云南省西双版纳傣族自治州勐海县布朗山乡曼新竜。

曼新竜在布朗山乡，是一个布朗族的村寨，但是其地名来源于傣语："曼"指村寨，"新"即狮子，"竜"意为大，"曼新竜"直译即大狮子村，有时又被写成"曼新龙"。曼新竜的生态环境比较原始，茶树资源丰富，古树树龄大约200年，茶园面积大约1600亩，海拔在1500~1900米。

茶的特征

[外形] 粗壮紧实

[色泽] 墨绿间黄　　[汤色] 橙黄明亮

[香气] 猛烈高扬　　[滋味] 饱满强劲

[叶底] 黄绿肥嫩

主泡器的1/5~1/4　95~100℃

第一泡5~10秒

识 一般紧压茶饼，饼形周正。干茶条索粗壮紧结、叶片较宽，白、金毫均有，色泽墨绿间黄。干茶香气浓郁清新，闻起来有生普洱特有的草叶香气混合高山之气。

泡 可以使用盖碗、瓷壶、紫砂壶等冲泡，水温95~100℃，下投法定点冲泡。置茶量为主泡器的1/5~1/4。拆分的细碎程度影响出汤时间，如果拆分的不是特别开，仍保留小块的紧压，第一泡因为茶需要浸润的时间，故而建议浸泡5~10秒，第二至八泡即泡即出汤，之后增加浸泡时间，一般生普可以泡15~18泡。

品 曼新竜茶香气猛烈高扬，苦重而不失灵动，持续时间久，但是不如老曼娥滞留感强，苦而能化，比较迅速。茶汤质感极度饱满，喉韵极深而富有力量感，生津迅猛有力，回甘澎湃持久，但整体的穿透感不如老班章。

布朗曼娥

产地：云南省西双版纳傣族自治州勐海县布朗山乡老曼娥村。

曼娥也写作"曼娥"，人们常称"老曼娥"。老曼娥自然村隶属布朗山乡班章村委会，海拔1650米。据寨里古寺内的石碑记载，其建寨时间恰好就是傣族传统的小傣历纪年元年，至今已有1380年的悠久历史，而这里的古茶园中，一棵棵刻满沧桑岁月的古茶树，见证了布朗族先民悠久的种茶历史。老曼娥村如今有3000多亩古茶园，树龄在100~500年。

茶的特征

[外形] 粗壮紧实

[色泽] 墨绿　　　[汤色] 金黄明亮

[香气] 馥郁悠长　[滋味] 浓酽苦重

[叶底] 黄绿肥嫩

主泡器的 1/5~1/4　95~100℃

第一泡5~10秒

识 一般紧压茶饼，饼形周正。干茶条索粗壮紧结、叶片较宽，白、金毫均有，色泽墨绿。干茶香气浓郁清新，闻起来有生普洱特有的草叶香气混合高山之气。

泡 可以使用盖碗、瓷壶、紫砂壶等冲泡，水温95~100℃，下投法定点冲泡。置茶量为主泡器的1/5~1/4。拆分的细碎程度影响出汤时间，如果拆分的不是特别开，仍保留小块的紧压，第一泡因为茶需要浸润的时间，故而建议浸泡5~10秒，第二至八泡即泡即出汤，之后增加浸泡时间，一般生普可以泡15~18泡。

品 老曼娥的汤色通透明亮，毫多，油润。香气馥郁，是高香型的茶。茶汤滋味浓酽，野性十足，苦味很重，但是苦而能化，回甘生津快而强烈。特别值得一提的是，老曼娥的后期陈化往往都让人十分惊喜，一般7~8年就会转化为荷香，苦度迅速衰减，强劲浓醇之感反而更胜从前。

布朗卫东

产地: 云南省西双版纳傣族自治州勐海县布朗山乡卫东村。

卫东村大概是180多年前从老班章村迁出的,卫东村寨的茶种也是从老班章引种的,现在的新寨和老寨出产的茶就叫新班章,故而卫东村寨的茶和其他几个布朗山知名的产茶村寨一样,在浓酽苦重的基础上有自己的小特点。

茶的特征

[外形] 粗壮紧实

[色泽] 墨绿油润　[汤色] 橙黄明亮

[香气] 高香纯粹　[滋味] 醇厚顺滑

[叶底] 黄绿肥嫩

🫖 主泡器的1/5~1/4　🌡 95~100℃
☕/⏱ 第一泡5~10秒

识 一般紧压茶饼,饼形周正。条索本身墨绿油润,银毫闪现。干茶香气浓郁清新,闻起来有生普洱特有的草叶香气混合高山之气。

泡 可以使用盖碗、瓷壶、紫砂壶等冲泡,水温95~100℃,下投法定点冲泡。置茶量为主泡器的1/5~1/4。拆分的细碎程度影响出汤时间,如果拆分的不是特别开,仍保留小块的紧压。第一泡因为茶需要浸润的时间,故而建议浸泡5~10秒,第二至八泡即泡即出汤,之后增加浸泡时间,一般生普可以泡15~18泡。

品 卫东入口滋味柔和滑顺,略苦,回甘生津明显且持久;醇厚度佳,层次感丰富。茶香高扬明显,有浓烈的山野气韵。从整体来说,卫东明显弱于老班章,特别是在茶汤方面,甚至还谈不上猛烈强劲,但是整体比较平衡,是性价比高的好茶。

曼囡茶

产地：云南省西双版纳傣族自治州景洪市勐养镇大河边村曼囡一带。

曼囡古茶园属于勐海贺开山曼囡村委会，曼囡是傣语地名："曼"即寨，"囡"意为小，"曼囡"意即小寨。不过曼囡村大部分的村民属于布朗族，茶品的感觉也符合整个大茶区布朗山一脉的风格。该村海拔不是很高，其中曼囡新寨海拔688米。

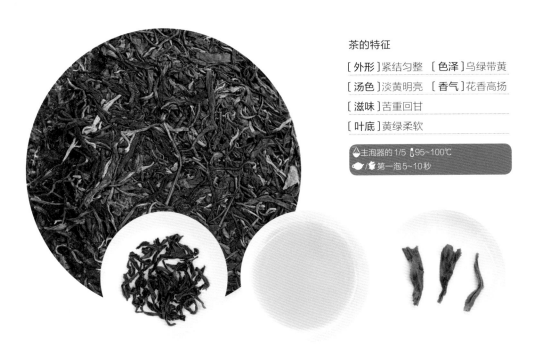

茶的特征

[外形] 紧结匀整　[色泽] 乌绿带黄

[汤色] 淡黄明亮　[香气] 花香高扬

[滋味] 苦重回甘

[叶底] 黄绿柔软

主泡器的1/5　95~100℃

第一泡5~10秒

识 一般紧压茶饼，饼形周正，条索紧结匀整。曼囡茶干茶的白毫比较明显，整体色泽不是特别深重，比一般的生普洱颜色偏黄。干茶闻起来有生普洱特有的草叶香气，香气明显。

泡 可以使用盖碗、瓷壶、紫砂壶等冲泡，水温95~100℃，下投法定点冲泡。置茶量为主泡器的1/5~1/4。拆分的细碎程度影响出汤时间，如果拆分的不是特别开，仍保留小块的紧压。第一泡因为茶需要浸润的时间，故而建议浸泡5~10秒，第二至八泡即泡即出汤，之后增加浸泡时间，一般生普可以泡12~15泡。

品 冲泡后，汤色淡黄通透，有山野气混合淡淡的兰花香气，口感苦重涩轻，但化得较快，回甘持久；是布朗山品质优秀的茶品之一。

无量山紫条茶

产地： 云南省大理白族自治州南涧县一带。

紫条茶是指无量山上茎干、茶梗颜色深紫的茶树。茶叶长年生长在无量山茶园的雾气之下，形成了枝条呈紫色，叶子并未呈紫色，这一特点使其与紫芽茶和紫娟茶有了明显的区别。

茶的特征

[外形] 紧结匀整

[色泽] 褐黑间杂　[汤色] 浓黄深重

[香气] 山野之气　[滋味] 苦轻略涩

[叶底] 色泽均匀

🫖 主泡器的 1/5~1/4　🌡 95℃

🥄 第一泡 15~20秒

🔍 一般紧压茶饼，饼形周正。条索紧结匀整，褐黑间杂，茶梗明显。

💧 适宜使用紫砂壶冲泡，水温95℃左右，需要洗茶，第一泡冲泡时间15~20秒，之后酌情增加。

👄 就笔者个人而言，紫条茶茶力不强，香气不算高扬，但茶汤干净柔和。茶汤颜色深重浓黄，微有苦涩，较耐冲泡，但是口感特征不明显。

普洱甜茶

普洱茶一般追求味道浓醇，但是这几年市面上也出现了所谓"甜茶"的商品茶。甜茶大约分成两种类型，一种是真正的茶树，比如老曼娥的甜茶，使用的茶青都是不到百年树龄的小茶树，基本也就二三十年，故而不是茶汤甘甜。第二种类型是茶科类植物，不是茶树，比如无量山甜茶、千年古树甜茶等。

景迈茶

产地：云南省普洱市澜沧拉祜自治县惠民镇景迈山。

景迈山位于西双版纳、普洱与缅甸的交界处，南朗河（南腊河）和南门河在山谷中缓缓流淌。景迈山是中国六大茶山之一，其千年古茶的面积堪称茶山之最。

茶的特征

[外形] 条索柔美

[色泽] 黄绿发乌　[汤色] 淡黄清亮

[香气] 阴柔持久　[滋味] 醇和

[叶底] 肥壮柔韧

主泡器的 1/5~1/4　95℃
第一泡 15~20 秒

识 景迈茶干茶条索柔美，色泽黄绿发乌。

泡 适宜使用紫砂壶冲泡，水温95℃左右，第一泡冲泡15~20秒出汤，之后即泡即出汤，转淡后增加浸泡时间。

品 冲泡后，汤色淡黄清亮，香气阴柔，持久美妙，滋味醇和。叶底肥壮，柔韧弹性好。

景迈千年古茶园

景迈山的千年古茶园是目前世界上保存最完好、年代最久远、面积最大的人工栽培型古茶园，是世界茶文化的根源。2007年，景迈千年万亩古茶园以其独特的自然资源优势和显著的保护利用民间文化遗产成效，被命名为首批"中国民间文化遗产旅游示范区"。

贺开茶

产地：云南省西双版纳傣族自治州勐海县。

贺开古茶山位于勐海县东南部，怒江山脉南延余脉部，北连著名古茶山南糯山茶区。听说市面上有人用贺开茶混充易武茶，需仔细识别。

茶的特征

[**外形**]俊秀挺拔，有细密茸毫

[**色泽**]乌黑间或黄绿

[**汤色**]黄亮厚重　[**香气**]果胶香气

[**滋味**]顺滑回甘　[**叶底**]柔嫩肥壮

🔵识　贺开干茶俊秀而挺拔，有细密的茸毫。乌黑间或着黄绿的色泽，细细嗅着有青青的茶香。

🔵泡　使用白瓷盖碗或紫砂壶冲泡，水温90~95℃，第一泡冲泡10~20秒。

🔵品　冲泡后，茶汤色泽黄亮，质感厚重，通透明亮。有果胶般的香气，入口顺滑，有明显苦感，然而化得很快，喉咙回甘迅速。杯底有淡淡脂粉般香气。叶底柔嫩肥壮，叶片的边缘略有红，偶有焦点。

帕沙茶

产地：云南省西双版纳傣族自治州勐海县。

帕沙村位于勐海县格朗和哈尼族乡。此处海拔1200~2000米，年平均气温22℃，是理想的高山茶区。帕沙茶以口感清甜著称。

茶的特征

[**外形**]干茶紧结，有白毫

[**色泽**]乌绿　[**汤色**]金黄稠浓

[**香气**]自然　[**滋味**]醇厚清甜

[**叶底**]肥壮尚嫩

🔵识　帕沙茶一般干茶紧结，色泽乌绿，带有白毫。

🔵泡　适宜使用白瓷盖碗和紫砂壶冲泡，水温95℃左右，第一泡冲泡10~15秒。之后即泡即出汤，转淡后增加浸泡时间。

🔵品　冲泡后，茶汤金黄，有胶质感，稠浓厚重，香气自然。叶底肥壮，尚嫩。

老乌山茶

产地：云南省普洱市镇沅彝族哈尼族拉祜族自治县。

老乌山为无量山的一条支脉，横跨镇沅县振太镇、按板镇、勐大镇，景谷县小景谷乡、凤山乡等，方圆数十公里。当地居民以彝族、哈尼族、拉祜族为主。海拔1500~2200米，年平均气温14℃左右，年降雨量1390~1502毫米。气候、海拔适宜茶树生长，生态植被丰富，土壤为红壤和黄棕壤，蕴含多种矿物质，通透性好。

茶的特征

[外形] 芽头肥大

[色泽] 墨褐带毫　[汤色] 淡黄通透

[香气] 山野之气　[滋味] 苦后回甘

[叶底] 黄绿偶见红斑

主泡器的1/5~1/4　95~100℃
第一泡15~20秒

识 一般紧压茶饼，饼形周正。条索肥壮，色泽墨褐，有白毫，长度和其他茶区普洱茶相比，较为短肥。干茶闻起来有生普特有的草叶香气，香气明显。

泡 最宜使用紫砂壶冲泡，水温95~100℃，洗茶，第一泡冲泡15~20秒。

品 老乌山的茶韵味浓厚，苦感重，回甘强。汤色明净澄澈，香气浓厚。老乌山茶最大的特点就是"野"，活泼饱满、发散性强，是品质优异的茶品。

邦崴茶

产地： 云南省普洱市澜沧拉祜族自治县。

邦崴过渡型古茶树生长在海拔1900米的富东乡邦崴村新寨寨脚园地里，为乔木型大茶树，树高11.8米，树龄在1000余年，从古到今一直被当地茶民采摘利用，但鲜为外界人所知。

茶的特征

[外形] 肥壮　[色泽] 墨绿，间杂黄叶

[汤色] 金黄明亮　[香气] 花香

[滋味] 醇厚　[叶底] 柔韧

（识）邦崴茶干茶肥壮，色泽墨绿，间杂黄叶。干茶香气突出。

（泡）使用紫砂壶冲泡，水温95℃左右，第一泡冲泡15~30秒出汤。

（品）冲泡后，茶汤金黄明亮，厚重，透出花香。滋味醇厚，回甘迅速。叶底柔韧，持嫩度好。

倚邦茶

产地： 云南省西双版纳傣族自治州勐腊县。

倚邦山位于勐腊县的最北部，南连蛮砖茶山，西接革登茶山，东临易武茶山，习崆、架布、曼拱等子茶山皆在其范围内。该山明代初期已茶园成片，有傣族、哈尼族、彝族、布朗族等少数民族在此居住种茶。

茶的特征

[外形] 条索挺拔　[色泽] 墨绿间褐红，白毫显

[汤色] 淡黄　[香气] 悠长

[滋味] 醇厚　[叶底] 肥壮

（识）倚邦茶条索挺拔有力，色泽墨绿间褐红，显白毫。

（泡）使用紫砂壶冲泡，水温95℃左右，洗茶，第一泡冲泡15~30秒出汤。

（品）冲泡后，茶汤淡黄，通透清澈，但不够明亮。香气悠长，滋味醇厚，水路活泼。叶底肥壮。

困鹿山茶

产地：云南省普洱市宁洱哈尼族彝族自治县。

困鹿山古茶山海拔高达1900米，属于无量山余脉，因为拥有上千年上万亩古茶园而被人们称之为"茶之博物馆"，相传为清代皇家茶园，树龄最大的在2000年以上，但其实大部分茶树树龄不算很大。

茶的特征

[外形]紧结肥壮

[色泽]墨绿间黄　[汤色]黄绿明亮

[香气]高远　　　[滋味]纯正甘爽

[叶底]鲜嫩完整

主泡器的1/5~1/4　95℃　第一泡15秒

（识）困鹿山老树茶压制一般为饼形，规则匀整，松紧适度，条索紧结肥壮。

（泡）最宜使用紫砂壶冲泡，水温95℃左右，第一泡冲泡时间15秒左右。

（品）冲泡后汤色黄绿明亮，香气高远，滋味纯正，回甘生津较好，叶底完整鲜嫩。

困鹿山中藏古韵

困鹿山古茶园曾是皇家茶园，更是珍贵的自然孑遗。古茶园中的过渡型古茶大中小叶种相混而生，香型独特。困鹿山茶很雅致，茶香清雅、高锐、持久，山野之气悠长。新茶入口微苦化甘转甜，口感香、醇、甜相混而生，丰富沉厚，喉韵甘润持久，气蕴上扬而沉实，无愧于皇家茶园称号。

邦东茶

产地：云南省临沧市临翔区邦东乡。

邦东乡位于临翔区东部，海拔1630米，常年平均温度17℃；有"头顶大雪山，脚踩澜沧江"的地理位置优势，非常适宜高山茶树生长和品质提升。

茶的特征

[外形]肥壮挺劲　　[色泽]乌黑间黄

[汤色]淡黄明亮　　[香气]兰香强劲

[滋味]苦重回甘

[叶底]黄绿偶见红斑

主泡器的1/5~1/4　95℃

第一泡15~30秒

识 条索紧结、匀整、色泽乌润，整体显得粗壮有力。干茶闻起来有生普洱特有的草叶香气，香气明显。

泡 使用紫砂壶或白瓷盖碗冲泡，水温95℃左右，洗茶，第一泡冲泡15~30秒出汤。

品 入口先觉苦涩，但化得很快，随之而来的是持久的回甘。每泡之间变化丰富，整体茶气比较强劲，活泼持久，在香、韵、回甘等方面非常协调。

临翔产区

临沧市是世界古茶之乡，中国重要的普洱茶产区。临翔区是著名的普洱茶产地，初名勐缅，后改名缅宁。清乾隆十二年改土归流设缅宁厅，1913年改厅设缅宁县，1954年改称临沧县，1984年11月临沧升级为地级市，临沧县成为临翔区。从茶种、海拔、气候、土壤等方面分析，这片土地是出产好茶的地方。

江城大树茶

产地： 云南省普洱市江城哈尼族彝族自治县。

江城哈尼族彝族自治县为云南省普洱市下辖县。因李仙江、曼老江、勐野江三江环绕故名江城。当地茶树树龄较老，很多茶树高7~8米，有些茶树高达十几米，茶圈子里通常称"江城大树茶""江城大树料"。

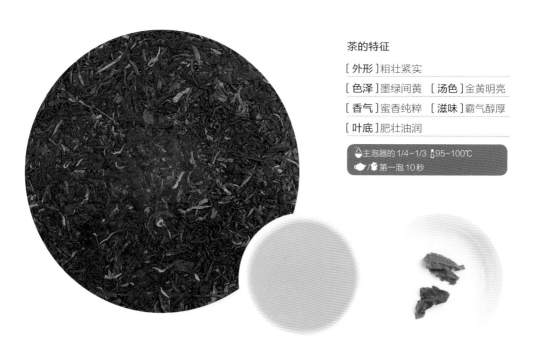

茶的特征

[外形] 粗壮紧实

[色泽] 墨绿间黄 　[汤色] 金黄明亮

[香气] 蜜香纯粹 　[滋味] 霸气醇厚

[叶底] 肥壮油润

主泡器的 1/4~1/3　95~100℃

第一泡 10 秒

识 一般紧压茶饼，饼形周正。条索本身墨绿油润，间有金毫。干茶香气浓郁清新，闻起来有生普洱特有的草叶香气混合高山之气。

泡 可以使用盖碗、瓷壶、紫砂壶等冲泡，水温95~100℃，下投法定点冲泡。置茶量为主泡器的1/4~1/3。拆分的细碎程度影响出汤时间，如果拆分的不是特别开，仍保留小块的紧压，第一泡因为茶需要浸润的时间，故而建议浸泡10秒，第二至八泡即泡即出汤，之后增加浸泡时间，一般生普可以泡10~12泡。

品 有人说江城茶像易武茶，笔者觉得江城茶大树料厚重感比易武茶强，特别是陈化后，樟香浓郁，茶汤力量感强。新茶香气纯正，有蜜香，茶汤入口浓郁爽滑，回甘持久，是难得的柔和与厚重结合得很好的茶品。叶底肥壮油润。

竹筒茶

产地: 云南省勐海茶区较多品牌出产。

竹筒茶是由竹筒装茶紧压干燥而成，使用生普洱，故也可陈放。竹子一般使用香竹和甜竹。香竹就是做竹筒饭的那种竹子，竹香味浓郁，直径一般3厘米左右；甜竹渗出的汁液会比较甜，而且好操作一些，因为直径通常6~7厘米。竹筒茶是普洱茶的再加工茶，交织竹子的清香和茶香，也是很受欢迎的产品。

茶的特征

[**外形**] 20厘米左右一节竹筒

[**色泽**] 墨绿带有白膜

[**汤色**] 淡黄明亮　[**香气**] 清香

[**滋味**] 香甜柔顺　[**叶底**] 黄绿肥壮

主泡器的 1/5~1/4　95~100℃

第一泡 10~15秒

识 一般是两竹节间为一筒，一边保留竹节作底，另一边不保留竹节，蒙纸包裹。拆解竹筒茶，以茶针贴内壁插入，撬开，撕开一条直至底部，然后撬下一段饮用。其余的留在竹筒内，用干净纸包好即可。茶叶表面会有白色竹膜粘连，保留一起冲泡。

泡 可以使用盖碗、瓷壶等，最好使用形状略高一些的壶冲泡。水温95~100℃，置茶量为主泡器的1/5~1/4，因为是小圆柱体，切成薄片后取布满壶底略多的用量。第一泡因为茶需要浸润的时间，故而建议浸泡10~15秒左右，第二至五泡即泡即出汤，之后逐渐增加浸泡时间，一般可以泡8泡。

品 竹筒茶茶汤蜜黄，竹子香气和茶香交织，入口甜醇饱满。初始茶香与竹子的清香相互融合，之后茶香慢慢占据上风。

勐海茶厂7542

产地: 云南省勐海, 大益品牌茶。

勐海茶厂7542茶现由大益茶业集团, 又名大益7542, 是该集团出产量最大的青饼。用的是四级肥壮茶青为里茶, 幼嫩芽叶为撒面茶, 研配得当, 面茶色泽乌润显芽毫, 里茶肥壮。因其研配时主要以中壮茶青为骨架, 配以细嫩芽叶撒面, 结构饱满, 存放后期变化较为丰富, 被市场誉为"评判普洱生茶品质的标准产品"。

茶的特征

[外形] 条索肥壮

[色泽] 墨绿间黄　[汤色] 金黄明亮

[香气] 清新淡雅　[滋味] 清甜柔和

[叶底] 黄绿见梗

主泡器的1/4~1/3　95~100℃

第一泡10秒

(识) 规格为357克茶饼, 压制松紧适度, 条索较为清晰, 墨绿色杂有金毫。细闻有普洱生茶的草叶之气。

(泡) 可以使用盖碗、宜兴紫砂壶、建水紫陶壶、潮州红泥壶、台湾岩泥壶等冲泡, 尽量选择形状略高的。水温95~100℃, 置茶量为主泡器的1/4~1/3。第一泡因为茶需要浸润的时间, 故而建议浸泡10秒, 第二至七泡即泡即出汤, 之后逐渐增加浸泡时间, 一般可以泡8~10泡。

(品) 新的7542茶汤色金黄明亮, 有草叶香混合花香。茶汤入口清甜柔和, 回甘生津, 微有胶质感, 整体感觉不算强劲, 但稳定性比较好。

紫鹃普洱茶

产地： 云南省西双版纳傣族自治州勐海县。

紫鹃是云南茶科所不断强化自然界中的变异紫茶而得到的一种新的品种，较嫩叶片全紫，非常独特。目前保持最好的品种在昆明茶科所内，茶山引种的略有退化。

茶的特征

[外形] 条索细长	[色泽] 粉紫
[汤色] 通透晶莹	[香气] 高扬
[滋味] 浓厚	[叶底] 靛蓝色

识 紫鹃的晒青茶干茶香气好于一般当年产的生普洱，不是那种直白的青叶香，而是混合了木香、果香的一种复合香气。

泡 宜使用白瓷盖碗和玻璃公道杯冲泡，置茶量为主泡器的1/5~1/4，水温100℃，可以洗茶，第一泡冲泡10~15秒。紫鹃耐冲泡，一般可以冲泡12泡。

品 冲泡后，香气美妙，茶汤是通透晶莹的紫。滋味浓厚，涩感强烈难化。叶底呈现靛蓝色。紫鹃是非常难得的好茶。

1990年代中茶公司生饼

产地： 云南省。

中国茶叶股份有限公司前身是中国茶叶公司，成立于1949年11月。历史上，该公司创造了不少值得回味的好茶产品。

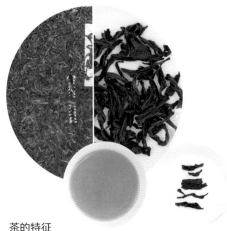

茶的特征

[外形] 饼型周正，边缘略薄	
[色泽] 墨绿乌润	[汤色] 红亮带橙
[香气] 参香	[滋味] 醇厚
[叶底] 粗老	

识 该饼为20世纪90年代期间中国茶叶公司生饼。包装文字为繁体，标识红色，中间为绿色"茶"字。饼型周正，边缘略薄，散边。干茶茶梗较多，有自然的陈香气。

泡 适宜使用紫砂壶冲泡，水温100℃左右，置茶量为主泡器的1/5~1/4，第一泡冲泡时间20秒，之后即泡即出汤，转淡后酌情增加浸泡时间。

品 冲泡后，汤色红亮，带有橙色。香气为参香。叶底粗老，无杂异味。

2003年FT7693-3下关青砖

产地：云南省大理白族自治州下关茶厂。

云南省下关茶厂是云南下关沱茶（集团）股份有限公司的前身。该厂创建于1941年，位于云南最大的紧压茶加工中心和茶叶集散地——大理市下关镇。大理地区悠久精湛的制茶技艺，为下关沱茶的优良品质提供了得天独厚的条件。"宝焰牌"下关砖茶被评为"中国茶叶名牌"，下关沱茶制作技艺入选国务院公布的第三批非物质文化遗产名录。

茶的特征

［外形］长方体形紧压砖

［色泽］乌润

［汤色］黄亮厚重　　［香气］似梅子香

［滋味］浓厚　　　　［叶底］细小茶梗多

主泡器的 1/5~1/4　100℃

第一泡15~30秒

识 此款茶是下关茶厂2003年生产的生砖，规格250克，也是台湾省定制的唯一一批生砖。干茶等级不高，带有茶梗。

泡 适宜使用白瓷盖碗和紫砂壶冲泡，水温100℃左右，置茶量为主泡器的1/5~1/4，可以洗茶，第一泡冲泡15~30秒，之后即泡即出汤，转淡以后酌情增加浸泡时间。

品 汤色黄亮，厚重，香气为类似梅子香，味道顺滑，滋味浓厚。叶底较杂，细小茶梗多。

下关茶厂FT8653-6

产地：云南省大理白族自治州下关茶厂。

下关茶厂坐落于大理白族自治州大理市，是声誉甚隆的著名茶叶企业。建厂七十余年以来，生产了无数优秀的茶品。这个产品目前可见两种形制，即传统布袋有窝饼茶和机器压模铁饼。本书中按照陈放十年铁饼来介绍，此茶外包装纸上仅印"8653"，内飞上印有"FT8653~6"。

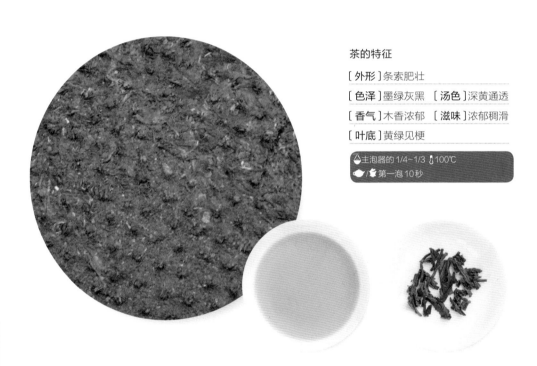

茶的特征

〔外形〕条索肥壮

〔色泽〕墨绿灰黑　〔汤色〕深黄通透

〔香气〕木香浓郁　〔滋味〕浓郁稠滑

〔叶底〕黄绿见梗

主泡器的 1/4~1/3　100℃

第一泡 10 秒

识 规格为357克茶饼，压制紧实，边缘规整，背面有凸起泡钉。条索较为清晰，墨绿色间有茶梗。

泡 可以使用盖碗、宜兴紫砂壶、建水紫陶壶、潮州红泥壶、台湾岩泥壶等冲泡，尽量选择形状略扁的。水温100℃，置茶量为主泡器的1/4~1/3。第一泡因为茶需要浸润的时间，故而建议浸泡10秒，第二至七泡即泡即出汤，之后逐渐增加浸泡时间，一般可以泡10~12泡。

品 10~12泡之后，仍有淡淡下关茶厂产品特有的烟味。茶汤色泽深浓，茶汤力量感强劲。最妙的是浅浅的果酸味道，交织出了明显的梅子韵，这种青梅香混合木质檀香的味道，令人舒畅。

下关沱茶厂的茶号

以下关茶厂FT8653-6为例说一说下关沱茶厂的茶号。

下关沱茶厂有些产品编号带有的"FT"，是飞台公司的代号。飞台，顾名思义"飞往我国台湾省"，是下关沱茶在我国台湾省的总经销，早期全部是销售下关沱茶厂的产品，现在也代理其他品牌的普洱茶。飞台公司创办于1997年，创办人是我国台湾省资深普洱茶商，公司总部位于广东佛山。同等级的下关产品，不管是不是"FT"，选料和配方是一样的，但是从口感上来看，很多茶友往往觉得"FT"的产品要淡一些。笔者觉得其实同等级的下关产品内质汤感差不多，只是"FT"的产品烟味稍淡，也许有两个原因：一是广东省、台湾省回流产品在储存时的环境湿度不同；二是可能飞台茶品茶青的新料比例稍大。

8653是下关茶厂的经典产品之一，关于其配方的初始时间点，一种说法是20世纪70年代，另一种说法是20世纪80年代。通常说1986年正式生产此配方产品；"5"表明综合茶青为五级料，"-6"则是代表2006年。因此"FT8653-6"直译就是"按照1986年正式确定的配方，在2006年由飞台商行委托下关茶厂压制综合茶青等级为五的产品"。

下关铁饼

产地： 云南省大理白族自治州下关茶厂。

云南下关自古以来是茶叶集散地，也是制作紧压茶的中心。下关茶厂 1941 年创建，凭借得天独厚的自然优势，出产的茶叶品质非常高，蜚声海外，其著名品牌有"松鹤牌""云南沱茶"（外销）、"宝焰牌""南诏牌"。下关茶厂还创造了很多优秀的产品，其中下关铁饼就是一大创举。下关铁饼是指相对原有普洱饼茶使用布袋包裹后，以石磨压在上面，并且原地定点滚压产生的中间有背窝、中间厚边缘略薄的茶饼而言的。

茶的特征

[外形] 茶梗较多

[色泽] 生茶墨绿；熟茶棕褐

[汤色] 橙黄　　　[香气] 梅子香

[滋味] 醇和

[叶底] 符合普洱叶底特征

主泡器的 1/4　100℃　第一泡半分钟

识 这款铁饼是黄色麻纸包装，四饼一包，每饼125克，没有背窝，有均匀颗数的泡钉。据说为2004年左右的产品，转化得非常好，茶的原料等级并不高，茶梗较多。

泡 使用白瓷盖碗冲泡，置茶量为主泡器的1/4，水温100℃左右，可以洗茶，第一泡冲泡半分钟左右。

品 茶汤已经变成了橙色。最奇妙的是在品饮时可以闻到一股淡淡的、甜美的梅子香。滋味醇和，满口生津，齿颊留芬。

班禅沱茶

产地： 云南省大理白族自治州下关茶厂。

班禅沱实际上是心脏形紧茶。紧茶最早由佛海茶厂生产，下关茶厂后来也有生产。1986年十世班禅大师去下关茶厂参观访问，茶厂为班禅大师特制了一批心脏形紧茶，即为真正的班禅沱。后来下关茶厂参照此沱茶标准和规格制作的，也称班禅沱茶。

茶的特征

[外形] 形规整，表层已散

[色泽] 墨绿乌润　[汤色] 红橙

[香气] 略有仓气　[滋味] 厚重

[叶底] 弹性好

占主泡器的1/5~1/4　100℃

第一泡20秒

识　样本为1998年生产的班禅沱茶，在昆明陈放。沱形规整，表层已散，很特殊的是内层长有金花（普洱茶一般罕见金花）。闻起来香气略有陈味。

泡　适宜使用白瓷盖碗和紫砂壶冲泡，水温100℃左右，需要洗茶，第一泡冲泡时间20秒，之后即泡即出汤，转淡以后酌情增加浸泡时间。

品　冲泡后，汤色红橙，胶质感强，滋味厚重，略有仓气，叶底弹性好。虽然口感不错，但此茶真伪存疑。

普洱熟茶

宫廷普洱熟茶

产地：云南省西双版纳傣族自治州勐海县。

宫廷普洱在现今不是指为宫廷制作的普洱，而是指基本选用芽头的茶青制作的普洱，因为珍贵，以宫廷代指。一般宫廷普洱就是指熟茶。

茶的特征

[外形]条索细嫩

[色泽]红褐，带有金芽

[汤色]红浓明亮　[香气]参香

[滋味]顺滑醇厚　[叶底]尚嫩

主泡器的1/6~1/5　100℃

第一泡半分钟

识　宫廷普洱条索细嫩，色泽红褐，带有金芽。

泡　适宜使用紫砂壶和紫陶壶冲泡，水温100℃左右，置茶量可为主泡器的1/6~1/5，可以洗茶，第一泡冲泡半分钟，第二泡、第三泡冲泡1~3秒，第四泡冲泡3~5秒，以后酌情增加浸泡时间。

品　冲泡后，汤色红浓明亮，香气为参香，顺滑醇厚。叶底尚嫩。宫廷普洱相对其他普洱茶产品来说不耐冲泡。

普洱熟茶的"堆味"

堆味就是"渥堆味"，一般熟茶发酵都会将几十吨茶青堆在一起，加湿加温发酵，有说法是大约2小时相当于自然陈放1年。科学的渥堆要控制菌种，发酵到一定程度还要翻堆，否则堆心温度太高，茶易烧死。渥堆毕竟不是自然之力，发酵的味道很难散去。大益的熟茶堆味控制得较好，其他茶厂要具体分析。没有完全闻不到堆味的新制熟茶。买回熟茶，可以拆散，放在无异味的陶缸或硬纸箱里，一周以后，堆味基本可以散去，这时饮用味道更好。

唛头编号是普洱茶的"身份证"

在1985年以前，国家对普洱茶管理得很严格，生产、销售统一由进出口公司管理，连包装材料都统一印刷然后由省一级的公司申请调拨再分发。因此，1985年以前的普洱茶身份都很明确，这就像每个人有身份证号一样，茶叶也有自己的唛头编号和批次号。唛号传递的信息很明确，一般是四位，前两位是配方年代，中间是主要茶青等级（均有拼配，因而是主要茶青等级），最后一位是生产厂编号，昆明茶厂是1，勐海茶厂是2，下关茶厂是3。例如，著名的7542老生饼，它是1975年的生产配方，主要等级是四级茶青，由勐海茶厂生产。不过，也有很多普洱茶是没有唛号的。

著名唛号茶与其代号

有一些年份的商品陈化较为出众的唛号茶，茶圈子里有不同的代号。比较知名的有：1988年的7542，称"88青"；1996年的7542，称"玫瑰紫大益"，因为中心标识区图案变成了一个类似花朵形状的紫色色块，中间一个"益"字；1997年的7542，称"水蓝印"；2001年的7542，称"简体云"，因为包装上方"云南七子饼茶"的云字由繁体改为简体；2005年的7542，称"白布条"，还有简体饼和繁体饼之分。

昆明茶厂7581

产地： 云南省，常见品牌佤山谭梅茶砖、中茶等。

按照普洱茶的唛号规定，7581茶应该是1975年的配方，八级普洱毛料，由昆明茶厂生产。按照熟茶创研人之一、7581茶制作人吴启英的说法，第一批7581茶是在1977年生产的，八级毛料占30%，主要用于洒面，剩下的是九级、十级料。现在的7581茶，是中粮集团出品，使用中茶牌商标，由中国土产畜产云南茶叶进出口公司昆明茶厂生产。但是此昆明茶厂已非彼昆明茶厂了。

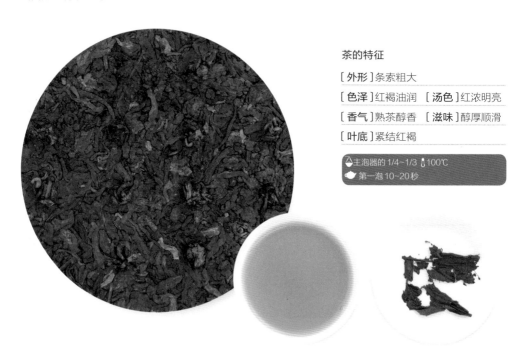

茶的特征

[外形] 条索粗大

[色泽] 红褐油润　　[汤色] 红浓明亮

[香气] 熟茶醇香　　[滋味] 醇厚顺滑

[叶底] 紧结红褐

主泡器的1/4~1/3　100℃
第一泡10~20秒

识 规格为250克茶砖，压制松紧适度，条索较为清晰，背面有压模机压造成的5纵4横、20个凸起的茶钉。干茶叶张较粗大，整体颜色红褐偏黑，较润。

泡 可以使用宜兴紫砂壶、建水紫陶壶、潮州红泥壶、台湾岩泥壶等冲泡，尽量选择保温性能要好一些、形状略矮的壶。水温100℃，置茶量为主泡器的1/4~1/3。第一泡因为茶需要浸润的时间，故而建议浸泡10~20秒，第二至七泡即泡即出汤，之后逐渐增加浸泡时间，一般可以泡8~10泡，之后可以再煮饮一遍。

品 新的7581香气以米香为主，略有糯香，近尾水时透出红枣的甜香。茶汤入口糯滑，适口度好，滋味稳定。陈放的7581茶，汤色红浓通透，枣香浓郁，醇厚顺滑。

7581茶砖的生产历史

7581茶砖的创研,其实是针对外销的,而且早期的7581茶砖不像现在这样受追捧,曾经一度滞销。后来随着出口的需求一路飙升,名气才打响。这段历史实际上是中国进出口制度的变迁缩影。7581茶的生产者写的是"中国土产畜产进出口公司云南省茶叶分公司",实际生产商是昆明茶厂。网络上说,昆明茶厂1996年就倒闭了。首先说说倒闭的事。中国当时的茶叶出口情况是,成立一个有出口资格的公司,下面设立生产部门,相当于定制生产,所以是根据出口需要,进出口公司指定一个茶厂或多个茶厂完成订单的生产。所谓昆明茶厂的"倒闭",实际上相当于进出口公司关闭了一个部门。之后7581茶订单的量还很大,昆明茶厂本身有生产,也有省茶叶公司贴牌生产,另也委托勐海茶厂或其他茶厂生产,完成出口配额。

勐海茶厂 8592

产地：云南省勐海，大益品牌茶。

勐海茶厂8592茶现由大益茶业集团生产，大益8592是该集团勐海茶厂生产的大宗熟饼茶，357克每饼。曾经因专供中国香港南天贸易公司而应其要求，在棉纸上加盖了紫色的"天"字印章，便是如今普洱茶爱好者所说的"天"字饼，或者"紫天"饼。现在的包装原加盖"天"字印章的地方为"中华老字号"标识；但当年的紫天饼，也有同样盖章在下方的。

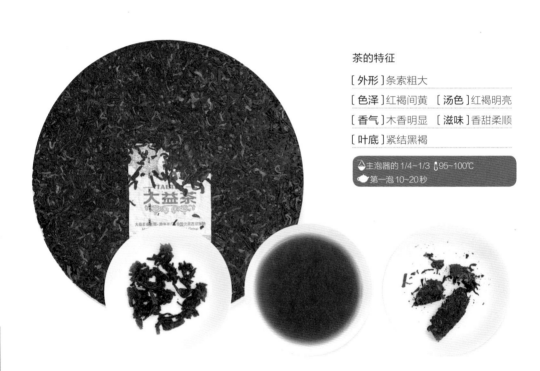

茶的特征

[外形]条索粗大

[色泽]红褐间黄　[汤色]红褐明亮

[香气]木香明显　[滋味]香甜柔顺

[叶底]紧结黑褐

主泡器的 1/4~1/3　95~100℃

第一泡10~20秒

识 规格为357克茶饼，压制松紧适度，条索较为清晰，可见老茶梗，茶叶叶张较粗大，整体颜色红褐偏黑，间有金毫。

泡 可以使用宜兴紫砂壶、建水紫陶壶、潮州红泥壶、台湾岩泥壶等冲泡，尽量选择保温性能好一些、形状略矮的壶。水温100℃，置茶量为主泡器的1/4~1/3。第一泡因为茶需要浸润的时间，故而建议浸泡10~20秒，第二至七泡即泡即出汤，之后逐渐增加浸泡时间，一般可以泡8~10泡，之后可以煮饮一遍。

品 新的8592茶汤色红明剔透，独具韵味。入口木香馥郁，滋味醇和微甜，有滑润之感。陈放的8592茶汤色红褐通透，醇厚顺滑，有丝绸滑过之感，是笔者喝过最"软"的一款熟普。

茶膏

产地：云南省各茶区。

茶膏是市场上相对比较小众的普洱茶再加工产品。虽然唐代陆羽在《茶经》中多次提到"膏"字，如"畏流其膏""出膏者光""含膏者皱"等，以及宋代的《茗荈录》中有了"玉蝉膏""缕金耐重儿"的记载，但这些描述更像是制茶的一个工艺现象，因为无论是唐代还是宋代，茶叶的主流饮用方式是全叶利用，不太可能在煮茶之外额外出现一个直接冲泡的产品。

茶的特征

[**外形**] 硬膏状，一般为方形

[**色泽**] 乌黑或深褐黑

[**汤色**] 红浓，缺乏层次

[**香气**] 几无香气

[**滋味**] 浓郁柔和 [**叶底**] 无叶底

🍵1小块 💧95~100℃ 🍵/⏱第一泡15分钟

识 茶膏一般为2~3毫米厚度硬片、硬块，色泽乌黑或褐黑，香气不显。时间比较长的茶膏表面有白霜。

泡 老茶膏最宜使用较大白瓷斗笠盏。取一小块，置于茶碗中，取滚水沿碗边缘注入，静待一刻，茶膏则呈流星状发散升起，最后完全溶于水，即可饮用。新茶膏可以置一银质或不锈钢茶滤上滚水浇冲；也可直接用大杯加满滚水，静置化开后即可。

品 茶膏是比较方便的茶叶产品。笔者一般出差时会带上几块，以备不时之需。但是个人觉得用茶膏泡茶缺乏冲泡过程的情趣，茶汤看似浓重，却没有层次感。像是咖啡的一饮而尽，而缺乏茶叶多次浸泡带来香气层次、汤感的不同感受。

潞西熟茶砖

产地：云南省德宏傣族景颇族自治州首府。

潞西市地处云南省西部，因在怒（潞）江之西而得名，于2010年更名为芒市。与云南其他产区不同，潞西所产绿茶较多。

茶的特征

[外形]砖型整齐，带有金芽

[色泽]乌润　　　[汤色]红浓明亮

[香气]堆味明显　[滋味]醇和

[叶底]乌润带红，有弹性

主泡器的 1/5~1/4　100℃

第一泡20秒

识 该茶为潞西市所产熟茶砖，规格为100克。砖型整齐，色泽乌润，带有金芽。所用茶青相对等级较高。

泡 适宜使用紫砂壶冲泡，水温100℃左右，可以洗茶，置茶量为主泡器的1/5~1/4，第一泡冲泡20秒，第三泡冲泡为5秒，后续酌情增加浸泡时间。

品 冲泡后汤色红浓明亮，味道醇和。但是有明显的堆味，需要拆散散味。叶底色泽乌润带红，有弹性。

碎银子、茶化石

产地：云南省各普洱品牌均有生产。

碎银子、茶化石等名字，都是老茶头的再加工茶，一般使用老茶头加糯米香草碎末或者用糯米香草熏制后再进一步紧压，之后模切成黄豆般大小的颗粒。

茶的特征

［**外形**］紧实颗粒　［**色泽**］红褐油润

［**汤色**］红浓明亮　［**香气**］陈香浓郁

［**滋味**］醇厚甘甜　［**叶底**］紧结黑褐

主泡器的1/4~1/3　100℃
第一泡10~20秒

识 球体或棱体紧结颗粒状，切面平滑光亮。色泽红褐，闻起来有糯米般的香气。

泡 可以使用瓷壶等不易吸味的主泡器冲泡。水温100℃，置茶量为主泡器的1/4~1/3。第一泡因为茶需要浸润的时间，故而建议浸泡10~20秒，第二至十泡即泡即出汤，之后逐渐增加浸泡时间，一般可以泡20~25泡，之后可以煮饮一遍。

品 耐冲泡，陈香浓郁，胶质感强，茶汤顺滑，甜度高。

陈皮普洱

产地： 云南省、广东省较多商会出产。

陈皮普洱是市面上较流行的普洱茶产品，顾名思义，陈皮和普洱共存。柑橘（广东新会的柑橘最好）顶部带蒂处环切一圆洞，把橘肉掏空，将优质普洱灌入其中，盖合橘皮，利用暗火烘烤26小时（也有使用生晒方式的），使其在相互发酵中形成风味独特的陈皮普洱茶。

茶的特征

[**外形**] 整颗干燥

[**色泽**] 陈皮红褐，茶叶棕褐

[**汤色**] 褐红明亮　[**香气**] 陈皮茶香

[**滋味**] 香甜柔顺　[**叶底**] 紧结黑褐

主泡器的 1/4~1/3　100℃

第一泡5秒

识 整颗柑橘内装普洱茶，表皮和茶叶均应保持干燥。表皮有自然的陈皮香气，对着自然光应有密密麻麻透光的油室白点，内茶一般茶青等级较高，不显粗老。

泡 可以使用盖碗、瓷壶等冲泡，尽量选择保温性能好一些的壶。水温100℃，置茶量为主泡器的1/4~1/3，掰碎掺入一定量的陈皮外壳。第一泡因为茶需要浸润的时间，故而建议浸泡5秒左右，第二至五泡即泡即出汤，之后逐渐增加浸泡时间，一般可以泡7泡，之后可以煮饮一遍。

品 陈皮普洱茶汤有淡淡的陈皮香气飘出，茶汤开始是棕黄色，后来变红亮。品饮时，陈皮香气在口腔中萦绕，茶汤顺滑，肠胃发暖。

青柑普洱

产地：云南省、广东省较多品牌出产。

陈皮普洱流行后，青柑普洱也开始出现并且兴盛。顾名思义，青柑和普洱共存，按照大小有小青柑普洱和青柑普洱两种。制法与陈皮普洱类似，仅是柑皮不同。青柑普洱清气更强，类似柠檬，故而也广受欢迎。

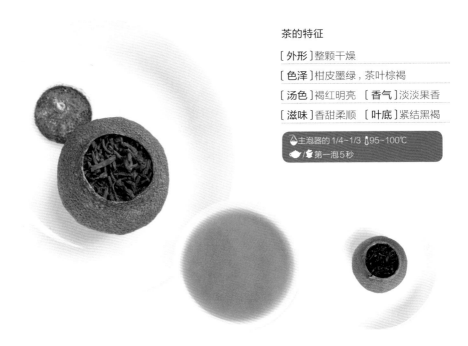

茶的特征

[**外形**] 整颗干燥

[**色泽**] 柑皮墨绿，茶叶棕褐

[**汤色**] 褐红明亮　[**香气**] 淡淡果香

[**滋味**] 香甜柔顺　[**叶底**] 紧结黑褐

🫖 主泡器的 1/4~1/3　🌡 95~100℃

🥄🫖 第一泡 5 秒

识 整颗柑橘内装普洱茶，表皮和茶叶均应保持干燥。表皮有自然的香气，时间长一些的青柑会附着白霜，这是一个好现象，白霜是柑皮在经过日晒或低温长时间烘焙工艺后所析出的柑油结晶而形成的白色粉末状物质。内茶一般茶青等级较高，不显粗老。

泡 可以使用盖碗、瓷壶等冲泡，尽量选择形状略高一些的壶。水温95~100℃，置茶量为主泡器的1/4~1/3，如果是青柑普洱，掰碎掺入一定量的外壳；如果是小青柑，整颗冲泡，但是冲泡前用茶针从底孔穿透整个小青柑，以便热水渗入，如无底孔，直接捅穿整个小青柑。第一泡因为茶需要浸润的时间，故而建议浸泡5秒左右，第二至五泡即泡即出汤，之后逐渐增加浸泡时间，一般可以泡7泡，之后可以煮饮一遍。

品 青柑普洱茶汤有淡淡的柠檬、青果香气，茶汤色泽逐渐浓郁。

月光白

产地：云南省各大茶区。

月光白通常归于普洱茶中，有人也认为月光白应属于云南白茶，但它并非采用白茶制作工艺，在普洱茶中它属于边缘产品。使用大叶茶阴干制成，其整个制茶思路还是沿着红茶的制作工艺进行的，尤其是萎凋之后阴干造成的前发酵。

茶的特征

[**外形**] 芽叶间杂

[**色泽**] 红褐，白毛披覆

[**汤色**] 橙中带红

[**香气**] 甜香　[**滋味**] 甜润直接

[**叶底**] 色泽发红，泛有绿意

主泡器的 1/5~1/4　100℃　第一泡 5~10 秒

（识）月光白以干茶色泽命名，红褐的叶片和白毛披覆的芽叶间杂，还真的有点像月光下斑驳的光影。

（泡）最宜使用白瓷盖碗冲泡，水温100℃左右，第一泡冲泡5~10秒。

（品）冲泡后，汤色橙中带红，香气类似滇红，但是也有如东方美人般的蜜意。茶汤通透明亮，水里带着如瓜叶菊般的甜香。叶底色泽发红，泛有绿意。

月光白不建议陈放

月光白的制作工艺只有萎凋阴干，那么就会增加通风和延长萎凋时间，所以会掺杂酶促氧化和水湿发酵。所以笔者认为月光白没有陈放的意义，当然它确实能陈放，只要保存合理，茶叶不坏肯定能喝。但整体来说，月光白冲泡后的口感只会越来越淡，失去应有的风味。

金瓜茶

产地：云南省各大普洱茶区。

金瓜茶也叫金瓜贡茶。最早实物见于清宫光绪年间子遗半球形茶团，现存杭州中国茶叶博物馆。传为无量山茶青压制，具体是何茶区原料或者是否是纯料，不确定。制茶工艺是否和现代生普工艺相同，也未知。因为茶品呈金黄色，倒更像是红茶的金毫。

茶的特征

[外形]条索紧结，有块状

[色泽]熟茶棕褐　[汤色]红浓明亮

[香气]干香正　[滋味]厚重顺滑

[叶底]有弹性，色泽红褐

主泡器的 1/4~1/3　100℃
／第一泡 10 秒（生普）
主泡器的 1/5~1/4　100℃
第一泡 5~10 秒（熟普）

识 金瓜茶通常选料等级较高，一是方便紧压后水分散出，二是能够适度紧结。外形紧压，有半球形、球形、南瓜形或者几个堆叠摆放、下大上小如塔形。

泡 按照生熟普洱各自冲泡方法冲泡。

品 冲泡后，茶汤红浓明亮，堆味已散，厚重顺滑。叶底有弹性，色泽红褐。

"国宝"金瓜

1963年，政府对故宫的各种物品进行全面清理，发现一批金瓜贡茶，其中最大的重2.75千克，小的如乒乓球大小，基本都没有腐坏，仍然十分紧结，表面有布纹痕迹。这批金瓜贡茶按照年代推算，最早的可能有150年陈放期。中国农业科学院茶叶研究所挑选了四五个作为标本带回杭州，保留下了这批"国宝"。

老茶头

产地：云南省普洱市澜沧拉祜族自治县。

茶头是指普洱茶在渥堆发酵时结块的茶，相对条索状茶，发酵度在正常范围内的茶头内含物更加丰富，茶汤更浓厚，更加耐泡，但泡到最后也仍然有大部分茶头不会散开，还是粘在一起。一般来说，生产过程中茶头最后都会打散放回到茶叶堆里，有的茶头实在粘得太牢了，如果硬是要解开的话会将茶叶弄碎了，才将其单独另放一堆，所以也叫"老茶头"。老茶头是很难明确说明年份的，一般都是一段时期内累积下来汇在一起的。

茶的特征

[**外形**]呈块状或卵状

[**色泽**]红褐　　[**汤色**]红浓

[**香气**]沉香味　　[**滋味**]浓厚

[**叶底**]符合普洱茶茶底特征

🔺3~4小块　🌡100℃　⏱第一泡30秒

识 一般呈现块状或卵状，比鹌鹑蛋略大，色泽红褐，带有白色浆状物的干结，是茶叶里果胶的干化。

泡 最好煮饮，也可冲泡。使用紫砂壶，置茶量一般为200毫升左右容量的主泡器中投入3~4小块，水温100℃，可以洗茶，每泡视茶汤颜色调整出汤时间。

品 老茶头冲泡后汤色红浓，沉香味足，泡二三十遍仍滋味浓厚。

土林凤凰熟砖

产地：云南土林茶业有限公司。

云南土林茶业有限公司是集茶叶种植和加工为一体的规模型专业化茶叶企业，它的前身是原国营南涧县茶叶公司（即成立于1985年的原南涧县茶厂）。该公司传承并丰富和发展了南涧县第一个注册商标、市场影响很深远的茶叶品牌——土林牌凤凰沱茶。公司茶园在无量山，面积约7万亩。

茶的特征

[外形] 条索等级较高

[色泽] 褐红　　[汤色] 红浓明亮

[香气] 纯正　　[滋味] 醇厚

[叶底] 柔软，有弹性

🫖 主泡器的 1/5~1/4　🌡100℃
☕ 第一泡 2~5 秒

（识）形状规矩，色泽褐红，条索等级较高。

（泡）最宜使用紫砂壶冲泡，水温100℃，置茶量为主泡器的1/5~1/4。可以洗茶，第一泡冲泡第2~5秒。

（品）冲泡后，汤色红浓明亮，气味纯正，堆味很小。滋味醇厚，叶底柔软有弹性。

土林凤凰砖何时生产

南涧办厂是1985年，生产凤凰沱茶至少是在当年或者更晚。因云南省茶叶公司当时还具有行政管理职能，20世纪80年代后期办精制茶厂还要经省里批准。南涧茶厂生产沱茶的事情曾被严令制止过，这说明，1985年之前不可能有凤凰沱茶。至于传说中的包装上有的凤凰是单眼皮有的是双眼皮，价值不一样，这种说法简直是无稽之谈，那种情况不过是印刷时没有对齐罢了。

销法沱

产地：云南省大理白族自治州下关茶厂。

销法沱即销往法国的沱茶，正式唛号是7663。黄绿色花格印刷的圆盒包装，包装上法语的"TH"（茶），花体的"Tuocha"字样都是销法沱的标志性特征，三十多年来这样的视觉识别标志从未改变。下关茶厂至今也仍在生产这种包装的云南沱茶，生产工艺和配方从未改变。泡品时可以使用盖碗、宜兴紫砂壶、建水紫陶壶、潮州红泥壶、台湾岩泥壶等。

茶的特征

[外形]肥壮见梗

[色泽]红褐油润　[汤色]红浓通透

[香气]木香明显　[滋味]饱满黏稠

[叶底]红褐油亮

主泡器的 1/5~1/4　100℃

第一泡 10 秒

（识）规格常见100克或250克沱茶，压制较紧，条索较为清晰，色泽红褐油润，细闻有熟普堆味。

（泡）水温100℃，置茶量为主泡器的1/5~1/4。第一泡因茶需要浸润的时间，故而建议浸泡10秒，第二至五泡即泡即出汤，之后逐渐增加浸泡时间，一般可泡10泡。法国泡法是先用蒸锅把茶叶蒸开，撬成散茶，风干后装茶罐保存，喝的时候使用他们常用的瓷壶。

（品）销法沱新茶味道比较浓郁，带着雨后木头的气息，香蕴于水。茶汤颜色红浓明亮，顺滑微苦，醇浓适口，有糯米汤般的黏稠感。

"销法沱"的由来

1976年，时年60岁的法国籍老人费瑞德·甘普尔（Fred Kempler）在一家老字号的茶叶店买到了两份云南下关茶厂生产的熟普洱茶沱茶。开汤品饮后，随即被下关熟沱的口感征服，后来联络中国国外事部门前往云南下关茶厂参观，回国后随即订购了2吨下关熟沱。自此云南下关茶厂生产的云南沱茶（熟茶）进入了法国市场，茶人称呼的"销法沱"由此得名。

大益红韵熟饼

产地：云南省西双版纳傣族自治州勐海县。

红韵圆茶是大益茶厂在2008年为庆祝建厂68周年而特别推出的一款茶品，属于大益熟茶系列中的中高端产品，选料等级较高，且库存老料比例较大。笔者认为这款茶完美地体现了大益的拼配和渥堆技术，是高水准的茶汤口感体现。此后不同年份红韵圆茶多有生产。

茶的特征

[外形]小饼周正

[色泽]红褐，金毫明显

[汤色]红浓明亮　[香气]陈香浓郁

[滋味]醇和回甘　[叶底]红褐乌润

主泡器的1/5~1/4　100℃

第一泡10秒

（识）规格为100克圆茶，条索较为清晰，色泽红褐油润，金毫明显，细闻略有熟普堆味。

（泡）可以使用盖碗、宜兴紫砂壶、建水紫陶壶、潮州红泥壶、台湾岩泥壶等冲泡。水温100℃，置茶量为主泡器的1/5~1/4，烫壶置茶后开盖散堆味，之后冲泡。第一泡因为茶需要浸润的时间，故而建议浸泡10秒，第二至七泡即浸即出汤，之后逐渐增加浸泡时间，一般可以泡10泡。

（品）红韵圆茶选料嫩度较好，压制工艺到位，香气和滋味中陈醇的特征明显，汤色浓重通透，糯香、枣香、陈香细腻持久，汤感饱满醇滑。

花茶

花茶的定义与工艺

花茶是一种再加工茶，一般是在基底茶中添加某种香花，以吸收其味道而制成。历史上花茶的种类很多，比如莲花香片、玫瑰香片、玳玳花茶、玉兰花茶等。时至今日，花茶的消费量锐减，品种局限，受众最广的是茉莉花茶，以及近年来在白领女性中较为流行的桂花红茶。

花茶不是花草茶

花茶，通常是指窨花茶，是利用茶叶吸香、鲜花吐香，一吸一吐、成为一体的原理而制成的茶品。在制作过程中，鲜花的水分被茶叶吸收，需要多次烘干，使得茶叶实际上产生了一些湿热变化，茶品变得比绿茶耐泡，色泽也变得没有那么翠绿，而是微微发黄。

花草茶，不论是单独冲饮花草本身，比如玫瑰花、菊花、金莲花、迷迭香草等都可以单独直接冲饮，还是与茶叶一起冲饮，它们都不是直接影响茶叶本身，而是在茶汤里产生融合，花草依然是花草，茶叶依然是茶叶。玫瑰普洱这样的茶不是用玫瑰花窨制普洱茶，故而不是花茶，只是花草茶。但是广东省生产的一种玫瑰红茶，是用鲜玫瑰花和红茶一起窨制的，那就是花茶，而不是花草茶。

花茶的窨制工艺

花茶是窨制出来的。"窨"这个字在这里读"xūn"，因为通"熏"。它确实有一个读音是"yìn"，但是那个读音是"地窨"的意思，《说文解字》对此解释为"地室。从穴音聲"。

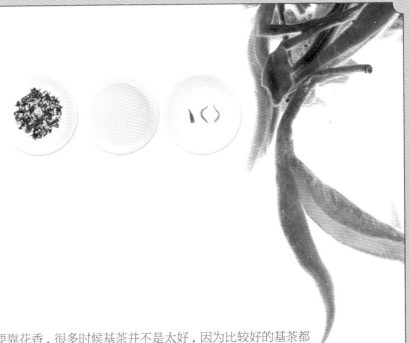

花茶不是劣质茶

　　花茶因为香气主要靠花香，很多时候基茶并不是太好，因为比较好的基茶都会直接卖出而不是制成花茶。另外，有的茶友嫌弃花茶的香不是茶叶本来的香气，也是花茶消费者减少的原因。但这是口感喜好，并不代表技术低下，花茶的制作工艺恰恰讲究极多。鲜花具有通窍发散作用，花茶多次窨烘的过程对身体刺激性少，且长时间浸泡不出汤也可有良好的汤感。因此，花茶不应被看成"不好的茶"，人们反而应该重新发现花茶的价值。

福建茉莉花茶

产地： 福建省福州市及闽东北地区。

茉莉花茶是选用优质烘青绿茶，用茉莉花窨制而成的，主产于福建省福州市及闽东北地区。其品质规格通常分为银毫级、春毫级、香毫级、特级，分别为六窨一提到九窨一提。市场有特殊精制要求的也有七到九窨的，还有十窨的，笔者认为九窨的即为极品了。茉莉花有重瓣和单瓣之分，单瓣香气更为浓郁，但产量低于重瓣，窨制茶叶多使用重瓣茉莉。

茶的特征

[外形] 条索紧细匀称

[色泽] 黑褐油润　[汤色] 黄绿明亮

[香气] 鲜灵持久　[滋味] 醇厚鲜爽

[叶底] 嫩匀柔软

主泡器的 1/5~1/4　90℃　第一泡 10 秒

识 一般茉莉花茶条索比较细碎，呈现黑褐色，偶见干花。闻起来有自然的茉莉香气。

泡 使用白瓷盖碗或玻璃杯冲泡，水温90℃，不洗茶，冲泡10秒左右。

品 冲泡后，香气扑鼻但不呛人，几泡之间留香持久。传统来说，茉莉花茶里花瓣越少越好，这说明提花工艺过关。

四川茉莉花茶

产地： 四川省犍为、宜宾、雅安等产茶区。

四川在1884年从福州引种茉莉花苗，因为本身是产茶大省，加之清代派遣部分八旗子弟在成都聚居，成都茉莉花茶逐步发展起来，并逐渐影响了周边绿茶产区。以前老成都茶厂最有名的品种就是"三花茶"，不是三种花制成的茶，而是三级茉莉花茶。

四川茉莉
花茶

碧潭飘雪

识 四川茉莉花茶条索细小，色泽青翠闪黄，茸毫明显细小。保留有干花，闻起来有浓郁的茉莉花香气。传统工艺要求干茶中干花越少越好，四川茉莉花却多见干花，甚至有完全不提花的做法，称为"碧潭飘雪"。

泡 可以使用盖碗、瓷壶冲泡，水温85~90℃，下投法定点冲泡，低冲轻柔注水。置茶量为主泡器的1/6~1/5，每泡浸润5~10秒出汤，可泡5泡。

品 四川茉莉花茶常见炒青工艺做茶坯，福建茉莉花茶常见烘青工艺做茶坯。喜欢传统焖口的建议选择福建茉莉花茶；喜欢清淡口感的建议选择四川茉莉花茶。

茶的特征

[外形] 幼嫩蜷曲

[色泽] 黄中带碧　[汤色] 黄绿明净

[香气] 花香清雅　[滋味] 清甜柔软

[叶底] 黄绿见花

🌡 主泡器的 1/6~1/5　🌡 85~90℃
⏱ 第一泡5~10秒

桂花红茶

产地: 浙江省、广西省等红茶产地多见。

桂花红茶是用桂花窨红茶,最后一遍不提花。桂花清雅而生蜜香,红茶有果蜜香气,故而两者相配。经过多次窨制,茶花的精华融合,茶中有花,花茶一体,香甜倍增,茶味不减。一般多用金桂窨制。

茶的特征

[外形] 符合红茶特征,可见桂花

[色泽] 乌黑油润

[汤色] 红橙通透　[香气] 桂花香显

[滋味] 醇和甜润　[叶底] 红茶特征

识 首先应该确认基茶的质量。红茶应该色泽乌黑油润,带有金毫,但是不强求金毫的多少。闻起来有自然的桂花香气,不刺鼻。

泡 使用白瓷盖碗冲泡,置茶量为主泡器的1/5~1/4,水温100℃,不洗茶,冲泡5~10秒。可以酌情添加鲜桂花或桂花酱同饮。

品 冲泡后,茶汤香气应该稳定,同时不会有香气附着在舌面的感觉,否则为香精茶。

桂花龙井

产地: 浙江省龙井茶区。

桂花龙井的茶坯不一定是西湖龙井,而是系列龙井茶。众多桂花中,除了四季桂的花期在九月,其余品种的花期都在九月之后,所以桂花龙井的茶坯不太可能是春茶,除了特殊定制之外,都是夏秋茶。

茶的特征

[外形] 扁平见花

[色泽] 黄中带碧　[汤色] 黄绿明净

[香气] 花香清雅　[滋味] 清甜柔软

[叶底] 黄绿暗香

识 扁平而带有糙米色,色泽偏黄一些。有明显的花干,闻起来有较浓郁的桂花香气。

泡 可以使用盖碗、瓷壶冲泡,水温80~85℃,可以使用下投法定点冲泡,低冲轻柔注水。置茶量为主泡器的1/5~1/4,每泡浸润5~10秒出汤,可泡5泡。

品 冲泡后,香气明显,桂花香气混合栗香,滋味温和、清甜,较鲜爽。不是特别耐冲泡。

白兰花茶

产地: 广东省广州市、福州市,江苏省苏州市,浙江省金华市,四川省成都市等地茶区。

白兰花茶是用白兰花窨制的花茶,茶坯为绿茶。白兰花茶香浓烈、持久,滋味浓厚。主销山东、陕西等地,是仅次于茉莉花茶的又一大宗花茶产品。但是,白兰花的香气过于直接,层次感不够丰富,雅致方面比茉莉花逊色,一般只窨制中、低级茶,或者茶末、低端袋泡茶,有时也作为茉莉花茶"打底"用花,来平衡茉莉花茶的成本和增加香气的层次感。

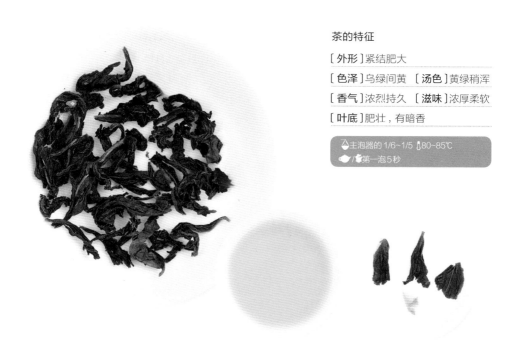

茶的特征

[**外形**]紧结肥大

[**色泽**]乌绿间黄　[**汤色**]黄绿稍浑

[**香气**]浓烈持久　[**滋味**]浓厚柔软

[**叶底**]肥壮,有暗香

主泡器的1/6~1/5　80~85℃
第一泡5秒

识 白兰花茶使用的茶坯一般都相对粗老,能见到明显叶梗。白兰花较大,不会成朵出现,干茶中偶见白兰花瓣。这里的白兰花不是玉兰,指黄桷兰,云南称白色缅桂。

泡 可以使用盖碗、瓷壶冲泡,水温80~85℃,使用下投法定点冲泡。置茶量为主泡器的1/6~1/5,每泡浸润5秒出汤,可泡6泡。

品 白兰花茶香气鲜浓持久,滋味浓厚,汤色黄绿,叶底肥壮,间有棕红色泡开的白兰花瓣。

珠兰花茶

产地： 安徽歙县，福建漳州，广东广州，浙江、江苏、四川等地茶区。

珠兰花茶是用珠兰窨制的花茶，茶坯为绿茶。珠兰花茶的历史是十分悠久的，早在明代时就有出产，据《歙县志》记载："清道光，琳村肖氏在闽为官，返里后始栽珠兰，初为观赏，后以窨花。"清《花镜》载："真珠兰……好清者，每取其蕊，以焙茶叶甚妙。"珠兰花茶，常见选用黄山毛峰、徽州烘青、老竹大方等优质绿茶作茶坯，本书以珠兰大方为主进行描述。

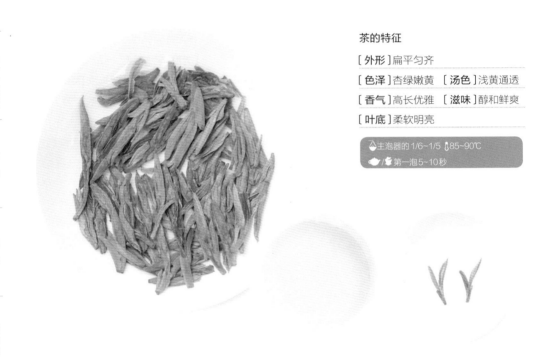

茶的特征

[外形] 扁平匀齐

[色泽] 杏绿嫩黄　　[汤色] 浅黄通透

[香气] 高长优雅　　[滋味] 醇和鲜爽

[叶底] 柔软明亮

主泡器的 1/6~1/5　85~90℃
第一泡 5~10秒

（识）珠兰花茶一般少见干花，以茶坯外形为感官标准。

（泡）可以使用盖碗、瓷壶冲泡，水温85~90℃，使用下投法定点冲泡，轻柔注水。置茶量为主泡器的1/6~1/5，每泡浸润5~10秒出汤，可泡5泡。也可以使用中投法，置茶量相同，注水1/3，浸泡10秒，之后再加约一倍较多的水，随即出汤。

（品）珠兰花茶一般汤色浅黄通透，香气清鲜悠长，花香茶香融合，有淡淡的类似于脂粉的香气。滋味醇厚，叶底柔软明亮。

玫瑰普洱

产地：云南省各茶区。

玫瑰普洱严格来说不是花茶，是花草茶。市面多见大型或小型茶饼、茶砖，用玫瑰花和熟普洱一起压制而成，因花香浓郁，且玫瑰花对女性有一定的保健作用，故而颇受欢迎。压制在普洱茶中的玫瑰花，都是花朵单独干燥后再一起压制的。一般花朵不大，色泽玫红色到紫色，香气浓郁。

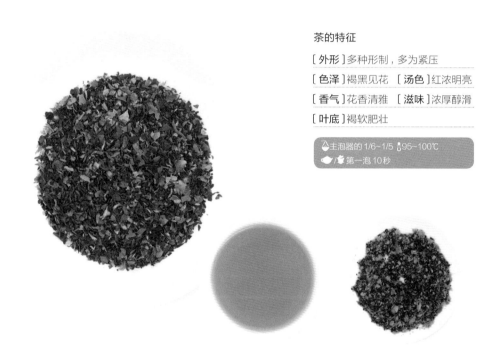

茶的特征

[外形] 多种形制，多为紧压

[色泽] 褐黑见花　[汤色] 红浓明亮

[香气] 花香清雅　[滋味] 浓厚醇滑

[叶底] 褐软肥壮

💧主泡器的 1/6~1/5　🌡95~100℃

🍵/☕第一泡 10秒

（识）玫瑰普洱市面多见紧压茶，也有大饼，但是饼干状小饼、龙珠、小沱居多；均使用整朵花与熟普洱共同压制。

（泡）可以使用盖碗、瓷壶冲泡，水温95~100℃，可以使用下投法定点冲泡。置茶量为主泡器的1/6~1/5，第一泡浸润10秒出汤，第二至六泡即泡即出汤，之后延长浸泡时间，可泡9泡。

（品）汤色为熟普洱的汤色，玫瑰花香与茶香交织，略带涩感。

非茶之茶

非茶之茶的定义

茶的影响力之大，以至于它不仅仅指基于一种植物所产生的饮料，而是变成了类似饮用方法的代名词。中国人习惯将对身体有益的冲泡饮料都称为"茶"，所以当很多非茶树的植物被人们利用作为一种饮料时，它们也被称为"茶"。

人们常说的非茶之茶，就是可以用水浸泡而得到可以饮用汤水的"茶"，主要是药用植物和加工过的粮食，如杜仲茶、大麦茶。也有一些利用了茶为基底，添加揉合了很多非茶成分的，如万应茶等。

昆仑雪菊

产地：昆仑山高海拔之地。

雪菊生长在喀喇昆仑山雪线以下，为野菊花的变种，属山地野菊花。雪菊在维吾尔族语里叫作"恰依古丽"，据说是维吾尔族原来的贵族们用来泡茶的植物。

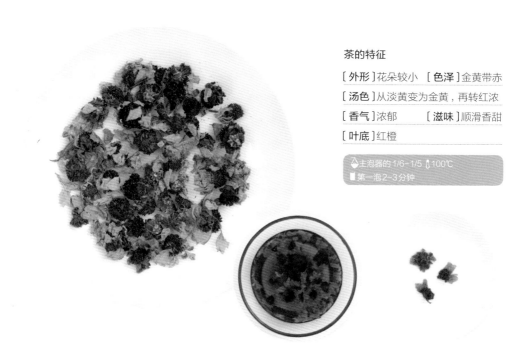

茶的特征

[**外形**]花朵较小　[**色泽**]金黄带赤

[**汤色**]从淡黄变为金黄，再转红浓

[**香气**]浓郁　[**滋味**]顺滑香甜

[**叶底**]红橙

主泡器的 1/6-1/5　100℃

第一泡2-3分钟

识 雪菊干茶花朵较小，类似胎菊，颜色金黄带赤。

泡 最适宜玻璃杯冲泡，不洗茶，水温100℃，冲泡出红色即可饮用。

品 冲泡后，有浓郁的紫罗兰般的香气，又带着一丝野菊花的清香。茶的颜色从淡黄变为金黄，几分钟后会红浓似血。滋味顺滑，满嘴生香，微有药气，水路尚甜。

"恰依古丽"的功效

雪菊的功效在《本草纲目》上没有记载，按照传统说法，据说可以补血。当地人也认为常喝雪菊茶，可以增加血液含氧量，减轻高原反应，是维吾尔族同胞传统的品饮佳品。

螃蟹脚

产地：台湾省、福建省、广东省、湖南省、贵州省、四川省和
云南省等多个地区。

螃蟹脚是一种寄生植物，它的枝条特别像螃蟹的脚爪，故而得名。在我国多省都有分布；在
东南亚地区和澳大利亚北部也有分布。主要寄生于果树、枫香和栎树上，也寄生在茶树上，
但寄生在茶树上的螃蟹脚药效最好，一般认为云南景迈山古茶树上寄生的螃蟹脚品质最佳。

茶的特征

[外形] 与河蟹的腿相似

[色泽] 黄灰色　[汤色] 淡黄至浓黄

[香气] 有淡淡苔藓般气息

[滋味] 微甜　[叶底] 带有光泽

主泡器的 1/5~1/4　100℃

第一泡 1~2 分钟

识 云南茶树上的螃蟹脚属于常绿半寄生小灌木，高
20~40 厘米；茎基部圆柱形，具二棱，小枝扁平，绿色，
每一节间呈矩圆状倒披针形或近条形，两面具多条脉。
叶退化成鳞片状突起。螃蟹脚闻起来有较浓的中药气
味，而且也比较难得。

泡 除了单独冲泡之外，一般把它和普洱茶放在一起
冲泡。水温 100℃，冲泡一两分钟即可。

品 冲泡后，汤色很淡；也可煮饮，汤色一般黄浓，药
味并不明显，有淡淡的苔藓味道。味道微甜，茶香隐
隐，并不互相冲突，也是非常爽口的饮料。

并非中药螃蟹脚

医书上提到一种灯芯草科的植物也
叫螃蟹脚，它有助于降血压、预防
心脏病等。而很多茶商也说，这种
植物非常难得，卖价也很高，是寄
生在茶树上的，吸收了茶树的精华。
茶园里的螃蟹脚和中药里的螃蟹脚
并不相同。在云南，古树上会寄
生螃蟹脚，是寄生植物，属桑寄生
科，而非多年生草本的灯芯草科的
植物。

纳西雪茶

产地：云南省丽江市。

雪茶实际不是严格意义上的植物，而是地茶和雪地茶组合的藻类与真菌互惠共生而形成的地衣。云南民间所使用的白色雪茶一般为地茶和雪地茶两个品种的混杂，这两个品种形态特征较为相似，生长在海拔约4500米的高山草甸或岩面薄土上。《本草纲目拾遗》中对雪茶如此记载："出滇南，色白，久则微黄，以盏烹瀹，清香迥胜。"

白色雪茶

铁锈红色
雪茶

识 雪茶有两种，白色的如网状，经络较粗；也有铁锈红色的，比较绵密，经络也细。

泡 使用玻璃壶冲泡，水温100℃，不需洗茶，冲泡5~8分钟。里面可以添加柠檬片、蜂蜜等。

品 不论白红，一般泡水后汤色皆为红色，但是也有白色雪茶茶汤为黄绿色的。微苦，有淡淡苔藓般味道。

茶的特征

[外形] 网状

[色泽] 象牙白、微黄或铁锈红

[汤色] 黄绿或红　[香气] 苔藓气息

[滋味] 味淡微苦　[叶底] 条索涨发

🍵1小团 💧100℃ ⏱第一泡5~8分钟

无量山甜茶

产地： 云南省普洱市景东县无量山。

无量山位于景东县西部，西北起于南涧县，向西南延伸至镇沅、景谷等地，西至澜沧江，东至川河。景东县境内面积就有2581平方千米。无量山是国家级自然保护区，是云南茶的原产地之一，茶区海拔一般都在1700米以上，古茶树较多。

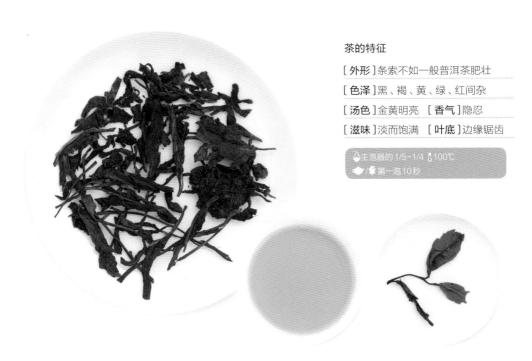

茶的特征

[外形] 条索不如一般普洱茶肥壮

[色泽] 黑、褐、黄、绿、红间杂

[汤色] 金黄明亮　[香气] 隐忍

[滋味] 淡而饱满　[叶底] 边缘锯齿

主泡器的 1/5~1/4　100℃
第一泡 10秒

（识）无量山甜茶干茶条索不如一般普洱茶肥壮，色泽黑、褐、黄、绿、红间杂。

（泡）使用白瓷盖碗或者紫砂壶冲泡，水温100℃，第一泡10秒出汤。

（品）冲泡后，茶汤基本上没有苦味，却仍能感觉饱满。香气隐忍，类玉兰花香。叶底叶片边缘锯齿状明显，长卵形，有红色叶底间杂。

无量茶香

无量山古称蒙乐山，因"高耸入云不可跻，面大不可丈量"而名为"无量"。无量山地貌多变，不仅有峰谷，还有丘陵和平坝。野生原始密林品种丰富，多和茶树混生，决定了茶叶的天然香气。

老荫茶

产地：四川省、重庆市等地。

老荫茶生长环境荫蔽，叶片粗老，寒性较大。老荫茶是樟科植物，味道辛锐带有樟香，可清凉败火。传说老荫茶是老鹰采摘某种树叶，放在自己的窝内，其味道克制蛇类，以免蛇类偷吃窝内的老鹰蛋。所以茶馆酒肆经常将其写作"老鹰茶"。

茶的特征

[外形] 削薄大叶　[色泽] 银白到浅褐

[汤色] 淡黄到棕褐到棕红

[香气] 野生植物般的香气

[滋味] 淡而略苦　[叶底] 边缘无齿

主泡器的 1/6~1/5　100℃

滚水闷泡

（识）老荫茶是叶片型的，叶片很薄，轻飘；白毫型的，柔软多毫；芽头型的，色泽棕红，芽头肥大。

（泡）最宜大壶滚水闷泡，置茶量不拘多少，唯看个人口味喜好。叶片型的也可熬煮。

（品）多有樟香，或者有林间树木般的香气。入口温和，略有苦感，汤水柔滑。清凉通窍，有助于改善气滞、胃脘痛、水肿、热症咳嗽等情况。

清凉生津老荫茶

成都人在茶馆里喜饮"玉笋"，那是豹皮樟的嫩芽，长于贡嘎山上海拔约3000米的地方，当地藏族同胞很早就做老荫茶了。他们把山上纯净的雪背回来，放在大锅中煮开，再把豹皮樟的嫩芽倒进去，煮后捞出阴干，茶味甘洌。根据制作工艺，老荫茶也叫"捞阴茶"。

武夷清源茶饼

产地：福建省泉州市。

武夷清源茶饼实际是泉州特产，但是冠名武夷，意思是传承自武夷山的制茶工艺。以乌龙茶加茯苓、栀子、山楂、紫苏、桔梗、甘草、薄荷、葛根、麦芽、橘皮、木香、藿香、乌梅、川芎、半夏、砂仁等40多种中药，以小麦粉为黏合剂，模压成长方形小砖。

茶的特征

[外形]长方形小砖

[色泽]棕褐　　　[汤色]浅棕

[香气]淡淡药香　[滋味]淡而微苦

[叶底]泡开的末状

1小块　100℃　熬煮出汤

识 福建省泉州市茶叶公司茶叶加工厂出品，商标为"武夷清源山"。每块小砖上模具压有"清源"两字。一盒净重240克，内8包装，一包装4块，一共32块装。

泡 宜大壶熬煮，不拘多少，可以掰碎。熬煮时，可以加几片姜作为药引，亦可撒些薄盐，以归肾经。

品 入口温和，略有苦感，汤水柔滑，不似想象里中药或者凉茶那般浓郁，而是有淡淡的中药香混合焙火乌龙茶的香气。

清源寺的除"瘴"良药

武夷山区多瘴气，山民常常遭受病痛困扰，当地的清源寺住持结合中医理论和贡茶龙团凤饼的制作工艺，制成了"茶药一体"的饼茶，寺中作坊以良药接济百姓，后来又开设清源茶厂，专职于茶饼的生产经营，颇受潮汕一带人民的喜爱。

龙团凤饼是圆形的紧压茶，表面模印有龙或者凤凰的纹样。具体的图形记载多见于宋代熊
蕃所著的《宣和北苑贡茶录》，其中有两个重要信息：一是这种形制一定是贡茶，二是这种
茶是为了配合宋代研末调膏点茶法所生产的。主要的制作工艺包括拣茶、蒸芽、榨茶、研
茶、造茶等。就是说茶叶分等级后蒸，然后挤压茶汁，留下的茶叶研磨破碎，压入模具。
模具有大龙、小龙、大凤、小凤；龙凤图案有单独的龙凤，也有龙或者凤旁边环绕祥云纹的；
形状有圆形、长方形、海棠型、梅花型等。

龙团凤饼看起来有蒸压紧结制饼的过程，是不是普洱饼茶的肇始？笔者认为两者关系不
大。为什么这样说？龙团凤饼是破碎制饼，之后也是粉末调膏点茶饮用的，制茶和饮茶是
不能割裂的，它是一个典型的全叶利用的思维；而人们现在所说的普洱饼茶，无论是煮是
泡，它都是利用浸出茶汤的思维，叶底终究是被丢弃的。

茅岩莓

产地： 湖南省张家界市永定区。

茅岩莓属于高山苔藓类植物。据传明洪武十八年，覃垕王所带领义军在抵抗明太祖朱元璋部队时，意外发现该植物，其外用可以消肿止痛，内服可以提神养气。据说茅岩莓有类似青霉素般的消炎作用，以前是当地土医的常用药物，当地居民仍将其视为扁桃体炎等的治疗物。

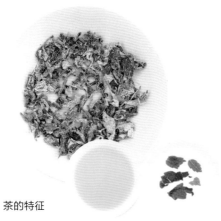

茶的特征

[**外形**] 叶片较少，梗比较多　[**色泽**] 黄绿

[**汤色**] 淡黄　　　[**香气**] 微有药香

[**滋味**] 微苦回甘　[**叶底**] 黄绿

（识）茅岩莓一般干制后，叶片较少，梗比较多，色泽黄绿，带有细小的白色霜点。

（泡）可以使用瓷盖碗、普通玻璃杯、马克杯等冲泡，水温100℃，不需洗茶，冲泡5~8分钟。

（品）冲泡后汤色淡黄，微有药香，入口时微苦，回甘迅速。

武夷凤凰蛋

产地： 福建省武夷山。

武夷山集市，人们在这相对固定的日子来添置生活用品，这样的集市在武夷山被称为"柴头会"。在武夷山的柴头会上，人们往往都要买一些"凤凰蛋"作为居家必备品。凤凰蛋一般无固定配方，是武夷山的老人上山采一些野生中草药，加上武夷岩茶，一起制成碎末再黏合在一起的，家家的配方都不一样。

茶的特征

[**外形**] 椭圆小球　[**色泽**] 岩灰微黄

[**汤色**] 微黄清澈　[**香气**] 药香清扬

[**滋味**] 清凉微苦　[**叶底**] 泡发微涨

（识）凤凰蛋实际上长得像"鹅粪蛋"，就是拇指粗细、三四厘米长的草末形成的椭圆球。颜色也是岩灰色，闻起来有淡淡的药香。

（泡）最宜大壶熬煮，也可泡饮，务必滚水。不拘多少，按个人口感和身体耐受度定置茶量。

（品）入口温和，口感有清凉之意，汤水柔滑。汤色淡黄，中药香清扬。虽然不知道具体的方子，但多能感受到艾草的味道。

野生芽苞

产地：云南省各茶区。

云南茶品种里，经常可以看到芽苞茶的身影，叫作野生芽苞茶或者古树芽苞、春芽苞茶。也有的茶商把芽苞叫作报春芽、百花香的，宣称是野生古茶树的春芽制作，实则和茶一点关系都没有。

茶的特征

〔**外形**〕类似笋芽

〔**色泽**〕黄绿带紫　〔**汤色**〕淡黄清浅

〔**香气**〕野生植物般的香气

〔**滋味**〕淡而略苦　〔**叶底**〕芽头膨胀

主泡器的1/6~1/5　100℃

第一泡5~10秒

识 这种芽苞外形，一般色泽黄绿带紫色斑块，如笋壳层层压叠，顶部有一到两个嫩芽，叶片不展。也有全部白毫披覆的。

泡 可以使用盖碗、瓷壶、陶壶等冲泡，水温100℃，下投法冲泡，置茶量为主泡器的1/6~1/5，每泡浸润5~10秒出汤，可泡5遍。

品 滚水冲泡，但前三四泡茶汤色泽都非常淡，闷泡后，茶汤颜色变黄，略有苦底。闻起来有明显的野生植物香气，也有的闻起来有樟香，但不像茶。观叶底，有的可以看到芽叶边缘有细小类似茶叶的锯齿状。

泉州万应茶

产地：福建省泉州市。

泉州万应茶，最著名的商标是"双虎"，也是泉州茶叶加工厂出品，故而品名也叫"双虎万应茶"。双虎万应茶以安溪乌龙茶配以20味地道中药材，按传统工艺精制而成。20味中药材分别煎汤，冷却后浸泡茶叶，但是需要逐种草药汤浸泡，不能一起浸泡；浸泡完后还要阴干茶叶，才能浸泡下一种中药汤，最后使用炭火完全烘干。

茶的特征

[外形]不规则小颗粒

[色泽]棕褐　[汤色]棕红

[香气]药香　[滋味]浓郁微苦

[叶底]泡发的小颗粒

🔶1小块　🌡100℃　🍵熬煮出汤

识 泉州万应茶每盒100克，印有双虎图案。其中有10小盒，每小盒10克，为已经破碎过的小颗粒。

泡 宜大壶熬煮，也可泡饮，务必滚水。不拘多少，按个人口感和身体耐受度定置茶量。

品 入口温和，略有苦感，汤水柔滑，比清源茶饼浓郁，有中药香混合焙火气息。

"止渴除疫"万应茶

据传万应茶在清代康熙年间就已经传世。旧时泉州百姓缺医少药，饱受疾病困扰，老中医根据茶叶"止渴除疫"的特点研制了万应茶以救治百姓。万应茶陈年的为好，陈封时间越长，功效越佳、价格越贵。

紫金竹壳茶

产地：广东省河源市紫金县。

竹壳茶被海外侨胞称为"仙茶"，因用笋壳扎制成一串相连的五颗，也叫"葫芦茶"，有近400年的悠久历史。无茶叶成分，全部由中草药组成，主要是鸭脚木叶、葫芦茶、鸡骨草、金银花、车前草、金不换、救必应等10多种常用草药，具有清热解暑、利尿除湿、健脾胃、降血压等功效。在东南亚一带享有盛誉；1989年荣获中国消费品博览会金奖。

茶的特征

[外形]笋壳扎结成一串小球

[色泽]棕黑　　[汤色]橙黄

[香气]药香清扬　[滋味]清凉微苦

[叶底]泡发微涨

　1条　100℃　熬煮出汤

识 笋壳完全包裹，每隔一截扎紧，五个一串。颜色为黑色，闻起来有淡淡的药香。

泡 最宜大壶熬煮，也可泡饮，务必滚水。不拘多少，按个人口感和身体耐受度定置茶量。

品 入口温和，口感有清凉之意，汤水柔滑。汤色橙黄，中药香清扬。

全身是宝的"仙茶"

紫金竹壳茶其实是一种凉茶，除了日常饮用，还可以煮水擦拭身体或者药浴，能防治多种皮肤病，减少蚊虫叮咬。竹壳茶干茶还能防腐杀虫，在过去没有冰箱的时候，人们都会将竹壳茶放在肉类旁防止肉类变质，也有的人家用干净的草纸裹好竹壳茶放入衣柜，用以防止衣服被虫子蛀坏。

三泡台

产地：甘肃省兰州市。

三泡台是甘肃的茶俗文化，准确地说，是兰州的茶俗文化。其实它就是一整套盖碗，分别是盖、身、托，原来正式场合才叫三泡台，民间就叫盖碗儿、碗儿，也叫"盅子"，喝的时候要用碗盖下压浸泡，也叫"刮碗子"。茶的配料十分丰富，不尽相同，但基本是在云南上等毛尖茶叶、桂圆干、枸杞、葡萄干、红枣、杏脯、冰糖等组成的配方上增加食料，现在多增加核桃碎、芝麻、玫瑰花酱等。

茶的特征

[外形] 多种食料

[色泽] 多种食料　[汤色] 淡黄微红

[香气] 浓郁甜美　[滋味] 甜腻香浓

[叶底] 泡发微涨

🫖 1小包　🌡 100℃　🍵 第一泡5~10分钟

识 现在多为一袋一碗。讲究选用云南绿茶、敦煌杏干、宁夏枸杞、新疆葡萄干与红枣、整颗带壳广东桂圆、武威核桃等，配以上等芝麻、玫瑰花酱（以前多用干玫瑰花）、老冰糖、白砂糖等。

泡 传统是盖碗闷泡，因为料比较多，如果是在家，可以用个大缸子加盖滚水泡，但是其趣味确实不如盖碗。

品 汤水往往特别甜，一般放三分之一的糖即可。口感香浓，饥饿之时喝一碗，甚是耐饿。

石崖茶

产地： 广西壮族自治区桂林市平乐县一带。

石崖茶，也称"石岩茶"，学名亮叶黄瑞木，野生植物发现于大瑶山的石崖，故名。后来广西多地引种，目前是平乐县的地方养生名茶。石崖茶借鉴了绿茶的制作方式，包括杀青、翻炒、趁热搓形等，在炒干的过程中使用了喷水的工艺，制成后，外形和绿茶很像，茶汤色泽、香气都容易和绿茶混淆，炒干后保持了干茶的色泽和类似海苔般的气息。

茶的特征

[外形] 蜷曲如钩

[色泽] 黄绿墨绿间杂

[汤色] 淡黄微浑 [香气] 草叶青香

[滋味] 微甜微苦 [叶底] 色块斑驳

主泡器的 1/5 90℃以上

即泡即出汤

识 石崖茶外形蜷曲，有半球形或鱼钩形混杂。色泽有黄绿和墨绿混杂，闻起来有淡淡的海苔般香气。

泡 使用绿茶泡法即可。水温90℃以上，即泡即出汤，之后几泡可以加长浸泡时间，直至没有滋味或颜色即可弃用。

品 石崖茶不含咖啡因，因而基本没有苦涩感。干茶有淡淡的海苔味道，在前几泡的茶汤中仍有该滋味，茶汤香气类似于很淡的绿茶混合草叶般的味道。

石崖茶不是绿茶

在桂林旅游的时候，笔者发现了石崖茶。单看外形，以为这是一种没喝过的绿茶，就买了一些。等到回家开汤冲泡，甚至第一泡饮完也认为是绿茶，但是一看叶底，确定不是茶叶。不论老茶树新茶树，叶片一定对生锯齿在16~32对之间。从植物学的角度来说，两者科属不一样：石崖茶是茶科；茶叶是山茶科；到了属差异就更明显，石崖茶是杨桐属，茶是山茶属。

泡

茶与品饮

忙里偷闲，且喝一杯茶去！中国人的寻常生活，是在"一茶一饭"中悠然度过的。每当泡上一壶茶，时光便在刹那间消失，仿佛在那升起的气雾中有着穿梭的空间。

茶叶选购

以"好喝"论好茶

对茶叶进行评价从来都不是一件容易的事情，因为标准很多。此外，对茶叶的评价与个人的口感、审美情趣、当下情绪等也有很直接的关系，所以，茶友一起喝茶，结果对同一款茶的评价不尽相同的情况是很正常的。

评价茶叶需要积累经验

茶人们喝一款茶时评说它香气高扬，如果有的茶友喝过同类的比它香气还要突出的茶，他就会评价为香气高扬但尚不够尖锐，这种差异是由大家不同的品饮经验造成的。

在实际品饮的过程中，其实很难把评价标准做到量化。比如评价一款茶的叶底，说它匀净，那匀净到什么程度，就很难有具体指标。这需要茶人不断地积累经验，看过的、品饮过的茶的样品数量越多，评价将会越准确、越中肯。实际上，发现和品尝更多、更好的茶品，也是茶人习茶的前进动力和美好追求。

"好喝"是评价茶叶的标准

评价茶最重要标准是什么？这是一个中心问题。外形漂亮？香气突出？茶汤清澈？叶底美观？好像每一方面都不是唯一的评价标准。那究竟是什么呢？我觉得，其实就是两个字——好喝。这个"好喝"是在健康卫生基础上的一种综合感受。评价茶叶要做的就是利用感官的标准尽量描述这种感受，并且细化。这也是通用茶叶评价术语的来源。

选茶要看、闻、尝、摸

茶叶的评价术语

评价方法	内容	标准
看	形状	形状优美，条索整齐，符合标准
	色泽	干茶色泽鲜亮，茶汤色泽通透
	等级	等级对应相应价格
	匀整程度	形状、色泽均匀一致
闻	干茶香气	自然，符合各类茶的香气要求
	茶汤香气	持久，无杂异味
	杯底香气	令人舒畅
尝	茶汤的滋味	浓度要适宜，顺滑鲜爽或者浓醇厚重，无异味
摸	干茶	干燥，使劲揉捏易成粉末
	叶底	保持弹性，柔软完整

茶叶评价基本术语

外形描述

　　茶叶的外形描述应该包括嫩度、色泽、匀净度、整体成茶状况等。常用的外形描述术语如下。

紧结——干茶比较厚重，给人质量好、密度高、重量重的感觉。

匀整——干茶条索或者颗粒等形状均匀、整齐，碎茶少。

光滑——茶叶表面光滑、平洁，杂物少。

挺直——茶叶条索俊秀，弯曲度少。

披毫——茶叶表面披覆毫毛。

肥壮——茶叶尤其是大叶茶条索肥大、厚重、完整。

粗松——和紧结相对。

瘦弱——和肥壮相对。

黄绿——茶叶绿色较浅而带浅黄。

鲜绿——茶叶色泽青翠碧绿。

深绿——茶叶色泽墨绿而有光泽。

青灰——茶叶色泽暗淡，黑中透绿。

砂绿——通常形容乌龙茶，茶叶表面如青蛙皮绿而油润，带有砂粒状白点。

花杂——茶叶叶色不一，老嫩不一，杂乱。

油润——茶叶色泽鲜活，光滑润泽。

撒面——主要指紧压茶表面薄薄覆盖一层等级高、条索漂亮的茶叶，而内里的茶等级低于表面。

金花——茶叶上呈圆形颗粒、颜色金黄、没有菌丝的益生菌。

霉菌——茶叶上色泽青灰或白、有菌丝或一吹即散成雾状的霉菌，对人体有害，发霉茶叶不能饮用。

香气描述

茶叶的香气描述有香气的类型、高低、浓淡和持久性等，包括鼻子闻到的香气感觉和嘴巴尝到的香气感觉。常用的香气描述术语如下。

高扬——香气明显，散发速度快。

青味——新茶所带有类似青草般的气息。

甜香——茶叶香气中混有蜂蜜或者焦糖般的香气。

花香——茶叶香气中混有兰花、梅花等香花般的味道。

低沉——和高扬相对。

淡薄——香气不够持久，味道不够浓郁明显。

烟味——一般形容生普洱，茶叶沾染柴烟的味道。

堆味——形容熟普洱发酵过程中形成的特有味道，一般很难完全避免，因此堆味本身是个中性词，主要看其浓烈程度。

参香——一般形容熟普洱，类似人参汤的味道。

枣香——一般形容熟普洱，类似干枣的甜香味道。

荷香——一般形容生普洱，类似荷叶的香气。

樟香——一般形容生普洱，类似樟木的清香。

梅香——一般形容老生普，带有青梅般的香气。

薯香——一般形容优质红茶，带有红薯干般的味道。

杂异味——例如臭味、酸味等。

滋味描述

　　茶叶的滋味描述一般是指滋味的类型、厚薄、浓淡和顺滑程度等。常用的滋味描述术语如下。

醇厚——茶汤内质厚重，味道不刺激。

厚重——茶汤压舌，味道残留度高，内质饱满。

鲜爽——茶汤味道鲜美，清爽宜人。

顺滑——茶汤润滑舒畅，不黏滞，入喉快。

淡薄——茶汤感觉寡淡，滋味残留度低。

苦涩——茶汤中有苦味和涩感。苦涩是茶的本味，并不是不好的感觉，只要苦能回甘，涩能转化，也是好茶。

回甘——茶汤先有苦感，然后从喉咙中上升一种甘甜。

锁喉——茶汤带来的喉咙干甚至刺痛、紧缩的感觉。

麻舌——茶汤带来的舌面针刺、不舒服的感觉。

叶底描述

茶叶的叶底指冲泡过后、一般已经完全舒展的茶叶。叶底描述一般包括叶底的嫩度、色泽、均匀度和冷香味道。常用的叶底描述术语如下。

全芽——叶底基本都是芽头，基本没有叶片。

柔嫩（幼嫩）——叶底叶片弹性和韧性都比较理想。

细嫩——叶底带有芽头和细小的叶片。

肥厚——叶底肥厚，叶脉明显，粗糙。

黑死——黑茶等发酵太过，叶底黑而丧失弹性。

润泽——叶底叶片滋润而有光泽。

杂色——因为使用的茶叶批次不同、杀青手法不同等，造成的叶底颜色不统一。

粗老——与幼嫩相对，指采摘时间相对较晚的茶叶，一般所含茎梗较多。

汤色描述

茶叶的汤色描述一般指茶汤色泽的种类、清澈度和明亮度。常用的汤色描述术语如下。

通透——茶汤清澈，色泽浓淡一致，透明度很高。

清澈——茶汤中杂质少。

明亮——茶汤整体感觉不浑浊。

饱满——茶汤感觉密度高，有胶质感，丰富充沛。

浅绿——汤色绿色较淡，柔美。

黄绿——汤色绿中带黄。

橙黄——汤色淡橙色。

橙红——汤色深橙色。

金黄——汤色亮黄，如琥珀般。

浑浊——汤色不通透，杂质多。

买到好茶的三个要点

所谓好茶，是树种、地域、制作综合水准的体现。但是在购茶的过程中，有些因素很难确定，可以抓住以下三个要点。

注重原产地但是不唯原产地

买茶时可以和店主人多交流，除了知晓茶叶的原产地，还可以再了解一下茶园的位置，这对选茶来说还是很有意义的。举个例子，早年间，有厂家的龙井茶被检测出铅含量超标，人们反复检查茶园的土壤条件和茶叶的制作过程，均未发现问题。后来，人们关注到，茶园的一侧靠近高速公路，过往车流密集，汽车尾气里的铅就被茶树吸收了。确认茶园的位置，看它有无受到地理环境中某因素的污染，这个意义就在此显现了。从这个角度来说，高山茶的品质确实会比低地茶的品质好一些，因为它所受的环境污染会相对少一些，而且高山茶园云雾缭绕，昼夜温差比较大，有利于茶叶里的有效物质的积存，通常茶叶品质相对会好一些。

原产地

看茶的制作管理

看茶有没有通过各种必备的认证，比如茶叶的生产许可证编号等。当然亲友间一些个人定制的小范围流通的茶叶也是存在的，看个人选择。这些认证是茶叶产品品质控制的一个官方保证，没有这些，不能说这个茶的品质就是有问题的，但是对老百姓来说，有了这个标志，就更放心茶叶品质了。

制作管理

看卖茶的地点

最后还要看卖茶的地点及其环境。有的超市这边卖茶，那边卖肉，这样茶很容易就被二次污染了。不仅仅是茶的味道改变，还容易导致细菌滋生。有的茶店，散茶不加盖，这也很容易出问题。而在密封遮光容器里的，温湿度又很适宜，这些茶的品质就相对有保障。

售卖点环境

花茶就不是好茶吗？

　　单纯地认为花茶就不是好茶是不正确的。甚至有的人看见别人喝花茶，就认为没什么品位，这个态度是偏颇的。

花茶有其存在的意义

　　茶叶作为食物的一种，是为人体生理需求服务的。就像山西人爱吃醋，不是因为一开始就爱吃酸的，而是因为山西水质硬，碱性大，人们去寻找酸性食物加以中和，才逐步发明了醋。北京人爱喝茉莉花茶，主要是因为北京是典型的温带半湿润大陆性季风气候，空气流动不是特别快，尤其是夏季，又热又闷的天气（俗称"白眼子天"）容易让人情绪低落，而茉莉花茶能很好地散闷除郁。所以北京人喜欢茉莉花茶，这种喜好是和天气、水土有很大关系的，正所谓"一方水土养一方人"。很多历史上有名的花茶，像是荷花香片、珠兰花茶、玫瑰红茶等，制作工艺都很讲究，价格也不低。当然现在市面上比较多的是茉莉花茶，好的茉莉花茶甚至要反复窨制七次，亦有多达九次的。

如何鉴别花茶品质

　　挑选花茶，很多人都以为花越多的花茶质量越好，实际上并非如此。

　　制作花茶一般选用上等的烘青绿茶为原料，利用茶叶易吸附香气的原理，将鲜花和茶坯层层交错堆放。待茶叶吸收了鲜花中的香气，挑出干花，烘干，再换一批鲜花。这样一次称为"一窨"。窨制花茶要用半开之鲜花，随着鲜花逐渐开放，香气从淡到浓逐渐吐出，而茶叶是很好的吸味剂，就开始逐步吸收花香，一吸一吐，经过多次窨制，花茶就制成了。但是干花是没有任何香味的，所以，花茶窨制完成后，就要提花，就是把干花从茶叶里拣出来。所以，品质越好的花茶，里面的干花应该越少。

　　在冲泡花茶的时候，应该嗅到花香，而不是很刺鼻的香味，好像空气清新剂一样。如果闻到的是这种味道，很可能茶叶里被喷洒了香精，这样的茶叶对身体是有害的。

辩证看待明前茶

"明前茶"是每到春茶季炒得比较热的一个概念，尤其是对绿茶来说。对消费者而言，这直接影响到购买价格。因此，笔者想专门说说"明前茶"。

明确明前茶的概念

"明前茶"是清明节前采制的茶叶；"雨前茶"是清明后谷雨前采制的茶叶。明前茶和雨前茶都属于春茶，相对来说，春茶的品质比其他季节的更佳。经过一个冬天的休整，茶树中累积了较为充足的营养，而春天日照强度较弱，雨水也没有夏天那么充沛，茶树的营养能得到持续积累。充足的营养使春茶的芽叶肥壮而且嫩性强，叶质柔软，富有光泽，茸毫较多，色泽鲜绿。特别是清明前，茶树发芽数量有限，生长速度较慢，能达到采摘标准的很少，所以明前茶更显珍贵。雨前茶虽不及明前茶那么细嫩，但由于这时气温升高，芽叶生长相对较快，积累的内含物也较丰富，因此雨前茶往往滋味鲜浓而耐泡，达到一个内外平衡的状态，因而也深受爱茶人士喜爱。

"明前"是个时间概念，明前茶主要针对绿茶来说，因为绿茶贵新，尤其是小叶种、成型细嫩的绿茶。最突出的例子是西湖龙井，崇尚"清和"之味，韵味在淡中追寻.明前茶就如同青涩少女，纯真宛然，能够很好地体现龙井的这一特点。至于其他种类的茶，红茶需要全发酵，普洱茶重在陈放，并不要求茶叶是明前茶；乌龙茶的质量很大程度上取决于摇青、走水、烘焙等工艺的水平，是否选择明前茶也不是考量因素。许多绿茶也不都是明前茶最好，比如滇绿、琼绿。云南、海南很多茶山在清明前就已经气温较高，茶叶早已发芽展叶，明前茶甚至都已属"老茶"。除此之外，也有一些高山绿茶要等明后甚至谷雨才发第一拨茶，根本就没有明前茶可用，所以并不很看重茶叶是否为"明前茶"。

人们对明前茶的认识误区

　　明前茶之所以被炒得热火朝天，通常是因为大家对茶叶的认识有两大误区。

　　一是认为明前茶等级高。其实"明前"的概念，和茶叶的等级无关。有关茶叶等级标准的国家标准很少，但是从传统上来说，要看外形条索的紧结、肥壮程度，色泽的翠绿油润情况，整碎比例，干净程度，香气状况，以及滋味浓醇厚爽与否，叶底匀净还是破碎等因素来进行综合的评定，并不单单是由时间因素来决定的。

　　二是认为明前茶的滋味一定好。明前茶香味清雅，味道鲜爽，甚至可以用来推断当年整批茶的质量状况。但是笔者个人认为，明前茶其韵已成，其味尚弱。相比而言，明后茶的滋味要好得多，浓醇厚顺。另外从采摘的角度来说，大多数绿茶以明前一芽一叶初展为极品，可是也有例外。比如洞庭碧螺春，采摘一芽一叶制茶，成茶滋味过于寡淡，三叶、四叶的反而滋味才能发挥出来。六安瓜片则可以等叶片更大时采摘。

如何识别着色茶?

通常染色茶在绿茶和花茶里居多。着色茶的色泽很不自然,同一芽片色泽也不均匀,颜色也不是由内而外的。冲泡的时候,颜色弥散很快。当然,比较简便的方法是检查茶叶的碎末。可以拿一小撮茶叶,放在光洁的白纸上,反复摩擦,看纸上有无颜色痕迹;然后把茶叶反复摇动,看有无脱落的碎末,用手碾一下,看有无颜料迹象;也可以用手长时间捏一片茶叶,待手上有色迹时看颜色是不是自然。

新茶与陈茶

新茶和陈茶是个相对的概念。大体来说,绿茶、黄茶、红茶都不应该存放超过一年。但是这个口味需求和一个时代的整体风尚有关。笔者喝过20年陈的正山小种和30年陈的龙井,其实滋味都不错,但这毕竟不是茶事的常态。超过一定时间,无论使用什么高超的保存技术,茶叶的色、香、味、韵都会有所减弱,"有形而无神"。

而黑茶、普洱茶、白茶贵陈,陈茶反而是更为贵重的,但是笔者认为白茶约在10年,黑茶和普洱茶在15~20年的时候达到最佳品饮年份。乌龙茶是半发酵茶,所以有一部分茶友追求喝新茶,因为香气高扬;一部分茶友喜欢放一放,待到火气消除再喝,追求乌龙的醇厚,这些都是可以的。笔者曾喝过陈放30年的老乌龙,味道也非常不错

购买前建议冲泡试喝

茶叶一是从外观角度来评价，另一个是从冲泡角度来评价。尤其是一时看不准的茶叶，一定要试泡，通常茶店也都有茶样供顾客冲泡。

冲泡后要看、闻、品

冲泡首先看茶汤的颜色，易不易于发散，有没有过多的杂质，是不是清澈透亮的；然后闻一下香气，看有没有异味，熟普等要看堆味是不是太强；接着品尝茶汤，看是不是醇和厚重；然后看叶底，是不是仍然保持弹性，边缘比较整齐，破碎少，大小也比较匀净；最后再闻一下冷茶或用过的品茗杯的气味。尤其是有没有氨气之类的味道，有氨气之类的味道不能断定这就是化肥施用的比较多引起的，但就茶而言那是一种不好的杂异味。

冲泡可以分辨的问题

冲泡可以了解高山茶、老树茶、平地茶、台地茶的区别。高山茶的品质较好，除了高山小气候有利于茶树累积有效物质之外，高山上土壤的有机物质含量也丰富，所以高山茶要比平地茶价格高。老树茶茶性较强，台地茶就相对孱弱一些。冲泡后，高山茶、老树茶滋味醇厚，较耐冲泡，茶汤浸出迅速；而平地茶和台地茶相对来说滋味淡薄，不耐冲泡，出汤弥散慢一些。高山茶和老树茶的叶底也都较肥厚、弹性大。

冲泡有利于辨别春茶和秋茶。春茶的有效物质积累较多，滋味醇厚，这也是很多人通常以春茶为贵的原因。但是秋茶也有秋茶的好处，秋茶虽然有效物质相对较少，但是因为秋季气温降低，茶树也准备越冬，芳香油的含量就会上升，所以秋茶的香气是很突出的。在冲泡的时候掌握这两个因素，就比较容易分辨出春茶和秋茶。

冲泡可以区分新茶和陈茶。绿茶、黄茶贵新，通常来说，这些茶存放超过一年就没有什么品饮价值了。新茶的香气馥郁，汤色清澈明亮，滋味醇厚却又柔和清爽。而陈茶，因为芳香物质不断挥发，所以香气转向沉闷，茶汤略显浑浊，滋味转淡。当然，普洱茶是越陈越好。新的普洱茶汤色明亮，颜色呈蜜黄色或黄绿色，青叶香气突出，茶汤较涩，入口茶气强，叶底呈新鲜茶叶感觉；而老的普洱茶汤色红浓，陈香突出，叶底呈褐色，滋味醇厚，入口顺滑，回甘有力。乌龙茶是一个比较兼容的茶种，新茶也很好喝，而笔者也喝到过25年的老观音茶，别有风味，也很不错。

不同茶类选购要点

选购茶叶的整体原则是"多品尝，多对比，多总结，少出手，少故事，少神化"。对茶友来说，超出饮品色、香、味、韵需求范畴的那些卖点，其实不必考虑。

绿茶的选购

绿茶的选购建议是"清鲜干燥，不求太早"。笔者曾喝过陈放30年的龙井茶，虽然有陈香，实则事倍功半。绿茶追求的还是鲜爽，如果所有茶类都追求陈放，那么分这些茶类的意义何在？茶也应该是百花齐放的，各有特点和评价标准。

绿茶是很怕潮湿的，所以选购绿茶，干茶一定要干燥，轻轻一碾，没有黏滞感，若有粉末出现，就可以放心。另外，不要追求早春茶。春茶早一些，确实更鲜，但是这个早有个限度。笔者个人觉得清明茶的品质就足矣了，甚至清明后一两日更好——在清鲜和内蕴之间有个平衡。太早的茶，累积的内容物不够，汤感缺乏力量，综合而言并不理想。

白茶的选购

白茶的选购建议是"草香干燥，色彩斑斓"。白茶和绿茶一样，非常害怕潮湿，一旦潮湿，是比较容易变质的。白茶在存储过程中受潮和在紧压制作时受潮不同，后者是引发湿热发酵，可以帮助茶叶转化；前者是水分附着在茶叶表层，容易引起腐败、发酸等。

白茶的转化是靠内部水分，而不是单纯的靠外部增加水分，因此挑选白茶时要特别注意茶叶干燥与否。新鲜的白茶香味类似草叶清香，没有其他杂异味也是选购要点之一。另外，白茶的色泽一般都是同一色系，但是深浅不同。例如新的白茶，都是绿色系，可是叶片颜色呈草绿、嫩绿、深绿不等；陈年的白茶即使同属于褐色系，也有浅褐、深褐、棕褐等不同。

黄茶的选购

黄茶的选购建议是"黄叶黄汤，莓类香气"。黄茶只要是经过闷黄工艺的，产生了较多茶黄素，色泽就一定会改变，不论是干茶的色泽还是茶汤的颜色，都偏向黄色，杏黄微绿。但是为什么强调黄叶黄汤，不单纯说黄叶呢？很多黄茶品种如天台黄芽，是因为叶片生长期就发黄，制成的干茶也发黄，但是汤色还是偏绿茶的，它和工艺黄茶不是一个概念，选购时要注意。黄茶含有较多的消化酶，能促进肠胃的消化功能。黄茶冲泡后整体闻起来有类似蔓越莓、草莓般的香气，是一种微酸的果香，可以作为选购时的一个指征。

红茶的选购

红茶的选购建议是"花蜜为上，香蕴水中"。红茶在市面上的价格区间波动很大，整体上来说，选购时要确定预算，同时明确产地。不同产地的红茶风格差异明显，比如云南的红茶，整体比较直接，汤感浑厚，偏蜜香；而广东的红茶，汤感厚重中带有浓强之感，偏花香；而如果喜欢后劲绵长、带有烟熏之感的，肯定选正山小种，它有类似桂圆干果般的香气。

评价红茶，香气上一般认为有果蜜、花蜜般的为上，就是某种花香或者果香混合焦糖般的香气；薯干香其实是第二等的香气了。红茶不论什么香气，必须是有"根基"的，香气的根基在汤水中，它和茶汤是一体的，这个香气才是对的，也才持久。

乌龙茶的选购

乌龙茶的选购建议是"产区明了，工艺为上，标准正确"。乌龙茶是个庞大的门类，选购的时候首先要确定产地是否正确。这个对茶友来说确实很难判断，推荐大家选择大品牌，先确定自己味觉的标准样，再选择其他品牌的茶品。武夷岩茶比较推荐的品牌有岩上、幔亭、永乐天阁（仙凡）、曦瓜、懿岩懿叶等；闽南乌龙有中闽魏氏、八马等；单丛有丛嘉单丛、铁人、香云山、陆宇等；台湾省乌龙茶有臻味茶苑、郭少三等。

"工艺为上"的意思是，体现传统工艺，而且做到位。我不反对创新，但乌龙茶的工艺传统流程是基础，新工艺强化了某一方面，但是整体均衡性不够。例如铁观音传统的做法韵味足，只是干茶颜色没有那么翠绿。

为什么还加了个"标准正确"呢？不同的乌龙茶有不同的特点，比如凤凰单丛是更偏向于香气的，如果用武夷岩茶的汤感标准去衡量，那很难选到合心意的凤凰单丛。

黑茶的选购

黑茶的选购建议是"汤透厚重，干湿无异"。黑茶有自身的香气，谈不上鲜爽，所以不能按照绿茶的口感评价模式来选购黑茶。总体的选购方法还是四个方面。

1.看外形：紧压茶主要看形状是否周正、均匀，棱角或者圆润度如何；散茶主要看干净程度，是否乌润，闻起来发酵的味道是否可以接受。也可以把泡茶壶用开水冲刷后沥干水分，将茶样放入盖盖，用滚水浇淋壶身7~8秒，揭盖嗅闻干茶的味道有无杂异味。

2.观汤色：色泽通透，越通透的越好，老茶在储存的过程中如果湿度波动比较大会有一定的浑浊，要和有无杂异味放在一起通盘考虑判断。

3.品滋味：黑茶不论时间长短，要有相应程度的醇厚感。茶汤入嘴有饱满外涨的感觉，进入食道后感觉顺滑，进入胃里觉得柔和，而口腔里持续有唾液分泌感，滋味驻留时间长，这都是好茶的表现。

4.查叶底：拿出一根叶底在手里揉捻，它应维持一定的弹性和活度，不应该揉捻成渣，而叶脉拧成螺旋状后应有一定的回弹。

选购黑茶还要避免"听故事""占便宜"的心态，也不要认为陈茶、老茶就一定优异，尤其是老茶，虽然难得，务必试喝，不跟风、不唯名人所制而论。

普洱茶的选购

普洱茶的选购建议是"遵从本心，只买紧压，量力收藏"。买普洱茶的初衷是什么呢？喝到好茶。好茶就等于名村寨茶、纯料茶、单株茶、大师茶？不能这么武断。好茶的共性是原料好，味道有特色，茶气浓。也不要过度追求茶汤所谓的甜，有的普洱会呈现一定的回甜，但那不是喝茶的目的，否则喝糖水不是更好？

纯料、古树料有它们的好，但拼配、台地也是可以出好茶的。遵从本心，茶叶干净的前提下，符合自身的口感标准来选就好。市面上的生普若是新茶，那还不是一个成品；如果是熟普，其实也还有一定的陈放转化空间，所以购买生普一定要买紧压茶，散装普洱是很难陈放转化得理想的。紧压的茶品理论上饼茶好于砖茶，砖茶好于沱茶，俗称"金饼银砖铜沱"。

特别不建议把喝普洱茶变成投资，要根据自己的经济条件来选茶，不需要买太贵的，量力而为。如果是为了购买后更放心地陈放，也要优先考虑存储条件。相比收藏而言，不断地精进自己的泡茶技术，反而更有意义。

花茶的选购

花茶的选购建议是"选择窨数，注意风格"。一般的花茶，至少四窨，否则香气不会那么持久，而七窨是性价比较平衡的窨数。当然，单纯从茶叶品质角度来说，九窨花茶肯定是最好的。一般来说，九窨就是最大窨数了，因为茶叶吸香有一个极限。而从花茶的风格来讲，南方、北方差异比较大。北方客人选购花茶，追求"煞口"，泡一天还有滋味，花香高扬持久；而南方客人选购花茶追求温婉细腻，花香低回但是水路细甜，不耐冲泡。大家在选购的时候要注意此款花茶的销售面向什么区域，明确口感差异。

中国十大名茶与常见品牌

所谓"十大名茶"，有一定的必然性，也有一定的偶然性。必然性是中国作为茶叶原产国和茶叶大国，民众对于茶叶的热情必然会推动茶叶名品的出现；偶然性是面对庞杂的茶叶品种，其评选标准、评选过程、评价者的认知都会有一定的局限。笔者对"十大名茶"乃至名茶的看法是，可作参考，但是"适口者珍"。

① 1915年"巴拿马万国博览会"版十大名茶

1915年的"巴拿马万国博览会"上，评选出了包括西湖龙井、碧螺春、信阳毛尖、六安瓜片、黄山毛峰、都匀毛尖、君山银针、祁门红茶、铁观音、武夷岩茶在内的十大名茶。

② 1959年全国评比会版十大名茶

在1959年全国"十大名茶"评比会上，评选中国"十大名茶"为：西湖龙井、洞庭碧螺春、黄山毛峰、庐山云雾、六安瓜片、君山银针、信阳毛尖、武夷岩茶、安溪铁观音、祁门红茶。这十大名茶是传统上比较认可的版本。

③ 2001年《纽约时报》版十大名茶

美联社和美国《纽约时报》同时公布的中国"十大名茶"，分别是西湖龙井、黄山毛峰、洞庭碧螺春、六安瓜片、蒙顶甘露、庐山云雾、信阳毛尖、苏州茉莉花、都匀毛尖、安溪铁观音。受欧美人口感认知的影响，茉莉花茶入选。

④ 央视品牌评比榜版十大名茶

这十大名茶包括：西湖龙井、黄山毛峰、铁观音、大红袍、君山银针、白毫银针、白牡丹、茉莉花茶、碧螺春、冻顶乌龙。这个评比有两种白茶上榜可以看出市面上白茶大热的势头。

⑤ 电商平台版十大名茶

武夷大红袍、西湖龙井、安溪铁观音、洞庭碧螺春、普洱茶、六安瓜片、黄山毛峰、信阳毛尖、君山银针、福鼎白茶。这个版本主要看的是平台销量和评价，但是平台销售易受到活动和价格的影响，而不能单纯认定为是品质优先。同时，白茶和普洱茶不好分品种，是归类上榜的。

1959年全国评比会版十大名茶

十大名茶	特　点	（原）产地
西湖龙井	绿茶类。一般绿茶以多毫者为佳，西湖龙井则是扁平无毫，色泽黄绿相间，冲泡后有兰花、豌豆般的香气。西湖龙井追求真韵，口感貌似清淡，实则内蕴绵长	浙江省杭州市西湖
洞庭碧螺春	绿茶类，螺形茶。白毫显露，色泽银绿，卷曲成螺；茶汤鲜爽生津，回味绵长，花香果香明显。碧螺春非常细嫩，高级的碧螺春，每斤干茶大约需要7万个茶芽	江苏省苏州市洞庭山
黄山毛峰	绿茶类，半烘半炒茶。黄山毛峰茶外形细嫩，匀齐有锋毫，形状有点像"雀舌"，叶呈金黄色；茶汤色泽嫩绿油润，杏黄明亮；香气清鲜；滋味醇厚、回甘。黄山毛峰是绿茶中十分耐冲泡的名茶，内蕴丰沛	安徽省黄山市
君山银针	黄茶类，针形茶。君山银针全由芽头制成，茶身满布毫毛，色泽鲜亮，绿中闪黄；茶汤香气高雅，有类似莓类水果的口感。这几年君山银针有绿茶化的倾向	湖南省岳阳市洞庭湖君山
信阳毛尖	绿茶类。外形条索紧细、圆、光、直，银绿隐翠；内质香气新鲜。信阳毛尖香气、汤感在绿茶中都是很直接很浓郁的	河南省信阳市
祁门红茶	红茶类。条形紧细匀秀、锋苗毕露、色泽乌润、毫色金黄，入口醇和，香气溶于茶汤内，持久有根基，回味隽厚，具有"祁门香"，如玫瑰花、蔷薇花般清新持久的甜香	安徽省黄山市祁门县
六安瓜片	绿茶类，全叶片茶，不含茶梗、茶芽。成品茶形似瓜子形的单片，自然平展，叶缘微翘，大小均匀，色泽宝绿，绿中带霜。茶汤香气清鲜爽口，内蕴十足	安徽省六安市
庐山云雾	绿茶类。芽肥绿润多毫，条索紧凑秀丽，香气鲜爽持久，滋味醇厚甘甜，汤色清澈明亮，较耐冲泡。茶汤别有一种幽香，细腻回甜	江西省九江市庐山
武夷岩茶	一类茶的统称，属于乌龙茶类。武夷山所辖行政区域范围内产的闽北乌龙工艺的茶统称武夷岩茶。条索紧结，乌褐油润，冲泡后有花香，每泡香气又有所变幻，汤色橙黄带褐，汤感浓郁，内蕴持久	福建省南平市武夷山
安溪铁观音	乌龙茶类，闽南风格乌龙茶的代表。传统正味铁观音条索弯卷紧结成半球状，色泽墨绿带黄。冲泡后汤色呈深黄带绿。汤味浓而醇厚，香气深厚而有特殊韵味，回甘强	福建省泉州市安溪县

送人如何选茶？

人们经常要把茶叶作为礼物赠送他人，笔者的几点建议如下。

以被赠送者的喜好为主

时常看到一些朋友为别人安排事项也好、赠送别人礼物也好，都是站在自己的喜好和认知点上。但你所认为的好很多时候并不是对方所需要的，因此，不要总站在自己的立场想问题。送礼的意义不是为了送出去一个东西，而是表达"我关心你、我了解你"的心意，一切拍脑袋想当然、求贵求奇的送礼都是无的放矢。即使是商务型的送礼，也建议更多地了解对方的喜好，更显得尊重。

明确包装的风格和价格占比

老实说，很多人送茶，着重选茶叶的包装，包装看起来好像比茶本身还贵，有的时候事实也如此。很多人说，反正对方也不懂茶，包装做得漂亮一些，有面子，显得贵重。但如果收礼人确实不懂茶，又何必要送茶呢？送对方能够明了价值的其他东西不是更好吗？而如果送茶给一位喜好喝茶的人，茶的口感好坏对方是可以喝出来的，所以包装部分的花费不要过多为好。

考虑对方的"茶龄"

如果确实不太明了对方的喜好，可以尽量了解清楚对方平常喝不喝茶，喝茶的时间（茶龄）有多久。对茶龄年轻的朋友们来说，一般适合送他们绿茶、白茶等相对清淡的茶品，或者像凤凰单丛、红茶类这样香气吸引人、茶汤苦涩味轻的茶；茶龄较老的朋友们则适合普洱、武夷岩茶、黑茶等汤感厚重的茶品。

自己要熟知所送的茶的泡法

送茶的目的是让对方品尝好的茶汤，但是往往因为对方不了解所送茶的泡法，会造成茶汤不够理想，这会让心意大打折扣。送茶时若能熟悉所选的茶的泡法，并且能够通过口头或者文字传递给对方，对方会更加感受到你的诚挚心意。

1959年全国评比会版十大名茶知名品牌

十大名茶	知名品牌
西湖龙井	卢正浩、贡牌、九溪、御牌、狮牌
洞庭碧螺春	碧螺牌、三万昌牌、吴侬牌、庭山牌、咏萌牌
黄山毛峰	老谢家茶、谢裕大
君山银针	君山牌、巴陵春
信阳毛尖	龙潭牌、文新牌、蓝天茗茶
祁门红茶	天之红、天方、润思、祁香、凫绿
六安瓜片	徽六、齐态、露雨春
庐山云雾	公和厚、圆通、九江
武夷岩茶	曦瓜、武夷星、孝文家、戏球、海堤、岩上、懿岩懿叶
安溪铁观音	八马、华祥苑

茶叶储存

茶有四怕：潮、染、温、光

茶叶开封后不可能一下子喝完，选择合适的储存方法，不仅可以保持茶叶的品质，也更能方便取用。

茶叶变质有四大主要原因。一是受潮；二是氧化和沾染异味，所谓"茶性易染"，茶叶一旦吸收了杂味，不管是香味还是臭味，都再难以让人有品赏的兴致；三是温度波动频繁或温度过高；四是强光，光照会导致茶叶产生一种"日晒味"。茶叶的储存要避免这四个问题。

茶叶最好减少光照，因为光是一种能量，对茶叶的破坏作用是很严重的。如果受到强烈光线的照射，茶叶中的色素和酯类物质会产生光化反应，使茶叶陈化和变质速度加快，特别是空气中散射的紫外线容易导致茶叶出现日晒味，所以在贮藏过程中应注意避光。

整体而言，茶叶的存储要通风、阴凉、干燥、避光。这四个因素是保持茶叶品质的基本条件。

大批茶叶如何储存？

储存大批的茶叶，应专门空出一个房间来，除了保证储藏室空间基本整洁以外，还要保证适当的空气流通，但是不要设计对流的窗户。窗户上应挂较厚的窗帘以起到避光的作用。地板上应该用没有异味的木条加以垫高，下层宜铺放生石灰。

家庭存茶宜罐装

对一般家庭而言，日常不用储存过多茶叶，通常采用罐装储存法。锡罐无异味且密封性好；注意陶罐有无泥土味，好的紫砂罐无泥土味，价格比较高，它们适宜存放可以陈化的茶；瓷罐可以用来储存绿茶、红茶等；马口铁罐等也可以日常存茶，注意不生锈即可。铜罐不建议用，因为铜本身的金属味道较大；亦有竹木罐，但北方需注意罐体本身过于干燥的话容易开裂。

如果茶较多，南方梅雨季前存茶，可以先于罐子底下放一层生石灰，再垫上草纸或牛皮纸起隔离效果，然后把用厚纸包好的茶叶放入，可以摆放多层。在茶叶中间位置，就是罐的中心部位，还应该放几小包包好的生石灰或者竹炭，用厚纸把罐口封好，罐口上面放干燥的草垫，草垫上要再放生石灰包。按照天气情况，每隔两个月应该开罐，更换掉吸了潮气的竹炭和生石灰包。

也有茶友问能不能使用塑料袋储存茶叶？也不是完全不可以。但所用的塑料袋本身不能有味道，另外放入茶叶后要封好口，还要避光保存。在透气性方面，塑料袋不如箬竹叶、纸箱等。

笔者认为一般不需要冷藏存茶，阴凉常温即可，当然如果温度在26℃以上，要适当降低环境温度。

随时喝的茶要分装保存

随时要喝的茶尽量分装。不要总是打开一大盒或一大罐去拿取，这样会降低茶的风味。但同时也要注意，小泡袋是为尽快饮用而设计的，使用小泡袋分装好，又长时间没有饮用，茶的风味也会散失。

不同品种的茶要单独存放

不同类的茶叶应用竹叶或厚纸箱分隔包装。此外，不同发酵程度的茶建议隔离存放，否则容易互相影响。比如普洱茶的存放，宜将生茶和熟茶分开放置。

宜茶之水

好水泡好茶

　　要想泡好茶，没有好水是不行的。明代许次纾在《茶疏》中已经很精辟地阐述过这个问题了："精茗蕴香，借水而发，无水不可与论茶也。"而好水对茶的冲泡影响至关重要，清代张大复在《梅花草堂笔淡》中就说："茶性必发于水，八分之茶，遇十分之水，茶亦十分矣；八分之水，试十分之茶，茶只八分尔。"

山泉水泡茶最佳

　　陆羽在《茶经》中这样总结："其水，山水上、江水中、井水下。"这个"山水"，应为山上的泉水。泡茶用水，当属泉水为佳。在天然水中，泉水比较清爽，杂质少，透明度高，污染少，水质最好。笔者去过不少名山大川，最喜欢的是云南大理宾川鸡足山的泉水，用它来泡绿茶和普洱茶，茶性发散得又快又好。农夫山泉桶装水最便捷易得，不过我建议用从千岛湖灌装的水。农夫山泉还有从长白山错草泉等其他水源地灌装的水，用来泡茶，就逊色一些。北京香山的百年峪泉，泡茶也上佳。

江河水要慎选

　　溪水、江水与河水等常年流动之水，用来沏茶也并不逊色。但要看是否为通航河道，如果是，水就难免被污染了。

井水尽量选深井

　　井水属地下水，是否适宜泡茶，不可一概而论。有些井水，水质甘美，是泡茶好水。深层地下水有耐水层的保护，污染少，水质洁净，而浅层地下水易被地面污染，水质较差，所以深井比浅井好。城市里的井水，多受污染，咸味重，不宜泡茶；而农村的井水，受污染相对较少，水质好，适宜饮用。但整体上来说，井水泡茶，易有土腥味。

泉水清爽宜泡茶

雨水、雪水不宜泡茶

雨水和雪水，古人誉为"天泉"，曹雪芹在《红楼梦》"贾宝玉品茶栊翠庵"一回中，更是描绘得有声有色。但随着现代工业化和城市化，污染日趋恶劣，雨水和雪水已经不能直接作为泡茶用水了。

自来水也适合泡茶

自来水一般都是经过人工净化、消毒处理过的江水或湖水。凡达到我国卫生部门制订的饮用水卫生标准的自来水，都适于泡茶。但自来水会使用氯化物消毒，用之泡茶，气味较重。为了消除氯气，可将自来水贮存在缸中，静置一昼夜，待氯气自然逸失，再用来煮沸泡茶，效果就大不一样。

笔者有时也用自来水自制泡茶用水。在干净的大水缸里加入备长炭，用以吸附异味。半小时之后捞出备长炭，再加入麦饭石圆片，净置一夜，增加水体的活性矿物质。经过这样处理的水，活泼细腻，泡茶也很不错。因为经备长炭处理过的水再经过麦饭石浸泡，就变成了麦饭石水，据说长期饮用麦饭石水有助于清除人体内积存的有害重金属元素，也能增强体内酶的活性，从而增强人体的免疫力。这个说法有无临床证据支撑笔者尚不确定，但是麦饭石的保健作用还是被广泛认可的。如家中装净水器泡茶，建议选带RO反渗透滤芯的，过滤出的水质较好。

怎样煮水更科学？

煮水首先要选好煮水器。煮水器包括煮水用的煮水壶与炉具。煮水壶常见的材质有金、银、铜、铁、陶、砂、玻璃等。在金属材质的煮水壶中，银壶和铁壶更受欢迎。

银虽然是贵金属但不张扬，具有一定的杀菌作用，而且随着时光慢慢氧化，别有韵味。银壶工艺中比较难得的是"一张打"，也叫"一块造"，指工匠用最原始的工具——锤子，把一坨银原料经过十万锤以上的捶打，打出壶身型体，连炮口壶嘴也一次打出，全壶一气呵成。如果中间有一锤稍微打轻了，壶型就差了，打重一些，壶会被打通。长时间捶打亦不出错，这对工匠的技术和认真程度要求特别高。这样打出的银壶，材质重叠富有质感，银含量高达97%以上，壶身与提把用银钉榫卯连接，可谓真正的"一块造"。

铁壶色泽黝黑，加上材质厚重，显得稳重，更有古朴韵味。不过铁壶容易生锈，烧开水之后要及时泡茶使用，用完之后揭开盖子，利用壶的余温使水蒸发，降低生锈概率。很多人偏爱日本铁器和铁壶，从使用经验来说，个人尚未觉得日本铁壶的神奇之处。笔者更偏爱山西泽州的铁壶，它有一定软化水质的作用，也不太容易生锈。

笔者日常煮水最常用的是陶壶。个人偏爱使用宜兴一家陶坊的煮水紫砂壶，也许是盖子比较重，加之严密，使壶内有一定加压，烧出来的水温度要高一点，适合泡笔者爱喝的老茶和黑茶；加上材质为紫砂，水稍微煮过一点也不会显老。

了解水的硬度

选择泡茶用水时，还必须了解水的硬度，因为硬度会影响茶有效成分的溶解程度。天然水可分硬水和软水两种。软水中钙、镁离子较少，导致茶有效成分的溶解度高，所以泡出来的茶味道较浓；而硬水中含有较多的钙、镁离子及其他矿物质，用来泡茶，茶叶中有效成分溶解度低，因此茶味淡，甚至茶汤变成黑褐色，更有甚者会浮起一层"锈油"。总结起来，泡茶用水讲究"活""甘""清""轻"，就是说水品为活水，水味要甘甜，水体要清净，水质为软水。

当然，人们日常接触最多的还是各种桶装矿泉水，因此要学会分辨矿泉水和矿物质水。绝大部分外国产的矿泉水更适宜凉喝，热喝都会有比较明显的味道，更遑论泡茶了。具体的鉴水过程，大致需要四个步骤，即：

1.冷喝，主要看水的顺滑程度；

2.热喝，主要品鉴水的气味；

3.品阴阳，即冷水和热水相合，品尝水的顺滑程度，并嗅闻气味；

4.观察泡茶，冲泡同一种茶，来观测茶汤浸出的速度和均匀状态，对茶汤的香气、质感等做判断。

茶器选配

宜茶之材

　　茶器的意义是泡茶工具，那么所谓的"好茶器"不在于价格昂贵，而在于"合适"。什么是合适？第一是要"宜茶，即适宜要泡的茶；第二是视觉上应有美感，不能一味求新求怪，而是要让人愉悦。"宜茶"关键是两点：材质和功能性。从材质的角度来说，茶具的材质通常有玻璃、陶、瓷、竹木和金属。

玻璃茶具

　　玻璃茶具质地晶莹，无瑕剔透，最适宜观察茶叶舒展的过程以及汤色；但是玻璃茶具相对来说显得轻飘，厚重感不够。因而玻璃茶具通常对应于比较细嫩的茶叶或者花草茶，较适合女性使用。特别提醒一下，玻璃茶具必须使用高硼硅玻璃，否则含铅元素，对人体健康不利。现代琉璃茶器的材质实际仍为玻璃，不过不是用吹制工艺，而是失蜡法制作的，较好地平衡了厚重与晶莹的观感。

陶制茶具

　　陶器的烧结温度一般没有瓷器高，在800℃时就可以成陶了，而瓷器烧结通常都在1200℃以上。此外，陶器的材质就是普通的陶土，房前屋后的地上都可以取材，而瓷器必须使用高岭土烧制。因为烧造温度不够高，坯体并未完全烧结，大部分的陶器会有肉眼看不到的气孔，空气分子可以自由进出，而水分子却通过不了。这决定了陶器对茶汤有潜在交换作用，利于展现茶汤汤感的韵味。加上陶器一般都比较厚重古朴，适宜普洱等茶，很适合男性使用。中国常见的陶器茶具有很多，如宜兴紫砂壶、建水紫陶壶、福建紫泥壶、坭兴陶壶、台湾岩泥壶等。

瓷器茶具

瓷器的烧结温度高,加上表面施釉,胎体非常致密,因而对于保存茶香非常有利。瓷器的装饰纹饰也丰富多彩,因而不同的造型、釉色、纹饰决定了瓷器广泛的适应性。可以说,瓷器是适用于所有茶的,也适合所有人使用。

竹木茶具

竹木茶具材质天然,给人感觉温婉,加上茶叶也是草木,两者仿佛天生相配。竹木茶具通常是茶道配件,比如茶荷、茶夹、茶针等。

金属茶具

金属茶具耐用,但是通常比较沉重,而且质地冰冷,拿取时噪音较大,在茶具中不占主导地位。除了煮水器之外,金属茶具通常是指日常使用的茶道配件,如不锈钢茶夹、纯银茶漏等。近几年,从日本流入的老铁壶、老银壶在茶圈流行,国内也有仿制的铁壶、银壶。对于此,仁者见仁,智者见智。如果觉得价格可以承受,而且确实有利于提升泡茶的水准,那么使用也无妨。

常用茶具

煮水壶

用来烧水，最常用的是陶壶、随手泡，老铁壶、银壶价格比较高。

茶针、茶刀

茶针和茶刀是用来拆解紧压茶的，一般表面会有装饰，但不要过于复杂。

泡茶器

主要包括泡茶使用的壶、盖碗、碗、日本宝瓶等，形式和材质多样。

炉具

分阴火和阳火炉具，阴火最常见的是电磁炉和电陶炉，阳火一般指炭火炉子。

茶仓

即茶罐，作为储存茶叶的器皿，不同材质适合搭配不同种类的茶叶。

茶拨

也叫茶匙，可减少手对茶的触碰，同时可以控制干茶倾倒的速度。

茶则

使用茶则，可以方便地量取茶叶并将其倾倒入泡茶器中。

分茶器

最常见的是公道杯，也叫匀杯，用来均衡茶汤浓度。

承接器

承载茶壶、品茗杯、壶盖等的器物，一般包括壶承、杯托、盖置等。

品茗杯

即用来喝茶的杯子，种类很多，茶友们对品茗杯最为重视。

茶巾

古称洁方，最好选用自然的棉、麻材质，吸水性要好。注意茶巾必须是专用的。

茶席

用来美化泡茶区域台面类似席的物品，常见织物类、纸纤维编织类、竹编类。

水盂

在茶席上承接废水的器物，用于保持茶席干净整洁。水盂应该相对远离主泡器，适当大一些为好。

简便饮茶的基本器物

　　饮茶是生活，而不是单纯地为了展现。所以人们在很多情境下，需要简便饮茶。比如在办公室或者出差时、会议时，该如何更好地得到一杯茶汤呢？其实这个问题依然是如何更好地控制泡茶基本三要素。通常人们面对的情况是：水温稳定，一般偏低，置茶量和浸泡时间需要自己掌握。置茶量相对还是比较好控制的，那么问题就变成了要掌控浸泡时间，不能使用一个一直将茶叶浸泡在水中的器物。而从器物数量的角度来说，则视情况增减。最起码的，要有一个主泡器，如果可以增加，接下来是品茗杯，然后是公道杯。笔者按照这个思路，介绍一些简便饮茶的器物。

快客杯

通常上杯下壶，壶嘴内壁有网孔自带过滤功能，壶盖为杯，与壶体容量相匹配。

飘逸杯

如使用飘逸杯，茶与水分离后，整个杯子就是品杯，无需另配。而且，飘逸杯可以泡各类茶，功能多样又不占空间，既满足喝茶的需要，又低调内敛。但是在挑选的时候，注意按下按钮后茶汤下出的速度，太快的容易影响茶汤滋味。

红茶双耳壶

双耳壶体积很小，置茶量不多，内胆可以从外套玻璃杯中提出，做到茶水分离。

说到笔者自己，如果情境允许，个人是比较喜欢带一把紫砂壶或者一只盖碗的。但是如果在办公的时候，一般就是保温杯少注入一些水，之后直接倾倒在一个比较大的茶杯里。

选购紫砂壶的关键点

如何衡量一把紫砂壶？笔者对紫砂壶的评价标准是五个字：土、烧、型、工、艺。

土

首先说"土"。紫砂，顾名思义，必须用紫砂泥为原材料。不论何种紫砂，都是含有7.4%~8.6%的氧化铁并且与石英系、云母系矿物共生的黏土。这个构成既体现砂性也体现泥性，如果用的不是宜兴紫砂泥，那么肯定不是紫砂壶，就更不用谈"紫砂壶"的好坏了。

烧

其次，是烧造。紫砂壶在高氧高温状况下烧制而成，烧制温度通常在1100~1200℃，最高温度可以达到1300~1350℃。如果紫砂壶的烧造温度偏低，在900℃的时候虽然可以成型，到1000℃就基本没有生土气了，然而由于表面烧结不够，玻化程度不高，结构是比较疏松的，也很吸味，故而时下有宣传说："紫砂壶一壶事一茶。"这个说法笔者从古代典籍上没有见过。而从实践经验来看，只要烧结温度足够、时间足够，紫砂壶的表面是玻化的，不需要一把壶只泡一种茶，也不会互相串味。

型

再次，紫砂壶的"型"。紫砂壶的形状对泡茶效果会有影响。就个人而言，笔者不喜欢方器，因为棱角不能让茶叶在壶中圆润地转动，较容易使茶汤变得苦涩。从造型方面看，矮扁宜韵，高瘦宜香。个人比较喜欢的壶型是梨形壶、思亭壶、石瓢壶、水平壶，这和笔者饮茶偏爱武夷岩茶和普洱茶有关。

紫砂壶基础造型常见的种类不算太多，但是同一个造型，有的看着令人舒服，有的看起来总觉得哪里说不出的怪异。这就涉及了第四个标准，紫砂壶的"工"。

工

紫砂壶从工的角度分三大类：光货、花货和筋囊货。

光货就是光素器，干干净净的造型，不加装饰、刻绘；花货一般是拟形，比如梅桩、百果等；筋囊货是有明显的棱线造型。有观点认为，筋囊货最为老辣到位，品位最高，花货就显得过于直白。笔者倒觉得这三种类型没有高下之分，喜欢就好、到位就好、宜茶就好。"工"还涉及成壶技法，常见的有拍身筒、模具、拉坯、灌浆几种。单纯从双气孔结构角度说，纯手工、模具壶均可以，但是只有纯手工可以做到表面泥门紧、内部泥门松的"倒漏斗形结构"，从而使得紫砂壶更好地体现宜茶发香的特质；而拉坯、灌浆其实不算真正的紫砂壶。

紫砂壶的泥料达到一定的烧造温度时，会出现不同成分的收缩烧融，当然不同成分之间的收缩比率不同而又能紧紧结合，这就使得紫砂内部呈现了大小不同的组团，空气可以穿过壶壁，但是水分子和芳香酯分子不能穿过。所以紫砂壶宜茶不散香。烧造温度不够，这个结构烧不成，那么就失去了紫砂壶的意义。不管拍身筒纯手工制壶也好，还是把紫砂泥放入模具拍打匀停也好，烧造温度够，双气孔结构都能烧成。拉坯是把泥料放在转盘上手指深入内部旋转成型，灌浆就是把泥加大量水化成浆灌注在模具里来烧制。那么紫砂本身是有砂性的，它不够细腻，很难在旋转过程完整成型，也很难灌浆均匀，那么拉坯也好、灌浆也好，要么用的不是紫砂泥，要么就是把紫砂泥粉碎到极细，经受不住高温，即使它能受高温，烧出来也是死板一块，无法形成双气孔结构。

艺

最后一点，选择紫砂壶还是要有一点艺术审美。紫砂壶的造型不是为了惊艳而生，也速成不来，还是那句话，不要为了求新求怪。笔者曾经见过一些金蟾铜钱造型的紫砂壶，说真心话，丑得让人都不想看，更别提使用了。

紫砂壶的养壶，养的是什么？养的是通过使用和茶水的滋润，使壶的火气退却，显现紫砂的本质之美，而不是所谓"包浆"，那直接打磨、涂油好了。更重要的是，养壶真正养的是人的气定神闲。当着客人的面用所谓的养壶笔蘸着茶汤在紫砂壶上左刷右刷，这不是养壶，这是不够礼貌。另外，好的紫砂壶也没有开壶的必要，清水洗干净，开水烫几遍或煮一次就可以用了。

基本泡茶礼仪

　　笔者认为茶事活动中的礼仪其基本要求与人们一切社交活动中的礼仪本无二致。社交活动的基本礼仪应该包括尊重他人与自己、宾主平等、和而不同、干净整洁。具体来说，这些基本茶事礼仪应该包括以下几点。

调整好自己的状态

　　泡茶者的状态应是有准备的，而不是慌乱的、乏力的，不卑不亢、令人舒服即可。不要带着表演或者突显自己的心态，而应致力于让茶生活化，让自己和大家本质相同，而有不同的认知，不是非要让自己和大家不一样，显示自己的独特性。从这个意义上说，穿不穿所谓的茶人服都可以，不论穿什么，泡茶者自己觉得舒服，别人看着也不讨厌和奇怪，就可以了。

保证茶器的干净

笔者始终认为，干净，是一种艺术形式。首先，无论是你自己使用的茶器，还是给客人观赏的茶器，都应该是洗涤干净的。将茶器洗涤干净后，应该用干净柔软的茶巾把它们擦拭干净。茶器摆放的空间也应该干净，最起码应该没有灰尘。

很多茶室不常用的茶器上和它们堆放的空间都落满了灰尘。大家都赞赏六祖慧能"空"的境界：本来无一物，何处惹尘埃？可是，人们有时很难抗拒美好的器物表象，而被它们吸引。那么能做到神秀的境界也是好的：时时勤拂拭，勿使染尘埃。多余的茶器，可以安放在储存空间里，在不同的场合里可以取出搭配使用。如果确实发现它们没有用处了，那就要想办法转卖或者馈赠他人，这并不是不好，而是它和你的缘分已尽，惜物爱物的你要为它们找到新的归宿。

笔者也主张，当有客人时，茶器应该预先完成清洁，然而此时，也应该做一些表示洁净的动作。比如，用开水冲烫泡茶器，倒掉水之后，用白色的茶巾将其擦干。有的时候也会将水倒入公道杯和茶盏里，再倒掉，以此提高器物的温度。有些茶人对此表示异议：既然你要重新冲烫，只能证明你的茶器不干净。其实，这没有直接的、必然的联系。做一些清洁的动作，实际是让自己和客人都有一个缓冲和进入的过程，理想化为"擦去心之污垢"。这样人就会从认真甚至虔诚的清洁动作里，更好地进入到即将泡茶、感受茶的氛围里。

新手要多泡多实践

新手要多泡茶，这是一个必需的过程。不论你的理论知识多么丰富，也无法保证实践不出问题。茶人的成长，是要靠不断地实践。另外，从茶的认知方面来说，一次一时的品饮，不能够充分彻底地评价一款茶。如果人们多实践，就会发现，同样的茶在不同时间、不同地点、不同手法的冲泡下，会呈现神奇的、不同的口感和体验。因此，任何凭一次一时的冲泡而下的结论，对这款茶都是不公平的，同时，也将导致你对茶的认知出现偏差和误区。

从喝茶来看，人们普遍会经历这样几个阶段：刚接触茶，觉得自己什么也不懂，不敢碰、不敢说；喝了一段时间后，也看了一些茶书，觉得自己有发言权了，乱说一气，结果碰了些钉子，发现有些认识还是不对，还是不全面；之后了解得越多，越发现茶的知识博大精深，碰到一些专家学者，便噤若寒蝉，随波逐流了；再之后呢？发现不能人云亦云，自己也有成体系的茶叶知识，不仅知道一般规律，而且对特殊的情况有所掌握和了解，这就是通了；那么通了之后呢？仍然不能停下实践的脚步，因为通和悟就在一线间。

有的人喝了一辈子茶，还是在喝茶，有的人就在喝茶中感悟了，这就是品出了茶的真味。

体会茶叶在冲泡过程中的变化

　　茶是一种轮回。中国人在传统上历来看重和珍视茶，甚至把茶和禅的精神契合起来。当茶是鲜叶的时候，它蕴含生命力，但却是没有魂的，没有任何香气。而它被采摘后，或炒或晒，或蒸或烘，经历了水火历练，变成了看似死气沉沉的干叶。可是一经冲泡，在再次的水深火热里，却能够逐渐舒展，恢复到了在枝头上的那种状态，而其内涵却变得比以前更为强大。这种轮回出离生死，而拯救众生，让人们从昏沉、疲馁中醒来，成为茶叶在冲泡过程中散发的无形的、伟大的光辉。所以，笔者强调去欣赏茶在冲泡过程里的变化，这是非常重要的一个原因。

　　从技术层面而言，茶的变化是无穷无尽的，也只可意会不能言传，它在过程里稍显即逝。以乌龙茶为例，一款乌龙茶可以在每泡之间都表现出不同的香气和口感，这种变化的丰富程度、强弱顺序，是分辨茶的微小区别，也是理解一款茶、识别一款茶的有效工具。

　　对茶的变化体会，直接决定了茶艺的灵活性。拿紧压普洱茶来说，第一泡可能要浸泡10~15秒，因为茶叶紧压需要一个浸润舒展的过程。而第二泡可能只需要5秒，第三泡到第四泡只需要1~2秒就要出汤，第五泡或第六泡时又需要恢复到5秒。这都是茶人在不断体会茶叶在冲泡过程中的变化后灵活运用的手法。

不同茶器冲泡方法

扫描二维码
观看泡茶视频

紫砂壶泡法（以冲泡乌龙茶为例）

1
■ 备具（备茶、备水）

2
■ 温壶

3
■ 温器

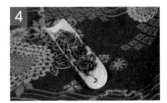

4
■ 赏茶

5
■ 置茶

6
■ 冲泡

7
■ 出汤

8
■ 分茶

9
■ 奉茶

10
■ 赏茶

11
■ 品茶

12
■ 再瀹

■ 备具

■ 备茶

■ 备水

■ 温器

■ 赏茶

■ 置茶

■ 润茶

■ 冲水

■ 赏茶

■ 闻茶

■ 品茶

■ 备具（备水）

■ 备茶

■ 温器

■ 置茶

■ 冲泡

■ 出汤

■ 分茶

■ 品茶

■ 备具（备茶、备水）

■ 温器

■ 赏茶

■ 置茶

■ 冲泡

■ 分茶

■ 品茶

■ 续水

■ 备具

■ 备茶

■ 煮水

■ 置茶

■ 煮茶

■ 出汤

■ 分茶

■ 品茶

■ 备水

■ 备具

■ 温器

■ 置茶

■ 调膏

■ 注水

■ 击拂

■ 观沫

■ 品饮

品
茶
文
化

所谓"中国茶道"

很多人问过我什么是典型的"中国茶道"？事实上，这个问题可能受到了日本茶道文化的影响。中国茶文化是"茶本主义"，人们研究的是茶本身，之后才有配合的喝茶方式。

中国的茶文化在这个思维模式下是不断变化的，从秦汉的直接咀嚼鲜叶，到唐宋的蒸青绿茶，人们开始使用煮饮；再到明朝的炒青绿茶等，人们使用瀹泡；到了清代，现代意义上的六大种类的茶齐备了，人们使用小壶泡和盖碗泡。所有的冲泡方式和程序都是为了配合这一类别的茶。比如唐代有中国茶品饮仪式，庵茶法就是其中之一；宋代有冲点法，这个方法被日本茶道学习和本国化；明清有瀹泡法，也发明了紫砂壶；到了现代，茶类众多，人们的品饮方式配合当下，在总原则不变的情况下百花齐放。

这个总原则是：得到茶汤浸泡出的有效物质，而在色香味上饮料化。大体的步骤是：1.煮水（水为茶之母）；2.备器（器为茶之父）；3.赏茶；4.置茶；5.温润泡（可以不用）；6.冲泡（不同茶类次数不同）；7.品饮；8.观察叶底。总之，基本的泡茶因素是：置茶量、水温、浸泡时间，其他的诸如手法等都是配合而来的。

在此，笔者解释一下茶人们对"道"的看法。中国传统文化是非常尊重"道"的，在中国人看来，"道"是关乎天地的规律，是单纯的。故"技"和"艺"不是"道"，因为技艺是程序、规范，它们是复杂的、烦冗的；而日本对"道"的理解较为通俗化，他们的茶道，可以理解为喝茶的仪轨，而不是真正的"茶道"。

泡出好茶的生活意义

日本将茶事称之为"茶道"，细致到茶室面积多大、如何布局，茶人在席产间茶巾怎么拿、走几步路。甚至喝完茶后翻转茶杯观赏茶杯底部釉滴说的那句话都是有定式的。

日本茶事传承有序，也十分精致，但它不是中国人所说的"道"。中国人恰恰认为，如果规矩越僵化，那么就离"道"越远。日本茶道可以称得上是非常好的技术，但它仍然不是"道"。

中国人泡茶没有那么烦琐，但是融汇在生活之中，离"道"反而是近的。或者说，中国人的这种泡茶方式达到了道的初级阶段——无执。日本茶事在环境和器具方面形成了自己的审美特点，但它还不完全是当下的。

无执才会放松，达成当下的静定；让自己的心空明、安静，即能够真正地思索或者休息。就笔者个人而言，每天的工作非常繁忙，而且人到中年，家事也多。可是只要一泡茶，不管什么茶，起码在泡茶的短暂时间里，心里只有茶以及茶带给自身的愉悦。说到这里，想必大家也已经明白，泡茶练的是心境，在氤氲的水汽里，释放负面的情绪。喝一口香茶，补充安定的能量。这不就是泡了一壶好茶吗？

品茶的"四步五要"

品茶,这件事很私人,不要给自己带来困扰,故而,复杂也好、简单也罢,自己在当下能顺畅操作实施就好。但是既然要"品",还是要有一定之法、操作之规,概括总结一下就是"四步五要"。

四步

四步是四个步骤。其实老辈茶人所说的"香清甘活"就很能说明问题,而且这四个字的顺序是不能变的。第一是"香",这一定是最先感受到的。茶一冲泡,就闻到香气了,早于色、味。而香气正不正、符不符合这个茶类的扩散程度,香气可以用哪种类似气息描绘,就是品茶的第一步。第二,看茶汤,不管什么颜色,要清澈、通透,才是好茶。如果不够通透,那么是毫浊还是储存不当,抑或制法就有问题。第三,味道上有没有回甘,到底是甜还是甘,区别的细微之处在哪,这是"甘"的意义。而茶汤在口腔里是否活泼,喝下去的时候是否顺滑,停留一段是否还有余韵,这就是第四步"活"的境界了。

五要

"五要"是品茶的五个要素,即经由什么才能得到不同的茶汤表现。这"五要"是"茶、水、器、法、境"。

茶,当然是品茶的第一要素,选择茶的时候,到底选什么品类的,什么茶适合自己,如何判断和评价它,这都是品茶的范畴。

有了茶,要有水才能萃取茶汤。"水为茶之母",水对茶的意义是绝对性的,用一款有问题的水来泡茶,不论什么好茶都泡不出一杯好的茶,而一款优质的水却能使品质平平的茶呈现令人惊喜的茶汤。那么对于水性的认知就很重要了。拿泡茶最常用的农夫山泉品牌的水来举例,不同的水源地水性就有变化。取自千岛湖的水有什么特点,来自错草泉的水适合泡什么茶,来自丹江口的水是硬水还是软水,这些都是茶人们要研究的,只有选到优质的水,才能更有利于茶汤的表现。

　　有了茶、有了水，用什么"器"去泡茶，就显得很重要了。有人说用大茶缸子也能泡茶，这话笔者同意，可是在用大茶缸子的时代，人们往往只喝一种茶，对茶的要求也没有那么多。仅仅就泡茶器而言，用盖碗和茶壶泡同一款茶，其味道肯定也有细微差别。除此之外，煮水器也会影响水的细微口感；茶则会影响取茶手法；盏托会带给人更多美的感受……当人们对茶的要求不再是最基本的解渴，而是身心的综合感受之时，器物带来的影响就会有显著的差异了。

　　"法"是泡茶的手法。尽管把茶汤简化连接到水温、置茶量、浸泡时间这三要素上，但是这三个要素的协调仍然是要依托手法的。即使水温一样，但是高冲和低冲时，茶叶感受的温度是不同的，出来的茶汤感觉也不同。

　　最后是"境"。境既指环境，也指心境，更指境界。在嘈杂的环境或鸟语花香的环境之中品茶，茶人对茶汤的感受肯定是不同的；内心安定与否，品茶的感受也是不同的。品茶时一定要避免"贪婪"——又要性价比，又要古树（茶），又要独特性，又要美器，又要美好的茶点，又要沉香，又要插花……往往这些要得越多，品茶的心境就越淡。

　　茶是有境界的，从茶的术到茶的美再到茶的道，一步一步，认真领悟，不要一开始就奢谈"茶道"，这样往往会比较轻浮，即使一时显得高于常人，最后难免流于附庸风雅。自己多学、多练、多品，汲取多种艺术的营养，最后水到渠成，达成美的结果，才是真正的品茶。

莫忘喝茶初心

"初心"这个词红火了几年，喝茶的初心到底是什么呢？求得内心一片宁静。不忘初心，方得始终；初心易得，始终难守。能够始终在"因"上精进，才能对"果"上随缘。

幼时喝茶，是因为当时茶的色香味本真、自然不做作，苦而蕴香，喝了之后觉得内心有安定的快乐，才一路喝了下去。及至年岁渐长，也就能品出并不是学生之间才有竞争，也不是社会上就没有压力。即使出去旅行，在机场书店随缘翻看，那些书整体上分成两类：一类是打着哈佛、麦肯锡的名义让人去拼，一类是各种心灵导师教人随缘放下。其实这种种看似对立的表象，都反映了当下人们内心的躁动与挣扎。到了四十不惑，才发现"惑"的只会更多——人到中年，命运岂会让你那么顺遂？然而内心仿佛也并不着急，因为想到这些都会来，便做好接受的准备。这份安然有茶的功劳。

观察如今茶会茶人们喝茶，情形似乎不太妙。人们在茶道中加入了音乐，加入了舞美设计，穿了古装，也有明眸皓腕。人们似乎还觉得不够，古董茶、名家器纷纷粉墨登场，博物馆、寺庙道观都成为茶会的场地。看似茶会声势浩大，可是焦点仿佛不完全在茶上。本来这些元素都是好的，可是它们都可以独立成为一个项目，茶反而借着它们"撑场子"，最后还成了表演秀。参加者津津乐道的不是品茶的感受，而是参加了这个活动，拍摄了可以发社交平台炫耀的照片。如果这算得上是品茶的初心，那么茶的意义其实已经消亡了。

喝茶是一个人的生活，喝茶不是参与一场舞台剧。秉承着这个原则，去保持喝茶的初心吧。

好好喝茶

接触的喝茶人多了，发现他们大体可以分三种。三种喝茶人，有可能表现得差不多，可是出发点不一样，又怎么那么容易分清呢？无妨，一般清意味，料得少人知。

一者，为事喝茶。一有大的活动，总想要去掺和一下。掺和的目的是什么？不知道。想感受喝茶的快乐？还是看一下泡茶的仪轨？都不知道，就是想掺和，多拍几张照片，多发社交平台，活动报道一出来，与有荣焉。这种喝茶人，促进了老茶器、茶人服的消费，也算不错。茶人不是一种职业，不需要职业装，也不用必须标榜茶人服。无论唐装、汉服、西装、夹克，只要干净得体，都能穿着喝茶。

二者，为名喝茶。一听说有老茶，不论真假，得去；一听有名人，不论课题，得去；一听消息，先算计是否有利可图，再决定去不去。这类型的喝茶人，促进产生了牛尿脬包裹老茶、七十年老熟茶之类的假象，促进了动辄几万元一斤茶的产生。这些乱象可以休矣。笔者认为去不去都好，只要不算计。你有空闲时间，正好有个茶会，那就去；有个朋友希望你帮忙泡泡茶，你有时间并觉得主题也适合，那就去。喝茶，中心点在茶本身，不用关心名利，不用思索得失。

三者，为茶喝茶。这次茶会的茶，自己喝过，但是想增加深度知识；这次茶会的茶，自己没喝过，想增长茶叶知识，那么是真正的为茶而喝茶；这次茶会，自己有时间，喝的茶也喜欢，为了见几个老茶友，能从中得到生活意趣，那也不错。这都是为茶喝茶。因为尊重茶、喜欢茶而穿得干干净净，或者准备比较正式的服装；因为尊重茶、喜欢茶而精心制作一款有利于烘托茶味的点心；因为尊重茶、喜欢茶而内心充满喜悦，并且乐于分享。这是笔者喜欢的茶事活动参加者。

你自己从茶里感受的，终将是你自己的。时光会给你关于茶的交代。好好喝茶。

茶之辅

茶点

　　喝茶的时候，配上一些茶点，不仅生活更有情调，而且也丰富了茶事内容。那么，茶点该如何选择才能更好地配合茶的饮用呢？

茶点选择的整体要求

　　茶点的选择要清淡一些，所含碳水化合物尽量要少。很多人认为既然茶能解腻，茶点就可以选择一些诸如奶油小蛋糕之类的甜品，这是不合适的。人们说的茶能解腻，是指茶在后期消化过程中能够分解血液中的脂肪，而不是用茶佐着高脂食物吃就不会发胖。另外，如果吃的食物不清淡，如咖喱牛肉干或者辣椒凤爪，那么口腔里除了咖喱味或者辣味，不会再容纳茶的味道了，而且这样也会加重肠胃的负担。

按照茶类选择茶点

　　绿茶、白茶、黄茶香气清新芬芳，味道又比较苦涩，就不要选用香气比较浓烈的食物，可以选一些蜜饯、糖花生、酥点等作为茶点；红茶的选择范围就大一些，可以配各式点心、奶酪、坚果等；乌龙茶花香、果香浓郁，配一些葡萄干、桂花酥就不会相冲突；如果是普洱茶，笔者觉得乳类食品更适合搭配。比如笔者个人喝熟砖的时候，就喜欢配曲拉（康巴地区藏族的奶渣糕），也可以配一些酸味的干果，如甜酸角干。

茶点只是茶的陪衬

喝茶的时候配茶点，是为了使喝茶更有情调，而不是为了吃饱，也不是为了吃东西本身，因此，茶点不能喧宾夺主。如果用蛋糕配乌龙茶，蛋糕里的香料味道就会干扰品乌龙的香气；如果选卤鸡爪、鸭脖子等卤味点心配茶，不仅格格不入，亦不甚雅观，而且在茶杯口留下油腻的印记，也是很失礼的。就算自己在家一个人喝茶，这些食物也太过油腻，喝茶后难以消化。更不要用腌菜、萝卜干之类的配茶，这些食品虽是佐餐佳品，但是味道浓烈，根本不适合喝茶时食用。

焚香

　　这里的焚香指适宜喝茶时焚点的香品。实际上就笔者个人而言，不认为喝茶时应该点香。喝茶时应该没有异味，只有茶味。对于茶而言，臭味是异味，香味又何尝不是异味呢？

　　但是，香道文化也是中国传统文化中的一个重要分支。焚香，从另一个角度来说，也是净化人的心境，因此，还是有不少茶友喜欢把香道糅合到茶道中来。笔者的建议是：首先，如果需要焚香，品茶室不能太封闭。不管什么香，似有若无即可，否则人的嗅觉全部闷在香的味道里，还怎么品茶呢？其次，选香宜高雅，不要选择艳俗之香。花香系列的香，如玫瑰香、茉莉香等，太过浓重，留下味道的时间也很久，不利于品茶。最后，要选择天然原料的香，而不要使用化学制剂的香。天然的香，如檀香、沉香等，气味令人舒畅，因其本身也是草木，和茶叶的气质更合拍。而化学香太冲，闻后令人不适，反而令你无心品茶。

插花

　　在摆设比较正式的茶席时，有时需要用到插花。茶艺的插花可以是干花，也可以是鲜花，但是整体上不要过分艳丽。尤其是干花，因为它还是难于和自然之花相比，所以尤其注意不要选择花头较大的干花，而应选择比较自然的干芦苇、枯枝等。

　　插花的花形没有特别的要求，但是应该和茶叶品种相配合。茶艺插花很少有商务类的那种花形，不会使用花泥插球形、半球形、扇面形花，而是会和茶器相配，插较为典雅的花形，主要指花头的形状，如三角形、一线形等。

　　茶艺插花的花器以典雅、古拙为佳。如果选用花瓶，体型不要过大，否则有喧宾夺主之感；不要过分花哨，一般都是纹饰素净的青花或者单色釉陶器。花不在多，而且不要局限，一枝也可别致。为了防止花形过高，或者便于造型，可以使用剑山。剑山插花，可以配盘形花器，更能使挺拔的花形与平和的花器相配合。

日本绿茶

星野玉露

产地：日本九州福冈县八女市星野村。

星野玉露是产自星野村的玉露绿茶。福冈以茶叶著称，而最好的产茶地就是八女市，八女市最高级的茶叶都产自星野村。传统日本玉露必须选用不经修剪、自然生长十年以上的茶树，而星野玉露每年立春后88天开始采摘。

茶的特征

[外形] 薄片细针状

[色泽] 深绿

[汤色] 翠绿明净

[香气] 海苔般气息

[滋味] 浓厚略苦

[叶底] 叶片较碎

主泡器的 1/5~1/4　40~50℃
第一泡1分钟

识 星野玉露干茶为纤细暗绿色的针状。

泡 最宜使用宝瓶，先用汤冷凉一杯水放在一边，然后用开水冲烫宝瓶和茶杯，之后倒掉。趁热放入平铺一个宝瓶底部的茶叶量，倒入相对置茶量大约1.5倍的水，之后加盖，等候茶叶完全被水浸润，颜色发生变化，这个时间大约1分钟。这期间再凉一汤冷水，仍和上次注入的量相同，待冷却到40~50℃时，轻柔注入，随后倒出品饮。

品 冲泡后，热嗅是一股浓郁的海苔和粽叶清香。茶汤有明显的苦味和涩味，但是包容在浓郁的甜味中，依然是海风吹来海藻般的气息，又有隐隐的茶香。

宇治抹茶

产地: 日本京都府宇治市。

宇治市位于日本京都府南部,自古以来就是连接奈良和京都的通路。宇治和京都应该是中国人非常熟悉的日本地名,宇治有非常著名的世界遗产平等院,并且也是《源氏物语》故事的主要舞台。

茶的特征

[外形]细腻粉末

[色泽]翠绿　　　[汤色]翠绿有沫

[香气]清气浓强　[滋味]苦而浓郁

[叶底]全茶饮用

🥄1~2杓茶粉 🌡70~80℃
☕茶粉与水融合,表面堆起绵密的泡沫

识 抹茶的颜色深浅与甘醇浓郁的程度成正比,因而绿色越深浓、越艳丽,抹茶的品质越高。

泡 用日本抹茶碗或者中国建盏大碗冲泡,水温70~80℃,先烫碗和茶筅,然后用竹制茶杓取1~2杓茶粉放入碗中。热水加入至碗的1/3~1/2处。用茶筅略微调制茶粉后,快速搅动。注意不是让茶汤荡来荡去,而是利用快速震动腕部,使茶粉和水融合,并且在表面逐渐堆起绵密的泡沫。最后转动拿出茶筅,就可以饮用了。

品 抹茶是全茶饮用,有清新的茶香,淡淡的涩味。

静冈煎茶

产地：日本静冈县。

静冈县是日本的一级行政区，下辖静冈市、滨松市、富士市等，日本最为知名的景点富士山就在静冈。静冈是日本最大的茶叶生产地，拥有优秀的茶树品种"薮北"，是日本茶文化的根源之地。静冈拥有很多茶叶小品种，如本山茶、挂川茶、川根茶等，不同小产地还有自己不同的茶叶品牌。

茶的特征

[外形]薄片细长

[色泽]深绿

[汤色]绿中带黄　[香气]清浅花香

[滋味]微苦爽利　[叶底]叶片较碎

⌂平铺宝瓶底部　🌡60~70℃　☕半分钟

识 煎茶相对玉露，显得稍微肥壮一些，颜色是深绿色，也像是针形，不过也有蜷曲的条索。叶片稍微弯曲是煎茶品质上佳的证明之一。

泡 最宜使用宝瓶冲泡，其他急需壶亦可。用开水冲烫宝瓶和茶杯，之后倒掉。趁热放入平铺一个宝瓶底部的茶叶量，也可以稍微多一点。用手触碰汤冷，可以稍微烫手，水温60~70℃，将其轻柔地倒入宝瓶中，大约宝瓶容量的4/5。之后加盖，闷泡半分钟左右，即可以出汤，将茶汤均分在准备好的茶杯中，务必滴尽壶中茶汤。一般可以再泡2泡。

品 静冈煎茶冲泡后，有清爽的茶香和恰到好处的苦涩之感，还带有一丝甘甜。川根等地的茶闻起来还有类似茉莉花或者清淡水果的香气。

琦玉狭山茶

产地：日本埼玉县狭山市。

狭山市是日本著名的茶叶产地，以茶汤口感诱人而知名。琦玉狭山茶无与伦比的茶香和浓郁的口感，深受江户人的喜爱。因为它在比邻的东京消费量巨大，也叫做"东京狭山茶"。在狭山采集的茶叶，揉捻后使用当地特有的"狭山火入"烤茶工艺进行干燥，会使香气提升高扬，茶汤口感扎实。狭山也产多种茶品，此处以狭山煎茶为例进行描述。

茶的特征

[外形] 薄片细长

[色泽] 深绿　　　[汤色] 绿中带黄

[香气] 浓郁高扬　[滋味] 浓郁甘爽

[叶底] 叶片较碎

平铺宝瓶底部　60~70℃　半分钟

（识） 狭山茶相对玉露，显得稍微肥壮一些，颜色是深绿色，也像是针形，不过也有蜷曲的条索。叶片稍微弯曲是煎茶品质上佳的证明之一。

（泡） 最宜使用宝瓶冲泡，其他急需壶亦可。用开水冲烫宝瓶和茶杯，之后倒掉。趁热放入平铺一个宝瓶底部的茶叶量，也可以稍微多一点。用手触碰汤冷，可以稍微烫手，水温60~70℃，将其轻柔地倒入宝瓶中，大约宝瓶容量的4/5。之后加盖，闷泡半分钟左右，即可以出汤，将茶汤均分在准备好的茶杯中，务必滴尽壶中茶汤。一般可以再泡2泡。

（品） 狭山茶茶汤颜色从浅黄到浅绿带黄再到深绿间黄都有，香气浓郁，类似花香，茶汤浓郁甘爽，较为适口。

英式格雷伯爵茶

产地(原产地): 中国、斯里兰卡、印度的红茶产区。

格雷伯爵茶(Earl Grey)其实是再加工茶,但也是国际上最知名和最常饮用的英式茶品之一。但是这个"格雷"到底是哪个"伯爵",没有确定的文献记载。格雷伯爵红茶是用红茶加Bergamot精油制作的,这里的"Bergamot"不是指佛手柑,而是指意大利产的一种香柠檬,虽然和佛手柑都属于芸香科柑橘属的植物,但佛手柑的果肉是甜的,而香柠檬是酸的。

川宁

半碎茶

红浓明亮

茶底破碎

唯廷德

袋泡茶

红浓明亮

袋泡茶茶底

茶的特征

[**外形**]条索肥壮

[**色泽**]红褐发乌

[**汤色**]红浓明亮　[**香气**]清爽果香

[**滋味**]醇和微甜　[**叶底**]润泽软嫩

🫖主泡器的1/5　△1包　🌡90~95℃
⏱第一泡5~10秒

(识) 伯爵茶常见袋泡茶和半碎茶。

(泡) 如果是马克杯清饮,浸泡5~10秒即可取出,可以浸泡2~3次;如果是加奶加糖,一次浸泡半分钟左右即可。茶包不再使用。碎茶一般使用大壶冲泡,按照人数每人一茶匙,中国人品饮没必要再加,外国人喝要额外再加一茶匙。90~95℃水温冲泡,闷泡半分钟,外国人闷泡1~2分钟。

(品) 格雷伯爵茶都有浓郁的柠檬气息。

常见品牌

常见品牌有英国的川宁(Twinings)、福特纳姆和玛森(Fortnum&Mason)、唯廷德(Whittard),新加坡的特威茶(TWG),日本的绿碧茶园(Lupicia)以及美国的香啡缤(The Coffee Bean&tea Leaf)。

印度大吉岭红茶

产地：印度东北部大吉岭茶区。

大吉岭属于印度红茶，是产地"Dajeeling"的音译。大吉岭在印度东北部，喜马拉雅山下海拔600~2000米的山麓。理想的大吉岭茶分为初摘和次摘。初摘茶时间为每年3月中旬至4月中旬，第一场春雨过后，茶树开始生长时。次摘茶时间为每年5~6月，季风吹来时。大吉岭茶最早是中国茶种，后来不断进行杂交选育而成。从口味上来说，次摘茶更好。

茶的特征

[外形]条索紧细

[色泽]显棕褐色　[汤色]橙黄

[香气]持久高扬　[滋味]浓郁饱满

[叶底]红中带绿

🔺主泡器的1/5 🌡100℃ ☕/🫖第一泡45秒

初摘

次摘

条索紧细

条索紧细

显棕褐色

显棕褐色

红中带绿

红中带绿

识 大吉岭红茶外形条索紧细，白毫显露，次摘茶叶显棕褐色，香浓味高。

泡 宜使用骨瓷手绘彩色带碟茶杯冲泡，也可以使用白瓷盖碗。水温100℃，置茶量根据清饮还是加奶而改变。加奶的话，浸泡时间也要长一些。

品 大吉岭红茶出名的主要原因是其"无与伦比的麝香葡萄酒香气"。冲泡后，汤色橙黄，香气持久高扬，滋味浓郁饱满，较中国红茶苦涩。叶底较碎，因为是强发酵，并不完全是红色，明显泛绿。

印度阿萨姆红茶

产地： 印度阿萨姆邦一带。

阿萨姆是印度东北部邦国，即阿萨姆邦。阿萨姆邦是平原地带，气候温和，雨量充沛，盛产红茶。关于阿萨姆的茶树是怎么来的，还有很多问题不是特别清晰。但是按照阿萨姆的历史来看，树种很有可能是来自中国云南，在当地经过了漫长的驯化。

茶的特征

[**外形**] 细扁肥壮

[**色泽**] 红褐透绿　[**汤色**] 深褐微红

[**香气**] 花香高扬　[**滋味**] 醇厚微涩

[**叶底**] 润泽软嫩

主泡器的 1/5~1/4　95~100℃

第一泡 2~5 秒

（识）阿萨姆红茶大部分是CTC制法，即粉碎茶，也有OP、BOP的分类。OP是指成品茶保留较长且完整的叶片，BOP是指较细碎的OP。印度红茶的发酵程度普遍偏轻，干茶的底色细看还是绿色的。

（泡）OP可以使用盖碗、瓷壶冲泡，水温95~100℃，下投法定点冲泡。置茶量为主泡器的1/5~1/4，每泡浸润2~5秒出汤，可泡6遍。CTC茶包的浸泡时间看茶杯容量，如果是马克杯清饮，浸泡5~10秒即可取出，可浸泡3次；如果是加奶加糖，一次浸泡1分钟左右即可，茶包不再使用。BOP的浸泡时间看茶叶的细碎程度，一般即泡即出汤，也是比较适合奶茶的。

（品）阿萨姆红茶口感比较浓重，涩味也比较明显，是符合欧美人的口感喜好的。香气高扬浓郁，一般有麦芽、玫瑰花、蜂蜜、烟熏等交织的味道。

印度尼尔吉里红茶

产地： 印度尼尔吉里高原一带。

尼尔吉里海拔1200~1800米，气候及风土与斯里兰卡接近，尼尔吉里红茶的味道和香气都类似斯里兰卡红茶。四季采摘，味道纯正，极品茶叶在1~2月采摘。尼尔吉里红茶有各种规格的传统茶，也被制成CTC茶出口世界各地，是印度继阿萨姆之后的第二大产茶区，不过相对来说成品茶主要是OP和BOP的。

茶的特征

[**外形**] 条索肥壮

[**色泽**] 红褐发乌　[**汤色**] 橙黄明亮

[**香气**] 温和持久　[**滋味**] 醇和柔软

[**叶底**] 润泽软嫩

🫖主泡器的 1/5~1/4　💧95~100℃

🍵/🫖第一泡2~5秒

识 尼尔吉里红茶干茶颜色要深重一些，香气低微。

泡 OP可以使用盖碗、瓷壶冲泡，水温95~100℃，下投法定点冲泡。置茶量为主泡器的1/5~1/4，每泡浸润2~5秒即出汤，可泡6遍。CTC茶包的浸泡时间看茶杯容量，如果是马克杯清饮，浸泡5~10秒即可取出，可浸泡3次；如果是加奶加糖，一次浸泡1分钟左右即可，茶包不再使用。BOP的浸泡时间看茶叶的细碎程度，一般即泡即出汤，也是比较适合奶茶的。

品 尼尔吉里红茶茶汤颜色深于阿萨姆同类产品，但浓厚不如阿萨姆，涩感较轻，适合清饮，甚至可以加苏打水调饮。尼尔吉里红茶的香气不算高扬，有类似水果般的温和香气，但是持久，即使调配牛奶、花草饮用，仍能透出自己的香气。

斯里兰卡乌瓦红茶

产地: 斯里兰卡乌瓦高地一带。

乌瓦也译为"乌沃",是斯里兰卡六大著名高地茶产区之一,立顿红茶的主要基地也建在这里。斯里兰卡(Sri Lanka)旧称锡兰(Ceylon),是全世界著名的红茶产地,其茶叶根据出产地的海拔高度分级,包括高地茶(High Grown Tea)、中段茶(Medium Grown Tea)、低地茶(Low Grown Tea)三级。

茶的特征

[外形] 条索肥壮

[色泽] 红褐发乌　[汤色] 深褐带红

[香气] 清爽果香　[滋味] 醇和带涩

[叶底] 润泽软嫩

主泡器的 1/5~1/4　95~100℃
第一泡2~5秒

识 乌瓦红茶是以OP、BOP产品为主的。干茶颜色要深重一些,细闻有类似薄荷般清凉的甜香。

泡 OP可以使用盖碗、瓷壶冲泡,水温95~100℃,下投法定点冲泡。置茶量为主泡器的1/5~1/4,每泡浸润2~5秒出汤,可泡6遍。CTC茶包的浸泡时间看茶杯容量,如果是马克杯清饮,浸泡5~10秒即可取出,可以浸泡3次;如果是加奶加糖,一次浸泡1分钟左右即可,茶包不再使用。BOP的浸泡时间看茶叶的细碎程度,一般即泡即出汤,也是比较适合奶茶的。

品 乌瓦红茶的茶汤也是偏暗红色的,口感浓重,并且被拥有认为是优质茶叶表现的涩味,这是一种带有刺激的辛锐味道(称为'Pungency');香气为清爽的果香。乌瓦红茶更适合清饮。

斯里兰卡汀布拉茶

产地: 斯里兰卡汀布拉高地一带。

汀布拉高地红茶也是锡兰红茶中的名品，产自斯里兰卡汀布拉高地。汀布拉高地茶叶因为受到夏季（5~8月）西南季风送雨的影响，以1~2月收获的最佳。因为环境优越，汀布拉高地茶叶从土壤中吸收的钠的成分很少，因此成茶很适合高血压患者饮用。

茶的特征

[外形]较细碎

[色泽]乌润　　　[汤色]鲜红

[香气]花香　　　[滋味]柔和

[叶底]细碎

主泡器的 1/5　100℃　第一泡3分钟

识 干茶有不同分级，则叶片大小不同。一般带有茶梗，干茶闻起来带有野玫瑰花般的香气。

泡 汀布拉茶更适合调制奶茶。红茶要用最新鲜的水才能激发无穷的内蕴，可以在瓶装的矿泉水加一半自来水，这样水体里的氧气更丰富。水温100℃左右，浸润红茶大概3分钟，过滤茶渣，冲入鲜牛奶。大约水和奶3:1的时候，香气最为稳定，奶茶柔和芬芳，口感也最为顺滑。

品 冲泡后，汤色鲜红，滋味爽口柔和，带花香，涩味较少。

肯尼亚红茶

产地： 肯尼亚山的南坡、内罗毕地区西部和尼安萨区等肯尼亚产茶区。

肯尼亚红茶是肯尼亚的支柱产业，而它的产量也紧紧跟随在印度和中国之后，成为世界第三大红茶出产国。茶叶在肯尼亚的发展，是英国殖民的结果。肯尼亚红茶有CTC形式，也有OP和BOP级茶叶，但是基于当地的气候条件，通常认为肯尼亚红茶属于次优红茶，主要以普通茶包为主。

茶的特征

[外形] 粉碎颗粒

[色泽] 红褐发乌　　[汤色] 红浓艳丽

[香气] 甜香明显　　[滋味] 醇和带涩

[叶底] 红褐颗粒

△1包　🌡90~95℃　⏱第一泡5~10秒

识 常见袋泡茶和半碎茶。干闻有甜香，略带果香。

泡 CTC茶包的浸泡时间看茶杯容量，如果是马克杯清饮，浸泡5~10秒即可取出，可浸泡3次；如果是加奶加糖，一次浸泡1分钟左右即可，茶包不再使用。碎茶一般使用大壶冲泡，按照人数每人一茶匙，中国人喝没必要再加，外国人喝要额外再加一茶匙。90~95℃水温冲泡，闷泡半分钟，外国人闷泡1~2分钟。

品 肯尼亚红茶香气甜香明显，略带蜜香，香气整体较浓郁。茶汤入口带甜，整体较为顺滑，涩感也强，整体协调度尚好。

世界非茶之茶

阿根廷马黛茶

产地： 阿根廷、乌拉圭等南美国家。

在阿根廷，马黛茶与足球、探戈和烤肉并称为阿根廷四宝。阿根廷人曾经说过一句话："没有喝过马黛茶，就不算来过阿根廷。"其实整个南美洲基本都是马黛茶的天下。马黛茶使用冬青科植物马黛树的叶片制作，因为这些叶片含有丰富维生素和矿物质，被称为"能喝的沙拉"。

茶的特征

[外形] 叶梗碎末

[色泽] 绿色黑色　[汤色] 浅黄通透

[香气] 野生植物般的香气

[滋味] 微涩微苦　[叶底] 叶梗碎末

主泡器的 1/2~3/4　80~90℃
直到茶叶表面充满泡沫

（识）马黛茶有两种，像绿茶一样干燥的是绿色的马黛茶，烘焙过的是黑色马黛茶。但是日常饮用的以绿马黛茶为常见。

（泡）最宜使用马黛茶专用茶杯（带有一个过滤吸管）。在马黛茶茶杯里装入1/2~3/4茶叶，轻轻沿着吸管旁边倒入80~90℃的热水，直到茶叶表面充满泡沫，之后放到温度合适就可以饮用了。当然用茶壶也可以，只要注意水温不要太高，以免破坏营养成分就可以。

（品）马黛茶含有天然咖啡因，因而有微苦微涩的感觉。香气类似于很淡的绿茶混合甘草般的味道。

爪哇猫须茶

产地：印度尼西亚爪哇岛等。

爪哇是印度尼西亚的一个岛屿，盛产爪哇茶，其实就是中国也有的猫须草。"爪哇茶"为国际通用名称，亦称"猫须茶"。爪哇茶树是一种生长在东南亚及澳洲热带地区的比较常见的灌木草本，它的生长高度约1.5米。花朵通常为白色，拖拽生长如猫须般的细丝。

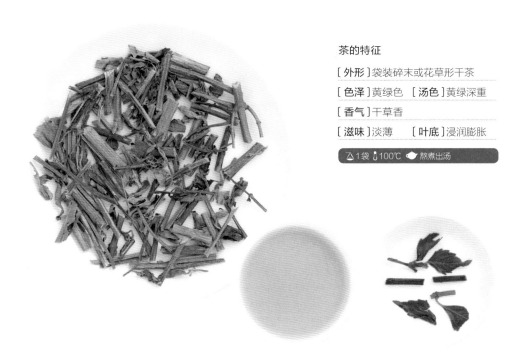

茶的特征

［外形］袋装碎末或花草形干茶

［色泽］黄绿色　［汤色］黄绿深重

［香气］干草香

［滋味］淡薄　　［叶底］浸润膨胀

⚠1袋 🌡100℃ ◖熬煮出汤

（识）一般做成袋泡茶，也有类似于花草茶的干茶。

（泡）如果是袋泡茶的话，100℃开水闷泡就行，一天不要超过两袋为好。干茶也可以直接熬煮，要注意用量，以免过度利尿。

（品）茶汤的味道很淡，基本就是白水带一点点干草的味道。但是要注意它属寒性，脾胃虚寒的人不宜饮用。

非洲如意茶

产地: 南非赛德堡山脉。

如意茶也有直接音译为"路易波士""如意波斯"的,是南非一种豆荚类植物,针状的叶子呈亮绿色,在加工过程中变成红色。如意茶除了纯茶之外,也常见加料茶,比如添加百香果、奶油、饴糖、柠檬草等。

茶的特征

[**外形**]细碎,多干叶

[**色泽**]暗红带橙　[**汤色**]红浓明亮

[**香气**]微有野菊花混合野蔷薇的味道

[**滋味**]不算浓郁　[**叶底**]浸润膨胀

主泡器的 1/5　100℃　第一泡 3~5 分钟

识 如意茶为细碎茶梗和干叶,颜色暗红带橙,闻起来微微有野菊花混合野蔷薇的味道。

泡 最宜使用玻璃器皿冲泡,以便观察诱人的色泽。水温 100℃,冲泡 3~5 分钟。

品 冲泡后,茶汤红浓明亮,但比红茶清澈通透,见有金圈。香气依然,但茶汤味道并不浓郁。不耐冲泡,一般第三泡即风味全失。

玄米茶

产地: 日本、韩国等国家。

玄米茶就是加了炒米干的绿茶，在日本和韩国颇受欢迎。玄米茶既保持有茶叶的自然香气，又增添了炒米的芳香，滋味鲜醇、适口，使茶叶中的苦涩味大大降低，而且茶汤更香浓，不伤肠胃。价格低廉，深受人们的喜爱，在日本是人们日常饮用的主要茶品。

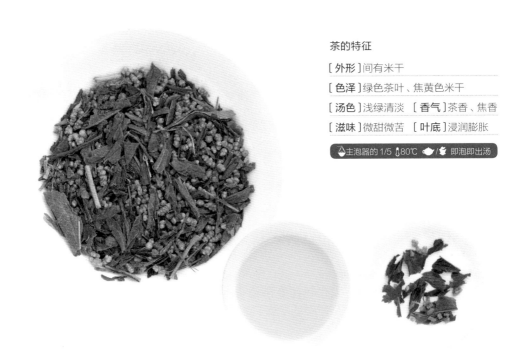

茶的特征

[**外形**] 间有米干

[**色泽**] 绿色茶叶、焦黄色米干

[**汤色**] 浅绿清淡　[**香气**] 茶香、焦香

[**滋味**] 微甜微苦　[**叶底**] 浸润膨胀

主泡器的 1/5　80℃　即泡即出汤

识 玄米茶一般是蒸青绿茶配合炒焦米，里面如果有白色米花的，纯属装饰，增加色彩，而没有实际意义。

泡 使用压手杯冲泡，不拘多少，80℃左右热水浸泡即可。

品 有淡淡绿茶香气，但是增加了米的特殊香气和略微焦糊的味道。

特别致谢

本书汇集了三百余种茶叶样品，在茶样臻选、拍摄过程中，承蒙各位茶友的无私帮助和支持，在此一并表示感谢。如有遗漏，敬请告知。

陈伯丽（广州壹茶舍茶空间）　　　　　崔　波（老崔茶馆）

大　茶（湖州陆羽茶文化研究会）　　　冯　袁（北京龙圣华茶业有限公司）

龚小妹（其廷号黑茶）　　　　　　　　韩小蝶（凡花侍工作室）

黎　敏（北京泰元坊茶文化发展公司）　梁晓玲（公子茗）

祁　琳（子曰号）　　　　　　　　　　孙　佳（般若茶园）

钱　敏（长兴一茶一味茶空间）　　　　王淑英（石山叶岩茶厂）

韦　帆　　　　　　　　　　　　　　　魏文生（元泰茶业）

吴　奎（武夷山袍源茶业）　　　　　　严新伟（五兽ROOIBOS）

姚　远

张国樑（南京小茗八七茶文化传播有限公司）

张　军（老茶）　　　　　　　　　　　周飞飞（众饮茶缘茶空间）

周翌阳（岩刀）　　　　　　　　　　　邹桂萍（贵州海马宫茶业）

朱煌杰（煌杰茶业有限公司）　　　　　周积贤（叶鼎翁白茶）

声　明

　　本书收录了经典茶叶品牌及包装,以记录当下茶业面貌,同时便于读者比对。读者在翻阅本书时,对茶样的甄选评述若有不同意见,欢迎来稿讨论,也可以将具有代表性的茶样及品牌包装盒寄至本书编辑部。编辑在甄选讨论后,将在图书修订时,及时更换图片。

联系地址:南京市鼓楼区湖南路1号凤凰广场B座2101室
联系人:凤凰汉竹编辑室
联系电话:025-83657639